Einführung in die Quartärgeologie

Einführung in die Quartärgeologie

von

Dr. Albert Schreiner

Abt.-Leiter geologische Landesaufnahme
beim Geologischen Landesamt Baden-Württemberg (1970–1988)
Professor h.c. Universität Stuttgart (1984)

2. Auflage

Mit 104 Abbildungen, 9 Photos und 14 Tabellen

**E. Schweizerbart'sche Verlagsbuchhandlung
(Nägele u. Obermiller) · Stuttgart 1997**

Titelphoto: Aletschgletscher im Wallis/Schweiz; Photo: Institut für
Auslandsbeziehungen, Stuttgart

Alle Rechte, auch das der Übersetzung, des auszugsweisen Nachdrucks, der Herstellung von Mikrofilmen und der photomechanischen Wiedergabe, vorbehalten. Auch die Herstellung von Photokopien des Werkes für den eigenen Gebrauch ist gesetzlich ausdrücklich untersagt.

© 1997 by E. Schweizerbart'sche Verlagsbuchhandlung (Nägele u. Obermiller),
D-70176 Stuttgart
Printed in Germany
Gestaltung des Umschlages: Wolfgang Frank
ISBN 3-510-65177-4

Vorwort

Das vorliegende Buch ist besonders für Studenten und für andere an der Quartärgeologie Interessierte gedacht. Eines seiner Hauptthemen ist die Darstellung von *Untersuchungsmethoden*, die bei geologischen Arbeiten im Gelände, im Aufschluß und am Schreibtisch anzuwenden sind. Sie sind auch für Untersuchungen in der angewandten Geologie – Baugrund, Hydrogeologie, Oberflächennahe Lagerstätten – von Bedeutung. Es ist nicht selten, daß ein junger Geologe vor Bohrkernen aus Grundmoräne oder Bänderton steht und nicht weiß, um was es sich geologisch handelt.

Das Buch soll auch eine Anleitung sein für Geologen, die nach jahrzehntelanger Tätigkeit im Deck- und Grundgebirge nun freiwillig oder genötigt ins Quartär geraten. Ohne vorherige Beschäftigung mit der Geologie des Quartärs kann es dann geschehen, daß Wesentliches übersehen, oder daß irgendein Lehm mit Steinen als Moräne und auf Feldern zerstreute Gerölle als Zeugen einer Vergletscherung gedeutet werden.

Die Quartärgeologie ist im Stadium lebhafter Weiterentwicklung. Frühere Vorstellungen über Dauer und Zahl der Eiszeiten sind durch neue Untersuchungen erheblich verändert worden, und die Neuorientierung ist noch im Gang. Auch im Alpenvorland liegen Befunde vor, die zu einer weiteren Differenzierung der Abfolge der Eiszeiten führen. Die Darlegungen im Abschnitt Stratigraphie geben daher nur einen vorläufigen Stand im Wandel der Erkenntnisse wieder.

Meinen Kollegen danke ich für mannigfache Anregungen (Dr. ELLWANGER, Dr. SCHÄDEL, Dr. STOBER) und für Auskünfte auf dem Gebiet der Paläontologie (Dr. MÜNZING, Dr. OHMERT) und der Bodenkunde (Dr. HÄDRICH). Frau RETHER und Dipl.-Geol. VERDERBER danke ich für die Ausführung der Schreibarbeiten und Herrn HILSENBECK für die Ausfertigung der meisten Zeichnungen für die Abbildungen.

Herrn Dr. NÄGELE vom Schweizerbart Verlag und seinen Mitarbeitern danke ich für die gute Zusammenarbeit und schöne Gestaltung des Buches.

Für die 2. Auflage wurden Korrekturen vorgenommen und einige Hinweise auf neuere Veröffentlichungen eingefügt.

Inhaltsverzeichnis

Vorwort V

A. Einleitung 1
B. Glazial 3
 I. Glaziologie 3
  1. Alpine Gletscher 3
  2. Eisschilde 6
   Temperatur der Gletscher 7
   Bewegung des Gletschereises 8
  3. Geologische Wirkungen der Gletscher 12
   Erosion durch Gletscher 12
   Geomorphologische Wirkungen der Gletschererosion 18
 II. Glaziale Ablagerungen 23
  1. Gletscherablagerungen 23
   Grundmoräne (lodgement till) 23
   Ablationsmoräne (ablation till) 28
   Fließmoräne (flow till) 30
   Deformation des Untergrundes 31
   Endmoränen 32
   Unterwassermoränen (waterlain till) 37
   Pseudomoränen 39
  2. Glazifluviale Erosion und Akkumulation 41
   Erosion 41
   Vorgang der Erosion und Akkumulation 43
  3. Glazifluviale Ablagerungen 45
   Sander, Schotterfelder, Vorstoßschotter 45
   Schotterkörper 47
   Terrassenkreuzung 47
  4. Ausbildung von Schottern 52
   Blöcke, Blocklagen 54
  5. Glazifluviale Eiskontaktbildungen (Kames und Ooser) . . . 56
   Kames 56
   Ooser 58
  6. Glazilakustrine Ablagerungen 61
   Deltasedimente 61

Ablagerungen auf dem Seeboden (Beckenton usw.) 65
7. Die glaziale Serie 67

C. Periglazial 70
Zum Klima 70
I. Periglaziale Bildungen und Ablagerungen 72
1. Periglaziale Verwitterungsvorgänge 72
2. Bodenfrost, Bodeneis 73
3. Dauerfrostboden (Permafrost) 76
   Eiskeile 78
   Pingos 81
4. Fließerde (Gelifluktion) 82
   Struktur von Fließerden 86
   Entstehung von Fließerden 87
5. Kryoturbation 88
6. Kaltzeitlich-äolische Vorgänge 91
   Winderosion 92
   Äolische Ablagerung 93
   Löß 93
7. Lößstratigraphie 97
   Paläoböden 97
   Paläomagnetik 98
   Vulkanische Tuffe (Tephrochronologie) 101
   Löß auf Niederterrasse 102
   Flugsand 102
8. Fluviatile Erosion und Akkumulation im Periglazial 103
   Periglaziale Schotter 104
   Der Ablauf von Akkumulation und Erosion 105

D. Ablagerungen und Bildungen zwischen den Zeiten der Vergletscherung 107
Zur Zeitdauer und zum Klima 107
1. Warmzeitliche Ablagerungen 108
   Flußablagerungen 108
   Ablagerungen von Quellen 111
   Warmzeitliche Seesedimente 111
   Warmzeitliche Meeressedimente 113
   Moorbildungen 114
2. Böden 115
   Parabraunerde 115
   Verwitterungstiefe (Entkalkungstiefe) 117

Paläoböden (fossile Böden) 119
Pseudo-Paläoböden 119

E. Untersuchungsmethoden 122
I. Geomorphologie 122
  1. Geomorphologische Merkmale pleistozäner Bildungen 122
    Moränen 122
    Schotter 124
II. Untersuchungen im Aufschluß und im Labor 131
  1. Situmetrie 132
  2. Rundung von Geröllen und Geschieben 136
  3. Petrographische Geröllzusammensetzung (Geröllanalyse) . . . 139
  4. Korngrößenverteilung 143
  5. Schwerminerale 145
  6. Chemische Untersuchungen 147
  7. Quarzkornoberflächen 148
III. Bohrungen 149
    Handbohrungen 149
    Bohrungen mit größeren Geräten 150
IV. Quartär-Paläontologie 154
  1. Großsäugetiere 155
    Elefanten 156
    Nashörner 157
    Rinder 157
    Hirsche 157
  2. Kleinsäuger 159
  3. Mollusken 159
  4. Mikrofauna 161
  5. Insekten 162
  6. Untersuchung pflanzlicher Reste 162
    Pflanzliche Großreste 162
    Palynologie 163
V. Physikalisch-chemische Altersbestimmungen 169
  1. Radiokohlenstoff-Methode (^{14}C-Methode) 169
  2. Thorium/Uran – Altersbestimmung (Th/U) 171
  3. Thermolumineszenz (TL) 173
  4. Elektronen-Spin-Resonanz (ESR) 174
  5. Spaltspuren-Methode (SSTR, fission-track-method) 175
  6. Aminosäuren-Racemisierungs-Methode 175
  7. Kalium/Argon-Altersbestimmungen (^{40}K/^{40}Ar und ^{40}K/^{39}Ar) 176
  8. Paläomagnetik 176

9. Sauerstoff-Isotope im Eis und in Tiefseesedimenten 180
  10. Zusammenfassung zu den Altersbestimmungen 184

F. Überblick zur Stratigraphie des Quartärs 185
  1. Würmeiszeit und Holozän 185
    Würm-Spätglazial und Holozän 185
    Würm-Hochglazial 190
    Das Mittlere und Untere Würm 194
  2. Eem (letztes Interglazial) 196
  3. Rißeiszeit 199
    Jüngeres Riß 200
    Mittleres Riß (Doppelwall-Riß) 201
    Älteres Riß (Zungenriß) 204
  4. Zur Chronologie des Riß und der Riß/Mindel-Warmzeit 208
  5. Mindeleiszeit 209
  6. Haslacheiszeit 210
  7. Günzeiszeit 212
  8. Praegünz (Donau, Biber) 213
    Zwischenterrassenschotter, Günz und Jüngeres Donau 215
    Älteres Donau, Zusamplattenschotter (Untere Deckschotter) . 216
    Uhlenberg-Warmzeit 217
    Warmzeit von Buch 217
    Biber 219
  9. Quartärgliederung in anderen Gebieten Mitteleuropas 219
  10. Großgliederung des Pleistozäns und die Grenze Pliozän/
    Pleistozän 222

Literatur 225
Orts- und Sachregister 245

Verzeichnis der Abbildungen, Photos und Tabellen
(mit Kurzerläuterung)

Abbildungen

1 alpiner Gletscher 4
2 Eisschild 7
3 Eistemperatur 8
4 basales Gleiten und Kriechen 9
5 Druckschmelzen und Regelation 10
6 Sichelbrüche, Parabelrisse 14
7 Rundhöcker – Felsdrumlin 16
8 Verschiebung von Grundmoräne 19
9 Talbildung, fluvial-glazial 20
10 Sognefjord 21
11 Wurzacher Becken 22
12 Grundmoräne, Ablationsmoräne 29
13 Fließmoräne 31
14 Deformation 32
15 Stauchendmoräne 34
16 Stauchendmoräne bei Wurzach 35
17 Unterwassermoräne 38
18 Terrassentreppe Riß-Iller 42
19 Erosion, Transport, Sedimentation 44
20 Entwässerung — Vorlandgletscher 46
21 Gefälle von Schottern 48
22 Trompetentälchen 49
23 Münchener Ebene 50
24 Terrassenkreuzung, Überfahrung 51
25 Terrassenkreuzung, Absenkung 51
26 Kames-Delta 56
27 Kamesterrasse, Toteisfeld 57
28 Kamesfeld am Rohrsee 59
29 Entstehung von Oosern 60
30 Gletschertor-Ooser 60
31 Delta, Seespiegelabsenkung 62
32 Deltaschüttungen übereinander 64
33 Delta im Wurzacher Becken 65
34 Glaziale Serie 68
35 polare Waldgrenze, Südverschiebung 71
36 Frosthebung, Gelifluktion 74
37 Korngröße, Frostgefahr 74
38 Permafrost, Nordhalbkugel 77
39 Eiskeilnetz 78
40 Eiskeile, Sibirien 79
41 Eiskeilentstehung 80
42 Eiskeilfüllung 81
43 Fließerde, Schwarzwald 83
44 Keuperfließerde, Tübingen 83
45 Fließerde auf Granit 84
46 Fließerde auf Moräne 85
47 Längsachseneinregelung in Grundmoräne und Fließerde 85
48 Fließerde in Göttingen 87
49 Taschenboden 89
50 Würgeboden 89
51 Brodelboden 90
52 Löß, Riegel 97
53 Lösse und Schotter, Brünn 99
54 Löß, S-Niedersachsen und N-Hessen 100
55 Würmlöß, Rhein-Main 102
56 Erosion und Akkumulation 106
57 Schotter und Löß, Steinheim/Murr 109
58 Würm-Holozän am Main 111
59 Seesedimente, Samerberg 112
60 Boden auf Schotter, Riß 116
61 Paläoböden bei Neufra 118
62 4 Glaziale, 2 Paläoböden, 1 Erosionsdiskordanz 119
63 Bodendurchgriffe 121
64 Zertalung von Schottern 124
65 Veränderung der Schotteroberfläche 125
66 Schotter Längs- u. Querschnitt 126
67 Konstruktion von Gefällslinien 128
68 Querschnitte von Schottern 130
69 Längsachseneinregelung 133
70 Längsachseneinregelung, Darstellung und Auswertung 134
71 Längsachseneinregelung, Histogramm 135

72 4 Rundungsgruppen 137
73 petrographische Geröllzusammensetzung 141
74 Kristallingehalt, Darstellung 142
75 Körnungslinien, Summenlinien 144
76 Schwermineraldiagramm 146
77 geologischer Schnitt nach
 Meißel-Spülbohrungen 152
78 Großsäugetiere 156
79 Gliederung nach Säugetieren 158
80 quartäre Mollusken 160
81 Pollenkörner von Bäumen 163
82 Holozän, Eem, Holstein 166
83 ^{14}C-Alter/Jahrringalter 170
84 ^{14}C-Alter, Ostrhein 171
85 Quartärstratigraphie, Paläomagnetik,
 Sauerstoffisotope 177
86 Paläomagnetik, Darstellung 179
87 ^{18}O in Niederschlägen 181
88 ^{18}O über einem Eisschild 182
89 ^{18}O Grönland und Tiefsee 182
90 Spät- und Postglazial, Ostalpen 187
91 Gletscher der Schweiz 188
92 Rheinvorlandgletscher, Würm 190
93 geologischer Schnitt,
 Hochwürmablagerung 193
94 Weichsel und Würm 195
95 Füramooser Ried, geologischer Schnitt
 197
96 Übersicht Rheinvorlandgletscher 198
97 Schottertreppe, Rißtal 200
98 Längsschnitt, Rißtal 203
99 Stauchendmoräne bei Schloß Zeil 204
100 Riß und Würm, Hochrhein und
 Schwarzwald 207

101 Haslacheiszeit, geologischer Schnitt 211
102 Praegünz, Iller-Lech-Gebiet 214
103 Niederrhein-Gebiet 220
104 Korrelation Niederrhein – nördliches
 Alpenvorland 221

Fotos
1 Mer de Glace 5
2 Gletscherschliff auf Nagelfluh 12
3 Gletscherstauchung 36
4 Sackungsstruktur 55
5 Deltaschichtung, Engen 62
6 Deltaschichten, Neustadt 63
7 Rhonegletscher 1777 189
8 Rhonegletscher 1960 189
9 Kiesgrube Scholterhaus bei Biberach 201

Tabellen
1 basales Gleiten 10
2 Oberflächengeschwindigkeit von Gletschern 10
3 Gletschererosion 17
4 Merkmale von Moränen 41
5 Permafrostmächtigkeit 76
6 Korngröße und Windgeschwindigkeit
 92
7 Rundungsanalyse 136
8 Rundungsgrade 138
9 Bruchstücke von Geröllen 139
10 ^{14}C-Daten, Würm 172
11 Oberes Würm 191
12 Gliederung des Riß 199
13 Gliederung des Prägünz 218
14 Großgliederung des Pleistozäns 223

A. Einleitung

Das Quartär ist das jüngste und kürzeste System der Erdgeschichte. Es reicht, je nach Methode der Grenzziehung, nur 1,65 bis 2,4 ma (Millionen Jahre) zurück. Es wird in das durch Eiszeiten gekennzeichnete, zeitlich stark überwiegende *Pleistozän* und in das nur 0,01 ma (10 000 Jahre) andauernde *Holozän* gegliedert.

Das Besondere am Quartär ist, daß es durch Klimaschwankungen, die zu einem Wechsel von Eis- oder Kaltzeiten und Warmzeiten führten, zu gliedern ist. Von Kaltzeit anstatt von Eiszeit spricht man in den Gebieten, in denen es nicht zur Vergletscherung kam (= Periglazial). Die Zeit des Quartärs ist zu kurz für eine phylogenetische Entwicklung von Leitfossilien, die als Grundlage für die Gliederung älterer Systeme dienen. Der Wechsel der Fauna und Flora innerhalb des Quartärs ist beträchtlich, er ist aber vorwiegend die Folge und das Abbild der Klimaschwankungen verbunden mit einer zunehmenden Ausmerzung wärmebedürftiger Arten. Die Klimaschwankungen, die in Mitteleuropa in den Kaltzeiten zu einer Temperaturabsenkung bis zu 10 bis 15 °C führten, bedingen verschiedene Möglichkeiten der Gliederung:

- Schotterkörper, die durch kaltzeitliche Aufschotterung entstanden sind
- Moränen und glazifluviale Schotter
- Kaltzeitliche Ablagerung von Löß
- Kalt- und warmzeitliche Sedimente in Seen und Meeren
- Kalt- und warmzeitliche Vegetation, die z. B. am Polleninhalt von Seesedimenten zu ermitteln ist
- warmzeitliche Verwitterung und Bodenbildung auf Löß, Moränen und Schottern
- Paläoglazialkurven durch Messung der Verteilung der Sauerstoff-Isotope in Kalkschalen von Foraminiferen in Tiefseesedimenten

Sedimente des Quartärs sind von großer Bedeutung für die angewandte Geologie, denn quartäre Sedimente bedecken einen großen Teil der Erdoberfläche, besonders in Küstengebieten und Tälern, wo die meisten Großstädte stehen. Z. B. entlang des Rheins stehen die Städte Konstanz, Basel, Karlsruhe, Frankfurt/M., Köln usw. auf quartären Schottern, Sanden und Moränen. Dasselbe gilt für Tiefländer, wo z. B. die Städte Hamburg, Berlin, Warschau und Moskau auf quartären Sedimenten stehen. Daraus wird die Bedeutung des Quartärs für die Baugrundgeologie deutlich. Auch die Hydrogeologie hat sich mit quartären Sedimenten zu befassen, denn ein großer Teil der Grundwasservorräte ist in quartären Kiesen und Sanden gespeichert.

Das Quartär ist ein Forschungsgebiet, das sich in lebhafter Entwicklung befindet, und das in Verbindung mit verschiedenen Forschungsrichtungen steht: mit der Biologie auf dem Gebiet der Palynologie, mit der Physik durch physikalische Datierungsmethoden und Temperaturbestimmungen mit Hilfe von Sauerstoffisotopen. Sehr eng ist die Verbindung mit der Morphologie, Klimatologie und Sedimentologie.

Kurze Erläuterung einiger im folgenden Text gebrauchten Begriffe und Abkürzungen:
Eiszeit: Zeit, in der es zu einer großen Ausbreitung von Gletschern z. B. in Norddeutschland und im Alpenvorland kam.
Kaltzeit: Zeit mit einer Temperaturerniedrigung ähnlich wie in der Eiszeit, aber ohne Gletscherausbreitung; mit Stadialen und Interstadialen.
Letzte Kaltzeit: Der Weichsel- oder Würmeiszeit entsprechende Kaltzeit.
Stadial: Zeit besonderer Kälte (Kälteschwankung) innerhalb einer Kaltzeit.
Interstadial: Zeit weniger kalten Klimas (Wärmeschwankung) innerhalb einer Kaltzeit.
Warmzeit: Zeit, in der es in Mitteleuropa so warm war wie heute.

Alpenvorland: meist nördliches Alpenvorland
fluvial = fluviatil
Silt = Schluff
a: Jahr
ka: Tausend Jahre
ma: Millionen Jahre
n': nördlich, N: Norden
S.: Seite
s.: siehe
BP: before present (S. 170)
NBP: Nichtbaumpollen

B. Glazial

Das Glazial umfaßt alle Erscheinungen, Vorgänge und Ablagerungen, die mit Gletschern zusammenhängen. Dazu gehören die heutigen und die in den Eiszeiten weit in die Vorländer vorgedrungenen Gletscher.

I. Glaziologie (Gletscherkunde)

Die Erscheinungen der pleistozänen Vergletscherungen sind zum großen Teil an den heutigen Gletschern der Hochgebirge, von Grönland und der Antarktis zu beobachten. Den Ausführungen über pleistozäne Ablagerungen sei daher eine kurze Einführung in die Glaziologie vorangestellt. Ausführliche Darstellungen finden sich in FLINT (1971) und SUDGEN & JOHN (1976).

Gletschereis entsteht durch Umkristallisation und Verdichtung von Schnee. *Schnee* besteht in frischem Zustand aus sternförmigen, hexagonalen Kristallen, die sich durch Alterung, besonders Schmelzen, zu rundlichen Körnern umbilden. *Firn* ist Schnee, der mindestens eine Schmelzperiode durchgemacht hat. Er ist luftdurchlässig, Dichte 0,4 bis 0,8 g/cm^3. *Gletschereis*: unregelmäßige Kristallaggregate bis 25 cm Durchmesser, Luft in Bläschen eingeschlossen, Dichte 0,8 bis 0,9 g/cm^3.

1. Alpine Gletscher (Talgletscher)

Dieser, unter allen Gletscherflächen der Erde nur 4% einnehmende Gletschertyp, ist besonders geeignet, die glaziologischen Vorgänge und die geologischen Auswirkungen von Gletschern zu erläutern.

Akkumulation, Ablation. Ein breites Firnfeld, das ganzjährig von Schnee oder Firn bedeckt, also weiß ist, wird durch Schneefall, Regen und besonders durch Lawinen, die von den umgebenden Bergflanken herabkommen, ernährt. Es ist das Nährgebiet oder Akkumulationsgebiet (N). Ab der Gleichgewichtslinie, die der Schneegrenze entspricht, ist der Gletscher nicht mehr ganzjährig von Schnee bedeckt. Dies ist das Zehrgebiet oder Ablationsgebiet (Z). Das Nährgebiet ist mindestens doppelt so groß wie das Zehrgebiet; $N : Z = 2 : 1$ (GROSS et al. 1976: 239). Mit dieser Flächenteilungsmethode ist es möglich, auch für pleistozäne Gletscher die Höhenlage der Schneegrenze zu ermitteln, indem man die Fläche zwischen der Eisrandlage (Endmoräne) und der oberen Grenze des Gletschers 2:1 teilt.

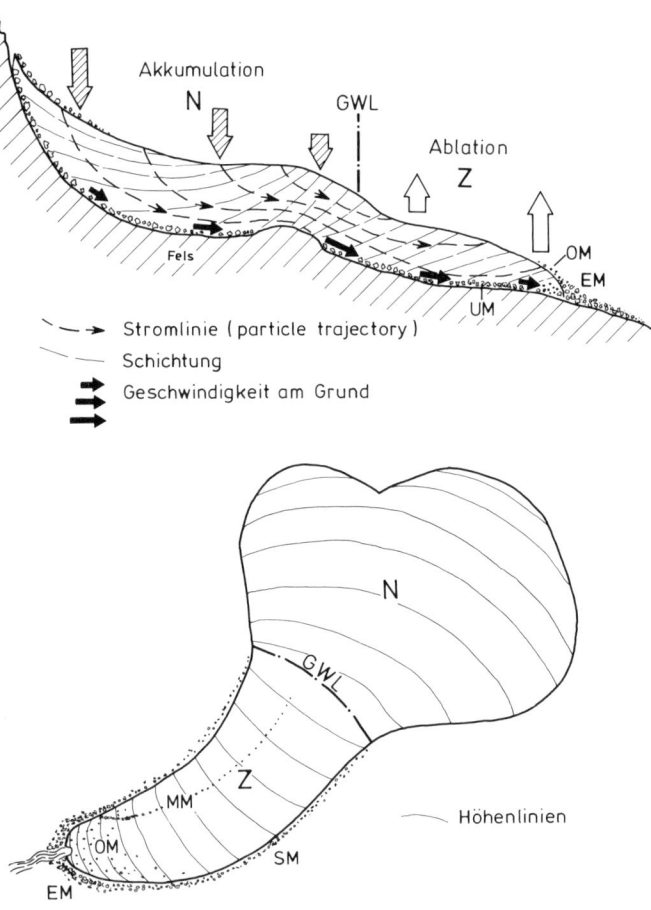

Abb. 1. Oben: Schematischer Längsschnitt durch einen alpinen Gletscher. Die Stromlinien sind die Wege, die Partikel, z. B. Steine, im Gletscher zurücklegen. Unten: Schematisches Bild der Oberfläche eines alpinen Gletschers.
N – Nährgebiet, Z – Zehrgebiet, GWL – Gleichgewichtslinie, OM – Obermoräne, UM – Untermoräne, EM – Endmoräne, Stirnmoräne, SM – Seitenmoräne, Ufermoräne, MM – Mittelmoräne.

Überwiegt die Akkumulation die Ablation (positive Bilanz), wird der Gletscher mächtiger, er fließt schneller, und seine Zunge rückt vor. Ist die Ablation größer als die Akkumulation (negative Bilanz), nimmt die Mächtigkeit des Gletschers ab, er wird langsamer, und die Zunge schmilzt zurück. In vielen Fällen ist der Nachschub an Eis so gering, daß ein Teil der Zunge bewegungslos liegen bleibt und abschmilzt. Der sich noch bewegende, obere Teil der Zunge schiebt sich dann auf das bewegunglose Eis, das als Toteis bezeichnet wird, auf und lagert dort eine Endmoräne ab.

Der im Gleichgewicht von Akkumulation zu Ablation stehende Gletscher kann mit einer Art Förderband verglichen werden, bei dem aber der zurücklaufende Teil fehlt. Bei negativer Bilanz *zieht* sich der Gletscher nicht zurück, wie vereinfachend gesagt wird, sondern er *schmilzt* zurück. Wenn große Flächen des Gletschers liegen bleiben und abschmelzen, spricht man von *Eiszerfall*, ein Vorgang, der sich bei den pleistozänen Vorlandgletschern und Inlandeismassen in großem Umfang abgespielt haben dürfte.

Photo 1. Alpiner Gletscher Mer de Glace im Mont Blanc-Gebiet. Mittelmoräne, Jahresbänderung. (Postkarte).

Glaziologie

Moränen. Der vom Gletscher transportierte und abgelagerte Schutt wird als Moräne bezeichnet. Für die verschiedenen Arten von Moränen sind folgende Bezeichnungen üblich:

fließender Gletscher	abgelagert im Gletschervorfeld und im Vorland
Obermoräne	Obermoräne Ablationsmoräne
Innenmoräne	Innenmoräne
Seitenmoräne, Stirnmoräne	Seitenmoräne, Endmoräne
Mittelmoräne	Ablationsmoräne und Endmoräne
Untermoräne	Grundmoräne

Schutt, der im Nährgebiet auf den Gletscher fällt, wird durch Schnee zugedeckt, wandert mit der Bewegung des Eises nach unten und wird z. T. zur Untermoräne, die außerdem durch Schutt, der von der Felsoberfläche am Grund des Gletschers weggerissen wird, zustande kommt. Am Ende des vorwärts strömenden Gletschers wird die Untermoräne in der Endmoräne abgelagert, sofern sie nicht durch Schmelzwasser weggeführt wird, was bei rezenten Talgletschern weitgehend der Fall ist. Ein Teil der Untermoräne gelangt an der Gletscherzunge infolge aufsteigender Stromlinien und durch Bewegung an Scherflächen an die Gletscheroberfläche, wo sie sich mit der Obermoräne und Mittelmoräne vereinigt und ebenfalls zur Endmoräne gelangt. Schutt, der sich im Gletschereis befindet, wird als Innenmoräne bezeichnet. Dem Verlauf der Stromlinien entsprechend, stammt sie aus Schutt, der im Akkumulationsgebiet durch Lawinen und Steinschlag *auf* und dann *in* den Gletscher, aber nicht bis zum Grund, gelangt ist.

Schutt, der unter dem Gletscher mitgeschleppt wird (Untermoräne) und aus den untersten, schuttreichen Lagen des Eises nach unten ausschmilzt, bildet die Grundmoräne.

2. Eisschilde

Eisschilde überdecken größere Landmassen mit einer schildförmigen Eismasse, die über Gebirge und Täler hinweggeht. Eisschilde umfassen 95,8 % der Gletscherfläche der Erde. Zu ihnen gehören die Eisschilde der Antarktis und Grönlands. Im Pleistozän überdeckten riesige Eisschilde Skandinavien bis Mitteldeutschland sowie Nordamerika. Die Eisbewegung in den mächtigen Eisschilden (Antarktis bis 4300 m) SUDGEN & JOHN (1976: 57) geht vom Hochgebiet aus radial nach außen (Abb. 2). Die Eismasse der Eisschilde durchströmt die Randgebiete in großen, talgletscherartigen *Auslaßgletschern*, die meist ins Meer münden und Eisberge liefern.

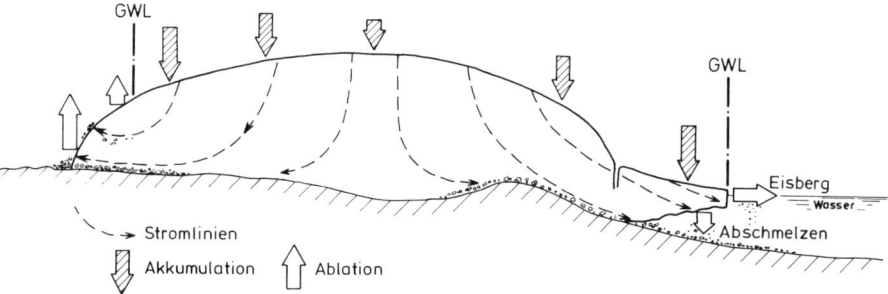

Abb. 2. Schematischer Schnitt durch einen Eisschild. In der Mitte des Eisschildes bewegt sich das Eis zunächst senkrecht nach unten und weicht dann unter dem wachsenden Druck seitlich aus. Am Rand des Eisschildes können Randgebirge den Eisschild als Nunataks durchragen. Das Eis durchströmt als Auslaßgletscher das Randgebirge, die Eisbasis liegt z. T. unter dem Meeresspiegel. Wo das Eis in das Meer fließt, entwickelt sich Schelfeis, von dem große Tafeleisberge abbrechen.

Talgletscher, die aus einem Gebirge ins flache Vorland austreten, bilden radial ausgebreitete *Vorlandgletscher*, wie z. B. der heutige Malaspinagletscher in Alaska und die pleistozänen Vorlandgletscher am Rand der Alpen.

Hochländer werden von *Eisfeldern* bedeckt, die in kurzen Gletschern in Täler hinabströmen, wofür heute der norwegische Jostedalbreen und im Pleistozän der Schwarzwald Beispiele sind.

Temperatur der Gletscher

Die Temperatur des Gletschereises ist sehr unterschiedlich. Sie wird vorwiegend von der auf die Oberfläche einwirkenden Lufttemperatur und Strahlung bestimmt. Außerdem wird sie vom Wärmestrom der Erde und von der Reibungswärme infolge der Eisbewegung beeinflußt.

Die Oberflächentemperatur, gemessen in Bohrlöchern im Firn in 10 m Tiefe, beträgt bei Gletschern in den Alpen -5 bis $-10\,°C$, in der Antarktis bis $-57\,°C$.

Der Erdwärmestrom, durchschnittlich 59,9 mWm² (PATERSON 1969), führt zum Schmelzen von jährlich 6 mm Eis beim Druckschmelzpunkt. Eine ähnliche Menge an Eis wird durch Reibungswärme geschmolzen, wenn sich der Gletscher um 20 m/Jahr bewegt (PATERSON 1969).

Der Druckschmelzpunkt ist die Temperatur, bei der unter dem herrschenden Druck Eis schmilzt. Der Druckschmelzpunkt sinkt bei zunehmendem Druck, also bei zunehmender Eismächtigkeit, unter $0\,°C$ (um $1\,°C$ bei 140 bar).

Abb. 3 zeigt die Zunahme der Eistemperatur mit der Tiefe infolge Einwirkung von Erdwärme und Reibungswärme. Die Temperaturabnahme im oberen Teil der Kurven rührt von dem Zustrom von kälterem Eis aus

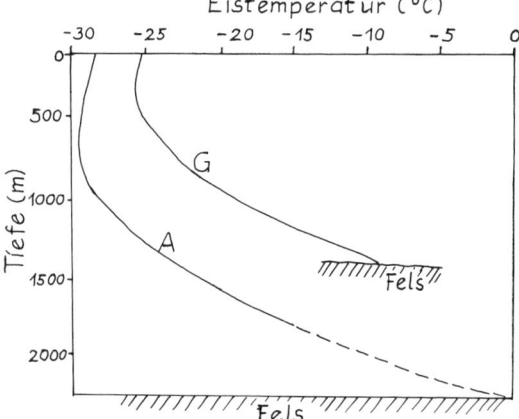

Abb. 3. Anstieg der Eistemperatur mit zunehmender Tiefe (gemessen in Bohrlöchern). Nach SUDGEN & JOHN 1976: 21. G – Grönland, Camp Century. Der Gletscher liegt in 1300 m Tiefe mit $-10°$ auf Grund. A – Antarktis, Byrd Station. Infolge der großen Tiefe von 2200 m erreicht das Eis am Grund wahrscheinlich den Druckschmelzpunkt.

höheren Teilen des Gletschers her. Wenn das Gletschereis am Grund den Druckschmelzpunkt erreicht oder übersteigt, spricht man von einem *Gletscher mit warmer Basis* oder vereinfacht von einem *warmen Gletscher*. Dazu gehören in der Regel alle Gletscher des alpinen Typs. Infolge der großen Eismächtigkeit in der Antarktis (> 4000 m) wird dort an vielen Stellen an der Basis des Eisschildes der Druckschmelzpunkt erreicht (Abb. 3). Gletscher mit kalter Basis oder *kalte Gletscher* haben am Grund Temperaturen, die tiefer liegen als der Druckschmelzpunkt (z. B. Grönland). Der Begriff „polar" für kalte Gletscher und „gemäßigt" (temperate) für warme Gletscher ist mißverständlich, da beide Arten sowohl in polaren als auch in nicht polaren Zonen vorkommen. Außerdem kann es innerhalb *eines* Gletschers Bereiche sowohl warmer als auch kalter Basis geben.

Wenn der Druckschmelzpunkt erreicht ist, kommt es bei geringster Temperaturerhöhung, z. B. infolge ansteigenden Druckes, an der Grenzfläche Eis/Fels zur Bildung von Schmelzwasser.

Bewegung des Gletschereises

Gletschereis bewegt sich infolge des Gewichtes der Eismasse in der Richtung des Gefälles. Die Bewegung kann in innere Verformung oder plastisches Fließen, was zum Kriechen der Eismasse führt, und in basales Gleiten aufgeteilt werden (Abb. 4).

Das *Kriechen* hängt von der Schubspannung ab, deren Hauptfaktor das Gewicht des Eises, also seine Mächtigkeit, und das Gefälle der Oberfläche sind. Das Kriechen geschieht durch Gleiten innerhalb der Eiskristalle. Es findet sowohl in warmen als auch in kalten Gletschern statt. Das Kriechen

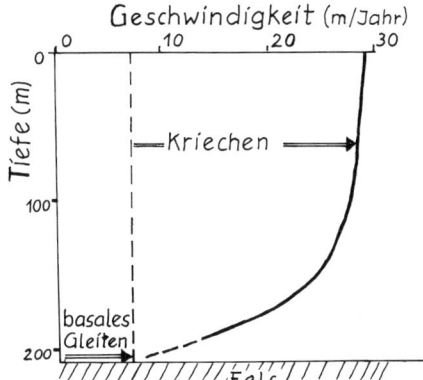

Abb. 4. Basales Gleiten und Kriechen. Athabaska-Gletscher, Kanada (warmer Gletscher). Nach SAVAGE & PATERSON 1963.

des Gletschers hängt von der Schubspannung an der Gletschersohle ab. Nach HAEBERLI & PENZ (1985: 354) ist die Sohlschubspannung τ (in bar) = f ϱ g h sin α (f = Reibungsfaktor, ϱ = Dichte des Eises, g = Erdbeschleunigung, h = Eismächtigkeit, α = Gefälle der Gletscheroberfläche). Die Fließgeschwindigkeit an der Gletscheroberfläche errechnet sich nach dem Glen'schen Fließgesetz:

$$v(m/Jahr) = \frac{2A}{n+1} \tau^{n+1}$$ (nach HAEBERLI & PENZ 1985: 354, vereinfacht)

(A = temperaturabhängiger Koeffizient um 0,08, n = Exponent um 3). Die Formeln machen deutlich, daß die Geschwindigkeit der Gletscherbewegung mit der Mächtigkeit des Eises, mit dem Gefälle und mit der Temperatur zunimmt. Für die Gletscher der nördlichen Alpen während des Hochstandes der Würmeiszeit errechneten HAEBERLI & PENZ (1985 : 358) Fließgeschwindigkeiten von 5 bis 25 m Jahr, wobei kalte Gletscher angenommen wurden. Ähnliche Berechnungen wurden auch von KÖRNER (1983: 186) ausgeführt.

Wenn die Schubspannung größer ist als die Möglichkeit der inneren Verformung, entstehen Scherbrüche, an deren Flächen sich das Eis in Schollen fortbewegt (Blockschollenbewegung).

Das *basale Gleiten* geht durch Gleiten des Eises über die Felsoberfläche vor sich. Es wird durch einen Wasserfilm, wie er sich beim Druckschmelzen bildet, wesentlich erleichtert. Basales Gleiten ist nur an der Basis eines warmen Gletschers möglich. Beim kalten Gletscher ist die Bindung zwischen Fels und Eis stärker als innerhalb des Eises, weshalb die Schubspannung durch Bewegung *im* Eis abgebaut wird.

In Stollen, die unter Gletschern mit kalter Basis in Grönland und in der Antarktis gegraben wurden, war an der Eis/Fels-Grenzfläche keine Bewegung des Eises festzustellen (GOLDTHWAIT 1960, HOLDSWORTH & BULL 1970). Der Anteil des basalen Gleitens an der Gesamtbewegung des

Gletschereises variiert in weiten Grenzen, kann aber bis zu 75 % betragen. Mit größerer Eismächtigkeit nimmt der Anteil des basalen Gleitens zu (Tab. 1).

Tabelle 1. Anteil des basalen Gleitens an der Gesamtbewegung. Nach SUDGEN & JOHN 1976: 24.

Gletscher	Land	basales Gleiten %	Eismächtigkeit
Aletsch	Schweiz	50	137
Taynksu	UdSSR	65	52
Athabaska	Kanada	75	322
Athabaska	Kanada	10	209
Meserve*	Antarktis	0	80

*kalter Gletscher

Druckschmelzen entsteht, wenn sich ein warmer Gletscher über Höcker und andere Unebenheiten der Felsoberfläche bewegt. Auf der Luvseite des Höckers wird der Druck im anströmenden Eis erhöht, und es kommt zum Schmelzen des Eises. Auf der Leeseite kommt es infolge des Druckabfalls zum Wiedergefrieren = Regelation (Abb. 5).

Auch beim kalten Gletscher umströmt das Eis Unebenheiten, wobei der Druck auf der Luvseite zunimmt, allerdings ohne Schmelzen des Eises und ohne Gleiten über die Felsoberfläche.

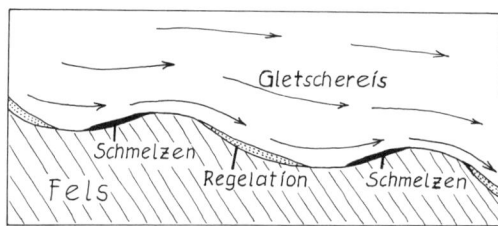

Abb. 5. Druckschmelzen und Wiedergefrieren (Regelation). Nach SUDGEN & JOHN 1976:29.

Geschwindigkeit der Gletscherbewegung. Die Fließgeschwindigkeit des Gletschers an seiner Oberfläche nimmt mit der Mächtigkeit des Eises und mit dem Gefälle zu.

Tabelle 2. Oberflächengeschwindigkeit von Gletschern (m/Jahr).

Gletscher in den Alpen	30–150
(plastisches Fließen)	
Himalaya (Blockschollenbewegung)	50–1500
Grönland, Auslaßgletscher	300–1000
(Durchpressen einer großen Eismasse)	
Antarktis, Ross-Eisschelf	800–1500

Wie Abb. 4 zeigt, ist die Geschwindigkeit des Gletschereises an seiner Oberfläche am größten. Gegen unten und die Ränder des Gletschers nimmt sie infolge Reibung ab. Die Geschwindigkeit des basalen Gleitens ist im Bereich der Gleichgewichtslinie am größten (Abb. 1).

Die Erhöhung der Eis- und Firnmächtigkeit im Akkumulationsgebiet erzeugt eine Welle erhöhter Geschwindigkeit, vergleichbar der Hochwasserflutwelle, die gletscherabwärts wandert (NYE 1965: 567) und an der Zunge zu schnellerem Vorrücken führt.

Eine besonders schnelle Art der Gletscherbewegung sind die an Himalayagletschern und in Kanada beobachteten Gletscherwogen (engl. surges). Infolge besonders starker Ernährung durch Lawinen kommt es zu episodischen, kurzzeitigen Geschwindigkeitserhöhungen. Am Atabaskagletscher in Kanada wurden 120 m/Tag gemessen, wobei der Gletscher um 8 km/Jahr vorrückte.

Vorstoßgeschwindigkeit (positive Längenänderung). Etwas ganz anderes als die Geschwindigkeit der Eisbewegung ist die Geschwindigkeit, mit der das Gletscherende vorrückt oder vorstößt, wozu eine positive Bilanz Voraussetzung ist. Dabei nimmt der Gletscher zunächst an Mächtigkeit zu, fließt dann schneller und rückt vor. Aus Bildern aus dem 18. und 19. Jahrhundert, als die Alpengletscher vorrückten, ist ersichtlich, daß die Oberfläche der Gletscher dann stark zerspalten ist, was auf Blockschollenbewegung hinweist. Außerdem ist die Stirn des Gletschers dann steiler und höher als beim abschmelzenden Gletscher.

Die Vorstoßgeschwindigkeit heutiger Gletscher in den Alpen wurde auf 20 bis 40 m/Jahr ermittelt (HOLZHAUSER 1982). Für die letzte Eiszeit ist für den Inngletscher eine Vorstoßgeschwindigkeit in ähnlicher Größenordnung abzuschätzen (Gletscher bei Baumkirchen/Innsbruck nach FLIRI (1983) vor 25 000 Jahren, an der äußeren Würmendmoräne etwa vor 20 000 Jahren, Strecke etwa 100 km). Für die wesentlich größeren Inlandeismassen der Nordhalbkugel sind größere Vorstoßgeschwindigkeiten anzunehmen.

Zurückschmelzen (negative Längenänderung). Das Zurückschmelzen der Gletscher in den Alpen geht seit 1860, mit einer Unterbrechung durch einen kleinen Wiedervorstoß um 1920–1930, mit einer Geschwindigkeit von 15 bis 40 m/Jahr vor sich.

In der Würmeiszeit schmolz der Rheingletscher nach ^{14}C-Datierungen vom Singener zum Konstanzer Stadium mit rund 40 m/Jahr zurück (20 km, 500 Jahre, GEY & SCHREINER 1984). Für den nordamerikanischen Eisschild ergibt sich für die letzte Eiszeit eine Rückschmelzgeschwindigkeit von rund 200 m/Jahr (DYKER & PREST 1987), was zweifellos nicht gleichmäßig sondern als Eiszerfall vor sich ging, indem große Teile der Eismasse nicht mehr ernährt wurden und in großen Flächen zugleich abschmolzen.

3. Geologische Wirkungen der Gletscher

Erosion durch Gletscher

Ein vorrückender Gletscher wird zunächst den durch Verwitterung und Frostsprengung entstandenen Gesteinsschutt aufnehmen, z. T. zerkleinern und ins Vorland fördern. Es liegen aber in allen heutigen und ehemaligen Gletschergebieten zahlreiche Belege dafür vor, daß die Gletscher nicht nur vorliegenden Schutt transportieren, sondern daß sie außerdem in die Tiefe und Breite erodiert haben. Belege für diese Erosion sind übertiefte Täler, Zungenbecken sowie die großen Mengen an Schutt, die von den Gletschern an ihr Ende gefördert worden sind. „Der Gletscher ist Pflug, Feile und Schlitten zugleich" (WAGNER 1960: 224).

Die Gletschererosion wurde zeitweise in Zweifel gezogen mit der Begründung: „Mit Butter kann man nicht hobeln". In der Tat, reines Eis vermag festes Gestein kaum zu erodieren. Unerläßlich für die Erosion durch Gletscher ist der darin enthaltene Gesteinsschutt, womit das strömende Gletschereis auch festen Fels angreifen kann. Die Erosion durch Gletschereis wirkt auf verschiedene Weise.

Photo 2. Gletscherschliff auf Nagelfluh der Mindeleiszeit. Kiesgrube Ertingen bei Riedlingen/Donau (SCHÄDEL & WERNER 1963: 21). Kalksteingerölle sind abgeschliffen und gekritzt durch den Gletscher der Rißeiszeit (Fot. Stirkat).

Abrasion. Große und kleine Gesteinspartikel, die im basalen Eis des Gletschers z. T. reichlich enthalten und in der Regel festgefroren sind, schrammen, kritzen und schleifen die Felsoberfläche. Auch die Gesteinspartikel werden angegriffen, zerkleinert, kantengerundet, geschrammt, gekritzt und geglättet. Sichtbar werden diese Wirkungen auf vom abschmelzenden Gletscher verlassenen Felsflächen. Sie weisen Glättung, Schrammen, stellenweise sogar Furchen auf, die von größeren und harten Gesteinspartikeln, die der Gletscher über dem Untergrund geschoben hat, herrühren. Hauptsächlich von Quarzkörnern stammen die kleinen aber zahlreichen Kritzen, die besonders auf Kalksteinen entstehen, aber auch auf Porphyren, feinkörnigen Gneisen und sogar auf Quarziten ausgebildet werden können. Das Feinmaterial (Feinsand, Silt, Ton) erzeugt die Glättung von Felsen und Geschieben (Gletscherschliff). Bei genauer Betrachtung der Vorgänge wird zwischen Gletscherschliff (Detersion) und Schrammung + Kritzung (Detraktion) unterschieden.

Beobachtungen und Experimente, die in Stollen unter Gletschern ausgeführt wurden, erwiesen eine starke Abtragung durch Detersion und Detraktion. Auf der Felsfläche unter einem Gletscher in Island wurden Gesteinsblöcke befestigt und folgende Abtragung gemessen: Nachdem das mit Basaltschutt durchsetzte Eis 9,5 m über die Felsfläche geglitten war, ist ein Marmorblock um 3 mm und ein Basaltblock um 1 mm erniedrigt worden (BOULTON & VIVIAN 1973). Diese Werte erscheinen – vermutlich aufgrund der Versuchsanordnung – sehr hoch. Durch Messung von Schrammen und Schätzung des Schliffs kam WINTGES (1984: 17 u. 193) zu wesentlich geringeren Werten. Er fand seit dem Maximum der letzten Vereisung:

	Gestein	Eismächtigkeit	Abtragung
Alpen, Zillertal	Granitgneis	700– 150 m	0,24 mm
Südschweden	Granit	1500–2000 m	21 mm
Südschweden	Quarzsandstein	1000 m	49 mm

Hierbei ist zu beachten, daß die Messungen auf besonders festen Felsflächen vorgenommen worden sind, denn nur auf solchen bilden und erhalten sich Schliff und Schrammen. Außerdem ist fraglich, ob der Zeitraum nicht zu groß angenommen wurde.

Folgende *Voraussetzugen* sind für die Abrasion erforderlich:
1) Das basale Gletschereis muß Gesteinspartikel enthalten. Viele und harte Gesteinspartikel verstärken die Abrasion.
2) Das Gletschereis muß über die Unterlage gleiten. Zunehmende Gleitgeschwindigkeit verstärkt die Abrasion.

3) Die Gesteinspartikel an der Basis des Eises müssen erneuert werden. Dies geschieht beim warmen Gletscher durch das Abschmelzen des Eises von unten her. So gelangen neue Gesteinspartikel aus dem Eis nach unten und setzen die Abrasion fort.
4) Abtransport von Feinkorn. Zu feinem Sand und feiner zerriebene Gesteinspartikel hemmen die weitere Abrasion. Beim warmen Gletscher kann das Feinkorn durch beim Druckschmelzen entstandenes und durch zugeführtes Wasser weggeschwemmt werden.
5) Härte der Gesteinspartikel. Harte Gesteinspartikel üben stärkere Abrasion aus als weichere.
6) Form der Gesteinspartikel. Je kleiner der Radius einer Gesteinskante ist – also je spitzer sie ist – desto stärker greift dieser Stein den Untergrund und andere Steine an.

In geeigneten Fällen ist der Verlauf von Kritzen und Schrammen zur Bestimmung der Fließrichtung des Gletschers geeignet. Auf der Luvseite von Felsen und z. T. von Geschieben laufen die Kritzen über die gerundete Kante. Die Leeseite hingegen weist eine scharfe Kante auf, an der Kritzen und Schrammen aufhören. Infolge von Rotation beim Transport sind Geschiebe oft auf mehreren Seiten bearbeitet.

Weitere Kleinformen der Beanspruchung von Felsflächen durch den strömenden Gletscher sind *Sichelbrüche* und *Parabelrisse* (Abb. 6). Sichelbrüche zeigen mit der konvexen Seite in Richtung Gletscherbewegung. Sie weisen

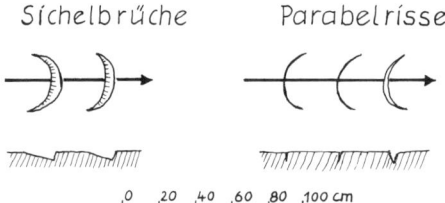

Abb. 6. Sichelbruch und Parabelriß. Pfeil = Gletscherfließrichtung. Der rechte Parabelriß ist zum Parabelbruch ausgeweitet. Nach WINTGES 1984:27.

einen im Querschnitt keilförmigen Ausbruch auf. Parabelrisse zeigen mit der konkaven Seite in Richtung Gletscherbewegung. Sie weisen keinen Ausbruch auf, sofern nicht später Frostsprengung und Verwitterung eine Ausweitung des Risses bewirken. Durch die angegebene Orientierung sind sie zur Bestimmung der Gletscherfließrichtung geeignet. Es kommen aber auch Umkehrungen vor (WINTGES 1984). Es wird angenommen, daß Sichelbrüche und Parabelrisse durch große Blöcke, die ruckartig vom Eis über Felsflächen geschoben werden, entstehen.

Felsbrechen. Die starke Übertiefung von vergletscherten Tälern und Fjorden und das Mulden- und Schwellenrelief vergletscherter Täler weisen darauf hin, daß die Ausräumung nicht nur durch Abrasion, sondern durch Abscheren und Losbrechen von Felsplatten und -blöcken vor sich ging. Dabei spielt die Klüftung der Felsen und die verschieden tief greifende Zersetzung der Gesteine, besonders von Granit und Gneis, eine große Rolle. Die zersetzten Zonen werden durch Abrasion und Schmelzwassererosion tiefer ausgeräumt. Dann ist der unter hohem Druck strömende Gletscher in der Lage, aufragende Felspartien an geeignet verlaufenden Kluftflächen abzulösen. Dabei kommen nicht nur tektonische Klüfte, sondern auch hangparallele Dehnungsklüfte in Betracht.

Regelation. Wasser, das unter dem Gletscher in Klüfte eindringt, kann beim Gefrieren zur Lockerung und zum Losbrechen von Felsblöcken führen. Die meist steil und kantig abgebrochene Leeseite von Felsrundhöckern soll nach CAROL (1947) durch Frostsprengung infolge Wiedergefrieren durch den Druckabfall im Lee von Felshindernissen entstehen. Voraussetzung dafür ist, daß der Fels durch Klüfte schon gelockert ist. Um festen Fels durch Frostsprengung zu lösen, bedarf es aber $-20\,°C$, was bei der Regelation unter einem warmen Gletscher bei weitem nicht erreicht wird (VIVIAN 1970: 259).

Große Schollen. Eine ganz erstaunliche Erscheinung ist das Lösen und Transportieren *Großer Gesteinsschollen*. In Norddeutschland sind viele Tertiär- und Kreideschollen bis zu km-Durchmesser und mehr als 100 m Höhe durch das nordische Inlandeis vom Untergrund gelöst und transportiert worden. In solchen Schollen sind Tongruben und große Steinbrüche angelegt worden. Nach BOULTON (1972) ist anzunehmen, daß der Gletscher kalt und die $0°$-Grenze tiefer lag, so daß der mit dem Gestein fest verbundene Gletscher Gesteinsschollen an der $0°$-Grenze ablösen konnte. Wahrscheinlich wird das Ablösen von großen Schollen durch günstige morphologische Umstände bedingt oder erleichtert in der Weise, daß die Gesteinsschollen durch Herausragen für den Gletscher eine gute Angriffsmöglichkeit bieten.

Oft sind die Schollen miteinander verschuppt. Unter und zwischen den Schollen liegt glaziales Material. An der Oberfläche sichtbare Kreideschollen mit zwischengelagerter Moräne sind in Rügen (BRINKMANN 1953), in Moen's Klint, Dänemark (HANSEN 1970: 7) und bei Cromer, England, aufgeschlossen. Die Schollen weisen meist Verstellungen und Faltungen auf. Im Alpenvorland wurde bei Pfullendorf eine 70 m lange, in sich gestörte Scholle aus Tertiärsandstein zwischen Moräne (oben) und Schotter (unten) mit etwa 100 m Transportweite festgestellt (SCHREINER 1964: 22).

Schmelzwassererosion unter dem Gletscher. Schmelzwasser kann durch Spalten und an den Rändern unter das Eis gelangen. Außerdem bildet sich bei warmen Gletschern bei Druckerhöhung Schmelzwasser. Wasser unter den Gletschern führt bei der Abrasion entstandenes Feinkorn hinweg und ermöglicht so die weitere Abrasion. Größere Wassermengen können außerdem, besonders wenn sie unter hohem Druck stehen, grobes Geröll transportieren und den Untergrund erodieren. Dabei entstehen gewundene Rinnen und Mulden in Felsflächen. In Norddeutschland sind in der Elstereiszeit durch subglaziale Schmelzwassererosion im Sand und Ton des Tertiärs über 400 m tiefe, z. T. vernetzte, gegen beide Enden ansteigende Rinnen ausgeräumt und mit jüngeren Sedimenten verfüllt worden (EHLERS et al. 1984: 4). Auch die z. T. rinnenförmig übertieften Zungenbecken des Alpenvorlandes, z. B. die bis 500 m tiefe Bodenseerinne (SCHOOP & WEGENER 1984: Fig. 6), sind sehr wahrscheinlich durch Schmelzwassererosion unter dem Gletscher geschaffen worden. Eine bekannte Sonderform der Schmelzwassererosion unter Gletschern sind die *„Gletschermühlen"* (mehrere Meter tiefe kesselförmige Kolke, z. B. im Gletschergarten in Luzern. Einen Durchmesser von 17 m und eine Tiefe von mindestens 8 m weist die Gletschermühle bei Überlingen am Bodensee auf. Sie ist in mäßig festen Sandstein der Oberen Meeresmolasse eingetieft (ERB 1934a) und war mit Kies und Blöcken aufgefüllt.

Auch bei der Schmelzwassererosion ist es bei festem Fels nicht das Wasser, sondern es sind die mitgeführten Gerölle und der Sand, die den Fels angreifen. Bei den Gletschermühlen liegen die „Mahlsteine" am Grund des Kessels.

Gletschererosion in nicht verfestigtem Gestein. An vielen Orten ist zu erkennen, daß nicht verfestigte Gesteine, wie Tonstein, Mergelstein, wenig fester Sandstein, wie z. B. die Molasse des Alpenvorlandes, von der Gletschererosion besonders stark angegriffen und ausgeräumt wurden (z. B. das in

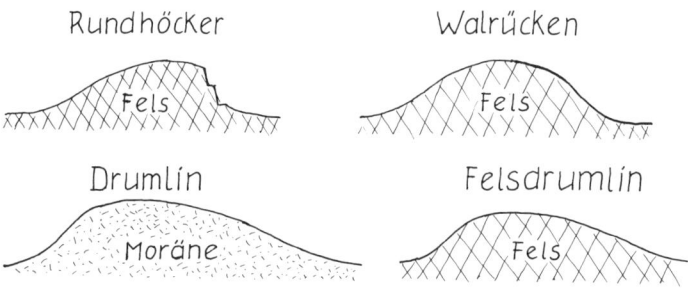

Abb. 7. Rundhöcker, Wallrücken, Drumlin, Felsdrumlin.

Molasse eingetiefte Bodenseebecken). Nach Beobachtungen von BOULTON (1979: 28) wurde unter dem warmen Gletscher Breidamerkurjökull in Island Grundmoräne (till) in 10 Tagen unter dem Gletscher bis zu 0,5 m verschoben (Abb. 8).

Unter dem kalten Wright-Gletscher in der Antarktis wurde gefrorener und mit Eis zementierter Sand deformiert und als Schollen verschoben oder zu Sand zerkleinert und im Eis mitgenommen. Diese Beispiele zeigen deutlich, in welch großem Umfang nicht verfestigte Gesteine sowohl von warmen als auch von kalten Gletschern erodiert werden können.

Unterschiedliche Erosion bei warmen und kalten Gletschern. Da der kalte Gletscher, der mit dem Untergrund festgefroren ist, nicht gleitet, fällt bei ihm die Abrasion weg. Auch die Erosion und Feinkornabfuhr durch Schmelzwasser sowie der Erosionsvorgang, der auf Regelation beruht, sind nur bei warmen Gletschern möglich. Hingegen dürfte das Lösen und Transportieren von großen Schollen nur von kalten Gletschern geleistet werden. Beobachtungen, wonach auch kalte Gletscher der Antarktis gekritzte Geschiebe hervorbringen, weisen darauf hin, daß unter Umständen auch unter kalten Gletschern Abrasion stattfindet. SUDGEN & JOHN (1984: 164) erklären sie damit, daß große Blöcke im bewegten Teil des basalen Eises durch die bewegungslose Schicht unter die Eis/Fels-Grenzfläche hindurchreichen und so die Felsoberfläche angreifen können. Auch Felsauframgungen, die in den bewegten Teil des Eises hinaufragen, können durch Gesteinspartikel im bewegten Eis bearbeitet und abgeschert werden

Tabelle 3. Gletschererosion bei warmen und kalten Gletschern. Nach SUDGEN & JOHN 1984: 163, verändert.

Vorgang	warm	kalt
Abrasion durch basales Schmelzen	+	−
Abrasion von Felshindernissen	+	+
Angriff an Klüften (Regelation)	+	−
Schutttransport durch Eisdruck	+	+
Schmelzwassererosion	+	−
Schutttransport durch Schmelzwasser	+	−
lösen und transportieren von Schollen	−	+

Erosionsleistung. Die Erosionsleistung durch Gletscher wird als wesentlich größer angegeben, als sie in gleichartigen Gebieten von Flüssen erbracht wird. An Flüssen und an Gletscherflüssen wurden sowohl die Fracht an Geröll und Sand als auch der Schweb (Silt und Ton) und das Gelöste gemessen und auf Fracht/km^2 und Jahr oder auf Erosionsbetrag in cm/1000 Jahren umgerechnet.

CORBEL (1959: 18) gibt an, daß aus Gletschern 1000 bis 3200 m³/km²/Jahr Gesamtfracht abtransportiert werden, während Flüsse in gleichartigen Gebieten 250 bis 800 m³/km²/Jahr, also 4 mal weniger wegführen. Nach FLINT (1971: 120) erodieren Gletscher ihr Einzugsgebiet um durchschnittlich 70 cm in 1000 Jahren, wogegen Flüsse nur 6 cm in 1000 Jahren, also 10 mal weniger, schaffen. EMBLETON & KING (1975: 313) bringen ein extremes Beispiel aus Norwegen: Aus dem Gletscher Nigardsbreen wurden 1967 bis 1971 70 bis 360 m³/km²/Jahr gefördert, während aus dem Flußgebiet des Filejell nur 1 bis 2 m³/km²/Jahr kamen.

Der Hiddengletscher in Alaska ist Ende des 19. Jahrhunderts um 3 km vorgestoßen (10 bis 15 m/Jahr) und hat dabei ein Delta von 30 Millionen m³ aufgeschüttet, was einem Erosionsbetrag von 30 000 m³/km²/Jahr entspricht (CORBEL 1959: 16). Dieses Beispiel deutet darauf hin, daß vorstoßende Gletscher eine besonders hohe Erosionsleistung aufweisen.

Bei aller Schwierigkeit, die sowohl in der Ausführung der Messungen als auch in der Vergleichbarkeit der Einzugsgebiete liegt, ist die wesentlich größere Erosionsleitung durch Gletscher nicht zu bezweifeln.

Geomorphologische Wirkungen der Gletschererosion

Abgesehen von den Kleinformen wie Schrammen, Kritzen, usw., die im Abschnitt B 3 beschrieben wurden, sollen im folgenden die größeren, durch Gletschererosion entstandenen Formen behandelt werden.

Rundhöcker (roches moutonnées) sind stromlinienförmige Felshügel von 1 m bis einige 100 m Länge mit rundlich geschliffener Luvseite und steil abgebrochener Leeseite. Sie sind durch den strömenden Gletscher durch selektive Erosion gebildet worden. Die Oberfläche ist, sofern sie von späterer Verwitterung nicht wieder aufgerauht wurde – geglättet und mit Kritzen und Schrammen in Strömungsrichtung versehen.

Als **Walrücken** (whale back) werden ähnliche Felsformen bezeichnet, die aber auf der Luv- *und* Leeseite rundlich abgeschliffen sind (Abb. 7).

Felsdrumlins bestehen aus Fels und sind ähnlich geformt wie die aus Moräne und Schotter bestehenden Drumlins, also mit stumpfer, steilerer Luvseite und ausdünnender, flacherer Leeseite. Felsdrumlins kommen am Rand von Drumlinfeldern vor (CHARLESWORTH 1957).

Drumlins sind ebenfalls stromlinienförmige Hügel mit steiler Luv- und flacher Leeseite, die aber aus Lockergestein, meist aus Grundmoräne, selten auch aus Schotter aufgebaut sind. Sie sind bis einige 100 m lang, ihre Breite ist meist $^1/_3$ bis $^1/_2$ der Länge, ihre Höhe über der Umgebung beträgt 10 bis 60 m. Drumlins kommen in Schwärmen auf flachen Riedeln neben tieferen

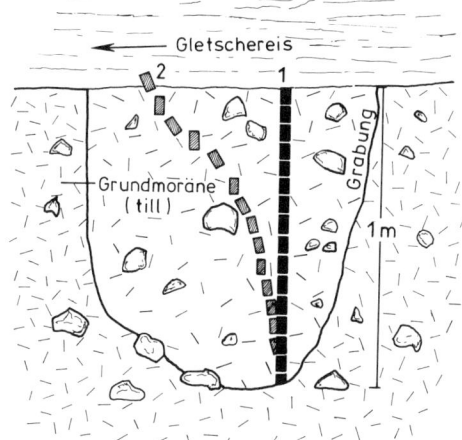

Abb. 8. Verschiebung von Grundmoräne unter dem Breidamerkurjökull in Island.
1) Ausgangslage, eingebohrte Säule. 2) Lage der Teilstücke der Säule nach 244 Stunden. Nach BOULTON 1979: 29.

Becken vor. Drumlins sind in Eisströmungsrichtung längsgestreckt. Sie zeichnen den Verlauf der Gletscherströmung nach, z. B. am Gehrenberg nördlich des Bodensees, wo sich der von SSE kommende Drumlinschwarm vor dem Berg teilt und ihn im E und W „umströmt" (Abb. 96).

Die Drumlins haben zu einer großen Zahl von Deutungen ihrer Entstehung geführt. Bei den wenigen, die aufgeschlossen sind, zeigt sich in manchen Fällen, daß glaziale Erosion die Drumlinform geschaffen hat, z. B. wenn die Schichten von glazifluvialen Schottern oder von horizontalen, torfigen Lagen von der Drumlinform diskordant geschnitten werden. Manchmal zu beobachtende schlieren- und faltenartige Strukturen in Drumlins verweisen auf die Ausführungen von BOULTON (1987), wonach Drumlins durch viskose bis plastische Deformation von Sedimenten (meist Grundmoräne) gebildet wurden (ELLWANGER 1990). Es gibt auch Befunde, die darauf hinweisen, daß einige Drumlins sedimentär durch kiesige Füllung von Hohlräumen unter dem Eis entstanden sind (SHARPE 1987: 210).

Im nördlichen Alpenvorland liegen fast alle Drumlins innerhalb der Inneren Würmendmoräne (HABBE 1988: 35). Aus Befunden im Iller-Gletschergebiet hat HABBE (1988: 38) erkannt, daß die Drumlins im nördlichen Alpenvorland bei abgesunkenem Permafrostspiegel gebildet worden sind.

Flutings. Unter den großen Eisschilden von Skandinavien und Nordamerika entstanden kilometerlange, in Einströmungsrichtung gestreckte Felsrücken, die meist an der Luvseite abgerundet und an der Leeseite steil sind (in Schweden Flyggberg). Große Gebiete in Kanada weisen eine eisstromparallele, langgezogene Striemung mit km-langen Felsrippen auf, die als *flutings* bezeichnet werden.

Bei all diesen Erosionsformen spielen Klüfte, Störungs- und Zersetzungszonen eine große Rolle. Rundhöcker usw. bestehen aus festem, wenig zerklüftetem Fels. Die durch Klüfte, Störungen und Zersetzungen aufgelockerten Zonen zwischen den Felserhebungen sind durch Gletschererosion ausgeräumt und die festen Felsen sind gerundet und geschliffen worden. Nicht selten sind die glazial ausgeräumten Zonen durch nachfolgende fluviatile Erosion noch vertieft worden. Aber auch Auffüllungen durch fluviale Ablagerungen sind häufig.

Schliffgrenze. Eine in ehemals vergletscherten, alpinen Gebirgen zu beobachtende glaziale Erosionserscheinung ist die Schliffgrenze. Oberhalb von ihr sind scharfkantige Felsformen vorherrschend, während darunter rundlich abgeschliffene Felsen die Regel sind. Die Schliffgrenze bezeichnet die Obergrenze der wirksamen Gletschererosion und gibt die Mindesthöhe des ehemaligen Gletschers an. Es ist zu beachten, daß besonders bei brüchigem Fels ehemals abgeschliffene Felsen durch subaerische Abtragung wieder scharfkantig werden können.

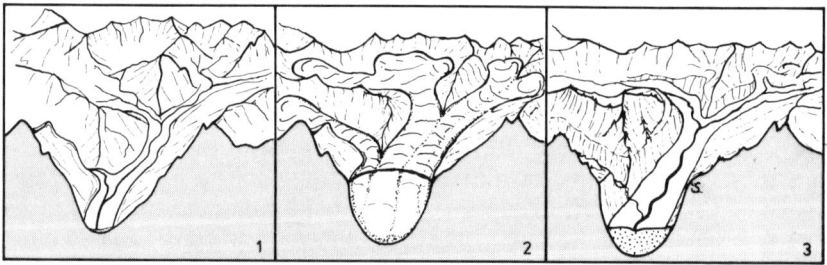

Abb. 9. Fluviale und glaziale Talbildung. Nach WAGNER 1960: 223.
1) Praeglaziales Kerbtal. 2) Vergletscherung, Vertiefung und Verbreiterung des Tales. Entstehung der U-Form. 3) Postglazial, steile Talflanken mit Schliffgrenze (S), Stufenmündung kleiner Seitentäler (Hängetal).

Trogtäler, Fjorde. Trogtäler und darunter die Fjorde, sind die bedeutendsten Gletschererosionsgebilde. Sie sind in der Regel durch glaziale Vertiefung und Verbreitung von Flußtälern entstanden, wobei stets ein mehrfaches Abwechseln von fluvialer und glazialer Erosion am Werke war. Gletschererosion erzeugt ein Schwellen- und Muldenrelief im Längsverlauf der Täler. Ein wichtiges Merkmal und in der Regel nur durch Gletschererosion zu erklären, ist die *Übertiefung*, d. h. daß in dem übertieften Tal die Felssohle tiefer liegt als weiter unterhalb. Der Differenzbetrag ist die Übertiefung. So ist das Alpenrheintal oberhalb von Dornbirn um 550 m gegenüber der Felsoberfläche bei Radolfzell übertieft (Höhe der Felssohle oberhalb Dornbirn – 200 m

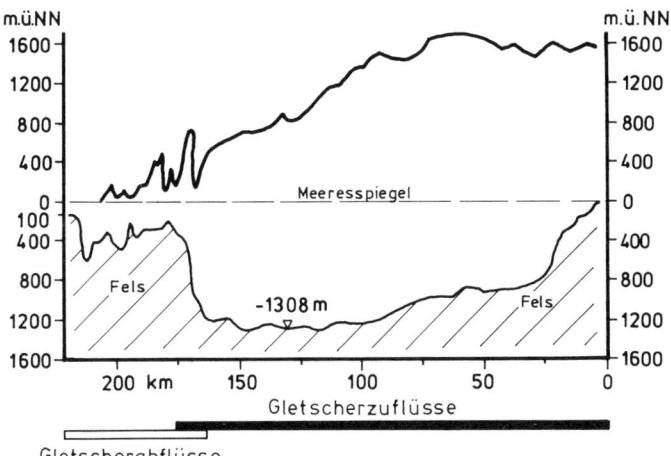

Abb. 10. Sognefjord nach HOLTENDAHL (1967), vereinfacht. Größte Eintiefung bis 1308 m. Übertiefung gegenüber der Felsschwelle am Fjordausgang etwa 1200 m. Die Linie über dem Wasserspiegel bezeichnet die Kammlinie des benachbarten Gebirges, von dem mehrere Nebengletscher dem Hauptgletscher im Fjord zuflossen.

nach WILDI (1984); bei Radolfzell bei + 350 m). Der Sognefjord in Norwegen ist gegenüber der Felsschwelle am Fjordausgang um 1200 m übertieft (Abb. 10).

In ihrem Querschnitt werden die durch Gletschererosion gestalteten Täler allgemein als U-förmig bezeichnet, was aber nur ungefähr zutrifft, zumal der untere Teil des Tales meist mit Schotter usw. verfüllt ist und dadurch eine ebene Sohle vortäuscht.

Zungenbecken. Besonders im Gebiet der alpinen Vorlandvergletscherung sind Zungenbecken eine häufige Erscheinung. Es sind mehrere km lange und bis 4 km breite Geländemulden, die in die umgebenden praequartären Schichten eingetieft sind und außerdem an den Seiten und außen von Moränen umkränzt sind. Auch nach innen, also dort wo der Gletscher herkam, ist z. T. eine Felsschwelle vorhanden, die aber niedriger als der Außenrand des Beckens ist (z. B. Schussenbecken, Wurzacher Becken). In vielen Fällen sind die Becken auf der Innenseite durch jüngere Ablagerungen abgedämmt und mit Wasser erfüllt (Bodensee, Ammersee u. a.).

An der Entstehung der Zungenbecken durch Gletschererosion ist aufgrund des allseitigen Abschlusses der Becken nicht zu zweifeln. Es ist aber sicher, daß fluviale Erosion und nicht nur *eine* Vereisung an der Ausräumung der Zungenbecken beteiligt waren (Abb. 11). Kleine Vorlandgletscher haben *ein* Zungenbecken, größere haben ein Hauptbecken oder Stammbecken und

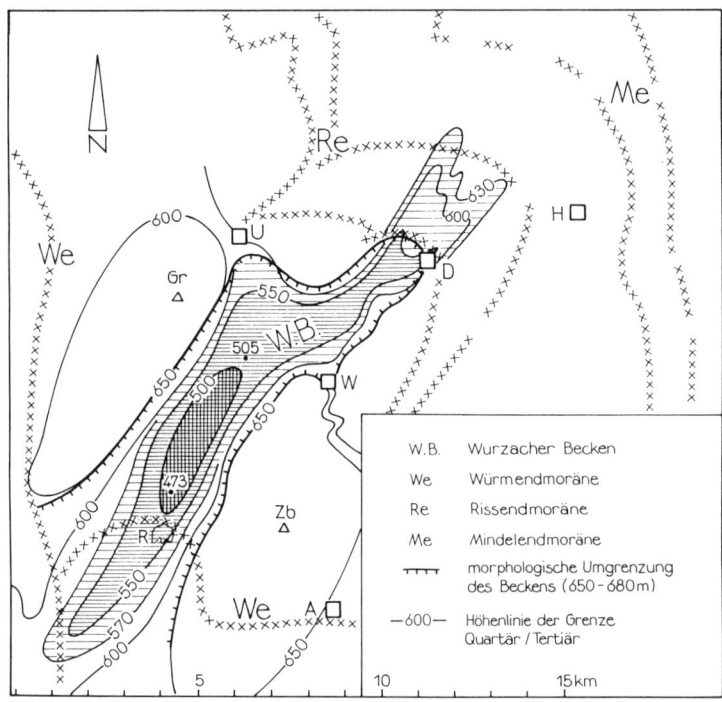

Abb. 11. Beispiel eines Zungenbeckens im Alpenvorland: Wurzacher Becken. Im SW nach WEINSZIEHR (1982). Tiefste Stelle 473 m ü. NN. Übertiefung gegen den SW-Rand 100 m, gegenüber dem NE-Rand 160 m. Glaziale und wohl auch subglaziale Schmelzwassererosion in der Mindel- und Rißeiszeit. Westlich von U 650 statt 600.
A – Arnach, D – Dietmanns, Gr – Grabener Höhe, H – Hauerz, U – Unterschwarzach, W – Wurzach, Zb – Ziegelberg.

mehrere Zweigbecken, so z. B. der Rheingletscher in der Rißeiszeit: als Stammbecken das Bodenseebecken und als Zweigbecken Leutkircher Bekken, Arnacher Becken, Wurzacher Becken, Federsee-Becken, Engener Bekken. EBERL (1930: 138) hat für die Zweigbecken des Illergletschers die Vorstellung entwickelt, sie seien durch Gletscherzungen gebildet worden, die aus bestimmten Tälern des Einzugsgebietes hervorgegangen und bis an ihr Ende selbstständig geblieben sind. Es gibt jedoch Beispiele, die anzeigen, daß sich die Zungenbecken in Tälern des Vorlandes gebildet haben, besonders wenn diese zentripetal, also zum Stammbecken hin verliefen. Leicht ausräumbare Gesteine sind Voraussetzung für die Bildung von Zungenbecken, z.B. das würmeiszeitliche Zungenbecken des Bibertales nördlich Thayngen/ Schweiz, das in relativ weichen Molassemergeln zwischen der Jurakalkscholle des Randen und dem basaltischen Hohenstoffeln nach Nordwesten vorstößt.

II. Glaziale Ablagerungen

Ablagerungen, die durch den Gletscher oder von Gletscherschmelzwässern gebildet wurden, sind glaziale oder glaziäre Ablagerungen. Sie sind in den ehemals vergletscherten Gebieten in großer Mannigfaltigkeit verbreitet. Sie werden nach der Art der Sedimente gegliedert:

Gletscherablagerungen (glazigene Ablagerungen). Sedimente, die beim Fließen und beim Abschmelzen des Gletschers entstanden sind. – *Moränen.*

Glazifluviatile (oder -fluviale) Ablagerungen. Im Gletschervorland, z. T. auch unter und neben dem Gletscher durch Schmelzwässer abgelagert – meist *Schotter.*

Glazilakustrine Ablagerungen. In Schmelzwasserseen abgelagerte Sedimente – *Deltasedimente, Beckensedimente.*

1. Gletscherablagerungen

Gletscherablagerungen werden im deutschen Sprachgebrauch als Moränen bezeichnet, worunter sowohl das Sediment als auch die Geländeform verstanden wird. *Moräne ist als Überbegriff* über die verschiedenartig ausgebildeten Moränen zu verstehen. Der Begriff wird auch dann angewandt, wenn nicht bekannt ist oder nicht ausgesagt werden soll, welche Art von Moräne vorliegt. Der englische Begriff „till" ist enger gefaßt als Moräne, er bezieht sich nur auf das Sediment und seine Entstehung. So kann z. B. die Endmoräne nicht als till bezeichnet werden.

Für moränenartige Sedimente nicht bestimmter Genese wird auch die Bezeichnung „diamicton" (FLINT 1971: 154) gebraucht, wobei jedoch zu beachten ist, daß unter diamicton auch nichtglaziale Gesteinsmischungen wie Brekzien, terrestrische und marine Rutschmassen, Fließerden u. a. verstanden werden. Für moränenartige Bildungen sollte deshalb von glacial diamicton oder eben von Moräne gesprochen werden.

Grundmoräne (lodgement till)

Grundmoräne erscheint im Aufschluß in der Regel als ungeschichtete Masse, in der große und kleine Geschiebe stecken. Der Name ist von PENCK (1882: 34), der die Bezeichnung von MARTIN (1842) übernommen hat, in die deutsche Literatur eingeführt worden.

Korngröße. Grundmoräne ist ein Gemisch aus allen Korngrößen: Ton, Silt, Sand, Kies und Blöcke sind ungefähr in gleichen Gewichtsanteilen vorhanden, was sich in der Korngrößen-Summenkurve ungefähr als Diagonale, die vom Feinen zum Groben durchläuft, darstellt (Abb. 75). Das Gestein des Einzugsgebietes beeinflußt die Korngrößenverteilung der Grundmoräne. So führen Schotter im Einzugsgebiet zu einer kiesigen und überfahrene Bekkentone zu einer stärker tonigen Grundmoräne. Die *Sortierung* ist der Korngrößenverteilung entsprechend sehr schlecht. Die *Farbe* der nicht verwitterten Grundmoräne ist meist grau, wird aber durch die Farbe der Gesteine im Einzugsgebiet beeinflußt. So ist die Grundmoräne eines Gletschers aus einem Gebiet mit rot verwitterdem Granit rötlich gefärbt und Grundmoräne im Hegau, die viel Mergel der Juranagelfluh aufgenommen hat, ist gelbbraun gefärbt.

Die *Petrographie der Gesteinspartikel* in der Grundmoräne entspricht der des Einzugsgebietes. Es liegt ein Gemisch verschiedener, harter und wenig harter Gesteine vor. Auch im Feinkorn hat kaum eine Aussonderung leicht zersetzbarer Minerale stattgefunden. Feldspäte, Glimmer und Calzite sind ebenso vorhanden wie Quarz und resistente Schwerminerale.

Die petrographische Zusammensetzung der Geschiebe gibt Auskunft über das Einzugsgebiet des Gletschers.

Karbonatgehalt. Wenn im Einzugsgebiet des Gletschers Karbonatgesteine anstehen, wie zum großen Teil in den Alpen, dann ist die Grundmoräne karbonathaltig. Die Grundmoränen des pleistozänen Rheinvorlandgletschers enthalten bis zu 60 % Karbonat (meist Calzit). Für solche Grundmoränen ist die Gesteinsbezeichnung *Geschiebemergel* angebracht.

Form der Geschiebe. Gesteinspartikel in der Moräne, die größer sind als 1 cm, werden als Geschiebe bezeichnet. Deren Form weist Merkmale auf, die durch die Beanspruchung beim Transport am Grund des Gletschers entstanden sind. Die Geschiebe in der Grundmoräne sind meist *kantengerundet* (Abb. 72). Bei kurzem Transport kommen mehr kantige und schwach kantengerundete Geschiebe vor (z. B. in den Moränen der kleinen Schwarzwaldgletscher). Wo der Gletscher Schotter überfahren hat, enthält die Grundmoräne viel gerundete Gerölle, von denen aber einige neue Ausbrüche aufweisen, die beim Gletschertransport entstanden sind. Der *Rundungsgrad* (S. 136) der Geschiebe in der Grundmoräne liegt in der Regel zwischen den Rundungsgraden von Hangschutt und glazifluvialem Schotter.

Typisch für Geschiebe in Grundmoräne sind eine oder mehrere *Schliffflächen* und konkave Ausbrüche, die zu Kehlgeschieben führen, die man in größeren Grundmoränenaufschlüssen vereinzelt findet. Die Gestalt der Geschiebe ist oft trapezförmig oder fünfeckig.

Geschiebeeinregelung. Längliche Geschiebe (Länge : Breite = 2 : 1) sind in Grundmoränen mit ihrer Längsachse mehrheitlich in Fließrichtung des Gletschers eingeregelt (S. 133), wobei die Längsachsen meist gegen die Fließrichtung geneigt sind (Dachziegelschichtung, imbricating). Die Einregelung der Längsachsen von Geschieben entsteht durch das Gleiten des Gletschers und der Geschiebe über den Untergrund und schon in den basalen, schuttreichen Lagen des Gletschers durch die nach oben schneller werdende Kriechbewegung des Eises sowie durch Scherbewegungen (BOULTON 1970: 241).

Glättung, Kritzung. Die Oberfläche von Geschieben in Grundmoräne ist geglättet und weist zum Teil Kritzen auf, die besonders auf Schliffflächen deutlich sind.

In Grundmoränen sind 10 bis 20 % der Kalkgeschiebe gekritzt. Auch Porphyre mit feiner Grundmasse weisen z. T. Glättung und Kritzen auf. In seltenen Fällen sind auch Granit- und Gneisgeschiebe und sogar Quarzite gekritzt.

Die Kritzen sind bis 0,5 mm breite und tiefe, einige cm lange, geradlinige Rillen auf der geglätteten Oberfläche des Geschiebes. Die Kritzen verlaufen meist parallel zur Längsachse des Geschiebes (WEINHOLD 1973: 136). An der Luvseite des Geschiebes verlaufen die Kritzen von unten über die gerundete Kante auf die darüber folgende Fläche.

Das Merkmal „gekritztes Geschiebe" ist oft entscheidend für die Bestimmung einer Moräne und damit für den Nachweis einer Vergletscherung. Es muß jedoch auf Fälle hingewiesen werden, bei denen Kritzung durch nichtglaziale Vorgänge entsteht: 1) Durch tektonische Verschiebungen (Harnische). 2) Durch Erdrutsche, wobei auch Geröll gekritzt werden können. 3) Durch Bewegungen in vulkanischen Schloten (gekritzte Geröll der Juranagelfluh im Höwenegg). 4) Durch Transport von Blöcken in Eisschollen auf Flüssen und Berührung mit Steinen am Ufer und am Flußbett (FLINT 1971: 187). 5) In Fließerden können weiche Gesteine (z. B. entkalkte, feinkörnige Kalksandsteine) gekritzt werden. 6) Anthropogen durch Maschinen.

1) bis 4) sind in der Regel durch die umgebende Geologie zu entscheiden. Bei 5) können die Geschiebeform, die Geschiebeeinregelung und die Lagerungsverhältnisse Hinweise geben (S. 85). 6) Ist auf Abbausohlen von Kies- und Baugruben häufig und hat manchmal zu irrtümlicher Annahme einer Moräne geführt.

Struktur. Grundmoräne ist nicht geschichtet, sondern massig. Eine gewisse Ordnung ist aber durch die Einregelung der länglichen Geschiebe gegeben. Wenn Schichtung auftritt, handelt es sich um Grundmoränen verschiedenen Alters oder um fluviale oder lakustrine Einlagerungen, die subglazial entstanden sein können.

Konsistenz. Grundmoräne ist auffällig fest gelagert. Im Aufschluß ist es nach Abgraben der Auflockerungszone schwer, mit der Hammerhacke tiefer zu kommen. Jedes Geschiebe muß einzeln herausgepickelt werden. Beim Aushub von Baugruben und Einschnitten sind schwere Bagger und sogar Bohren und Sprengen notwendig. Bei bodenmechanischer Untersuchung erweist sich die Grundmoräne als steif bis fest.

Der Grund für die Festigkeit der Grundmoräne ist in erster Linie die Kornverteilung, die eine dichte Lagerung ermöglicht. Bei weniger als 10 % Ton ist die Festigkeit nicht vorhanden (FLINT 1971: 159). Hinzu kommen Setzung, chemische Bindung (Zementation) und Belastung durch Eis.

Klüftung. Besonders im Gebiet der nordischen Vereisung weist Grundmoräne Klüfte auf, die in größerem und kleinerem Abstand unregelmäßig senkrecht und schräg verlaufen. Es scheint eine ungefähre Orientierung parallel und quer zur Richtung der Gletscherbewegung vorzuliegen. Wellig-horizontal liegende Klüfte sind Scherflächen (EHLERS & STEPHAN 1983: 272).

Mächtigkeit. Grundmoräne kommt in dünnen Lagen von 5 cm Dicke und in bis zu 40 m mächtigen Massen vor (z. B. in Drumlins).

Lagerung. Grundmoräne liegt sowohl auf praequartärem Untergrund als auch auf pleistozänen Ablagerungen, wie z. B. Schotter, Beckenton, ältere Moränen. Die Grundmoräne kann als oberste Schicht an der Oberfläche oder unter Schottern und Seesedimenten am Grund liegen. Sie ist höhenunabhängig soweit der Gletscher die Berge überdeckt hat. Gleichaltrige Grundmoräne kann sowohl die Hochfläche von Bergen, als auch die Talflanken bedecken und mehrere 100 m tiefer im Tal liegen.

Verbreitung. Grundmoräne ist in den Gebieten der pleistozänen Vergletscherung weit verbreitet und an den geschilderten Merkmalen zu erkennen. Sie ist in höher gelegenen Gebieten mehr verbreitet als in Tälern und Becken, da in letzteren die fluviale Erosion wirksamer war. Bei den aufgrund von Oberflächenbegehung kartierten Grundmoränenflächen handelt es sich z. T. um Ablationsmoräne oder um unter Deckschichten und Verwitterungslehm verhüllte glazifluviale Ablagerungen (GERMAN 1970, 1972).

Entstehung. Über Grundmoräne und deren Entstehung gibt es eine umfangreiche Literatur, die FRANKIS (1975) kritisch gesichtet hat. Während DREIMANIS (1971) über die nordamerikanischen Grundmoränen berichtete, befaßte sich BOULTON (1970, 1971, 1972, 1975) mit dem Ablagerungsvorgang von Grundmoräne besonders aufgrund von Beobachtungen an Gletschern in Spitzbergen und Island. Eine ausführliche Darstellung über till-Genese schrieb DREIMANIS (1989).

Nach weithin verbreiteter Vorstellung erfolgt die Ablagerung von Grundmoräne unter dem bewegten Gletscher und ist auf die Gebiete beschränkt, wo die Erosion geringer ist als die Ablagerung. Das sind Mulden zwischen Felsrücken und vor allem Gebiete nachlassender Erosion gegen das Ende des Gletschers. Grundmoräne bildet sich, indem beim warmen Gletscher infolge des Abschmelzens des Gletschereises von unten her (durch Erdwärme, Reibungswärme und Druckschmelzen) Gesteinspartikel aus den unteren Lagen des Eises nach unten gelangen. Dort werden sie über der Gesteinsoberfläche oder über schon abgelagerter Grundmoräne eine Zeitlang weitergeschoben und beim Andrücken an den Fels oder an andere Geschiebe bearbeitet und z. T. zerkleinert. So entsteht in einer Art Mahlprozeß unter großem Druck das Ton-Silt-Sand-Kies-Gemisch der Grundmoräne und die Form der Gletschergeschiebe mit gerundeten Kanten, konkaven Ausbrüchen, Schliffflächen und gekritzter Oberfläche. Die Glättung und Kritzung entsteht durch Ton, Silt und Quarzkörner, die über das Geschiebe geschoben werden oder über die das Geschiebe gedrückt wird.

Wenn das so entstandene Gemisch eine gewisse Mächtigkeit erreicht hat, bleibt es infolge Zunahme der Reibung liegen. So wird die Grundmoräne unter dem fließenden Gletscher langsam mächtiger. Gletschereis in Grönland und in der Antarktis, das an der Basis warm und reich an Gesteinsschutt ist, lagert bis zu 6 m Grundmoräne in 100 Jahren ab (SUDGEN & JOHN (1976: 218). Die so gebildete Grundmoräne wird als accretion till (Anlagerungsgrundmoräne) bezeichnet.

Beobachtungen unter Gletschern zeigten jedoch, daß in vielen Fällen keine Grundmoräne unter dem Gletscher liegt. VIVIAN (1970) betont, daß unter allen der Beobachtung zugänglichen Gletschern der Westalpen keine Grundmoräne unter dem Eis vorhanden ist, was BOULTON (1975: 41) mit zu hoher Gleitgeschwindigkeit der Gletscher erklärt. Aber auch in Spitzbergen fand GRIPP (1929: 222) keine Grundmoräne unter den Gletschern und BOULTON (1970: 236) beobachtete 8 Stellen unter Gletschern in Spitzbergen, von denen nur 3 Grundmoräne unter dem Eis aufwiesen. Anderseits ist Grundmoräne in den ehemals vergletscherten Gebieten ein weit verbreitetes Sediment.

Der Widerspruch löst sich durch eine andere Erklärung über die Entstehung von Grundmoräne, wonach die Hauptmasse der Grundmoräne nicht durch Ablagerung am Grund des fließenden Gletschers entsteht, sondern durch Abschmelzen der schuttreichen, basalen Lagen im Bereich *stagnierender Gletscherzungen* (HARRISON 1957). Dabei soll die Geschiebeeinregelung, die schon in den basalen Lagen des Gletschereises entsteht (S. 25), meist erhalten bleiben, z. T. auch gestört werden. Die so entstandene Grundmoräne ist im Gegensatz zur Anlagerungsgrundmoräne als Ablationsmoräne zu bezeichnen.

Eine Erscheinungsform der Grundmoräne sind die sogenannten „Lehmmauern" (GRIPP 1929: 222), die von Island und Grönland beschrieben wurden (WOLDSTEDT 1954: 54) In nach unten geöffneten Spalten im Eis wird

Grundmoräne eingepreßt. Beim Abschmelzen des Eises bleiben ein kreuz und quer verlaufendes Netz von senkrechten Mauern aus Grundmoräne stehen, das mit der Zeit zerfällt und eine hügelige Landschaft hinterläßt.

Ablationsmoräne (ablation till)

Die Ablationsmoräne bildet sich durch das Abschmelzen des Gletschereises aus der ehemaligen Obermoräne und Innenmoräne. Dafür sind die englischen Bezeichnungen supra glacial till und melt-out till üblich, die jedoch ohne Schaden durch Obermoräne und Innenmoräne ersetzt werden können, Bezeichnungen, die für Moränen im bewegten Gletscher üblich sind (BÖHM 1901: 263, KLEBELSBERG 1948: 156-167). Die Obermoräne besteht zunächst aus Schutt, der bei Gletschern des alpinen Typs und bei Auslaßgletschern von den flankierenden Bergen auf den Gletscher gestürzt ist. Der im Ablationsgebiet der Gletscher infolge Überlagerung mit Schnee ins Innere des Gletschers gelangte Schutt kommt im Ablationsgebiet z. T. wieder an die Oberfläche. Die Steine und Blöcke der so entstandenen Obermoräne sind kantig.

Gegen Ende der abschmelzenden Gletscherzunge geraten infolge aufsteigender Stromlinien und an Scherflächen Gesteinspartikel aus dem Inneren des Gletschers und sogar aus der Grundmoräne ebenfalls an die Gletscheroberfläche zur Obermoräne. Solange sich der Gletscher vorwärts bewegt, wird die Obermoräne zum Gletscherende transportiert und dort zusammen mit der bis hierher geschobenen Grundmoräne als Endmoräne abgelagert.

Beim stagnierenden Gletscher (Eiszerfall) senkt sich die Obermoräne auf die Grundmoräne herab. Dazwischen kommt die ausgeschmolzene Innenmoräne als melt-out till zur Ablagerung (Abb. 12). Abgelagerte Obermoräne und Innenmoräne werden als Ablationsmoräne zusammengefaßt.

Von besonderer Bedeutung sind die unteren, schuttreichen Lagen des Gletschereises, aus denen beim Abschmelzen der *basal melt-out till* hervorgeht, den man *basale Innenmoräne* nennen könnte. Er ist besonders mächtig (STEPHAN & EHLERS 1983: 239) und bildet den weit überwiegenden Teil der Ablationsmoräne.

Die *Obermoräne* (supra glacial till) ist im Gebiet der pleistozänen Vergletscherungen selten zu sehen, weil sie in der Regel primär geringmächtig ist und außerdem zuerst der Verwitterung anheimfällt (STEPHAN & EHLERS 1983: 239). Im würmzeitlichen Isar-Loisach-Gebiet fand DREESBACH (1985: 87) *einen* Aufschluß mit Obermoräne über Grundmoräne. Im Rheingletschergebiet wurde Obermoräne als Blockpackung auf rißzeitlicher Stauchmoräne abgebildet (SCHREINER 1951: 86). Obermoräne ist durch mehr kantige Geschiebe und Blöcke, lockere Lagerung und fehlende Geschiebeeinregelung gekennzeichnet. Bezeichnend ist die Anhäufung großer, z. T. kantiger Blöcke (Blockpackung) in den oberen Lagen eines Moränenaufschlusses.

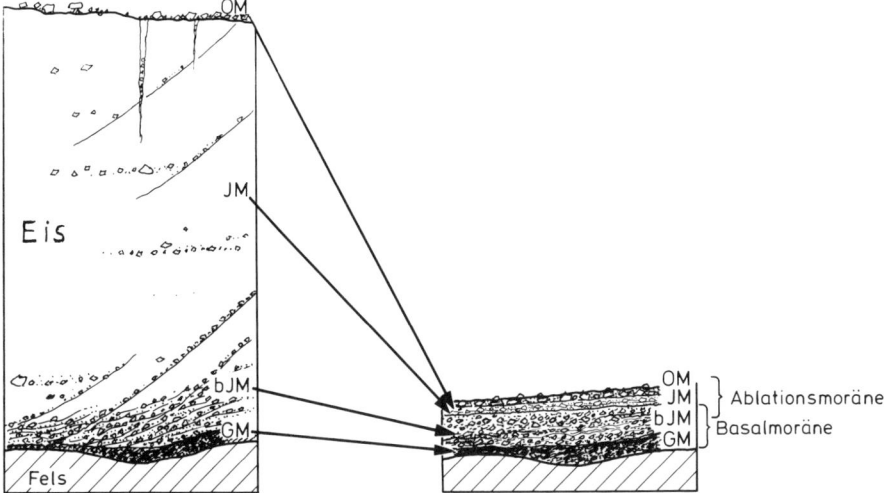

Abb. 12. Überlagerung der Grundmoräne durch Ablationsmoräne beim Abschmelzen des Gletschers. Lage der Moränen: links vor dem Abschmelzen; rechts nach dem Abschmelzen. OM – Obermoräne (supra glacial till), IM – Innenmoräne (melt out till), bIM – basale Innenmoräne (basal melt out till), GM – Grundmoräne (lodgement till).

Die *Innenmoräne* besteht in der Hauptsache aus der mächtigen basalen Innenmoräne (basal melt-out till). Zusammen mit der Grundmoräne wird sie als basal till (STEPHAN & EHLERS 1983: 239) oder als Basalmoräne bezeichnet (Abb. 12). Die Innenmoräne ist durch teilweise vorhandene, in Hohlräumen zwischen der abgelagerten Moräne und dem basalen Eis abgesetzte Feinsedimentlagen, die durch Geschiebe meist verbogen sind, gekennzeichnet. Die Korngrößenzusammensetzung der basalen Innenmoräne ist ähnlich wie die der Grundmoräne.

Nach HARRISON (1957: 58), der die basale Innenmoräne als groundmoraine bezeichnet, ist in ihr die Geschiebeeinregelung noch erhalten. Auch gekritzte Geschiebe, die bei der Bewegung des schuttreichen basalen Eises entstehen, sind in der basalen Innenmoräne vorhanden.

Innenmoräne, die im höheren Teil des Gletschers, also oberhalb der basalen Innenmoräne liegt, ist mengenmäßig unbedeutend. In abgelagertem Zustand dürfte dieser Teil der Innenmoräne von der Obermoräne nicht zu unterscheiden sein.

Die genannten Moränenarten sind nur im Aufschluß und dann nur bei deutlicher Ausbildung zu erkennen. Wenn z. B. die für Innenmoräne bezeichnenden Feinsediment-Lagen fehlen, kann das Sediment von der eigentlichen Grundmoräne nicht unterschieden werden und wird als Grundmoräne (im weiteren Sinn) zusammengefaßt. Bei Oberflächenkartierung wird ein leicht hügelig-welliges Gelände mit Lehmboden und Geschiebestreu, die nicht so dicht ist wie auf einem Schotterfeld, als Grundmoräne kartiert, wobei Obermoräne, Innenmoräne und eigentliche Grundmoräne zusammengefaßt werden (vgl. STEPHAN & EHLERS 1983: 242).

Fließmoräne (flow till)

Im Sommer sind besonders in arktischen und antarktischen Gebieten die flachen Gletscherzungen von Schlamm mit Geschieben bedeckt. Bei Gefälle fließt die Schlamm- und Geschiebemasse ab und bedeckt z. B. Schotterfelder und Grundmoränenflächen (Abb. 13) und tiefere Teile des Gletschers. Die Ausbildung dieser Fließmoränen oder flow tills ist je nach Wassergehalt, Anteil an Steinen und Gefälle sehr verschieden (BOULTON 1968, SUDGEN & JOHN 1976: 223). Als Ablagerung ist Fließmoräne daran zu erkennen, daß Lagen, die ähnlich wie Grundmoräne zusammengesetzt sind, mit fluvialen oder limnischen Sedimenten wechsellagern (EHLERS 1983: 73). Die Fließmoränenlagen sind meist geringmächtig (10 bis 100 cm), können aber auch mehrere Meter betragen (HARTSHORN 1958: 478). Dann ist Schichtung erkennbar. Die Einregelung der Geschiebelängsachsen liegt überwiegend *in* Fließrichtung; am Ende der Fließmoränenzungen jedoch quer zur Fließrichtung (BOULTON 1968: 398). Fließmoränen lagern sich meist *vor* und neben den Gletschern ab (HARTSHORN 1958: 480), weshalb Einlagerungen von Fließmoräne oft in Kamesschottern und in Sandern vorkommen. Einzelne Lagen von Fließmoräne sind von dünnen Grundmoränenlagen nur dann zu unterscheiden, wenn sich die an der Geschiebeeinregelung und an den Gefällsverhältnissen bestimmbare Fließrichtung wesentlich unterscheidet oder wenn Störungen des Liegenden (S. 31) auf Grundmoräne hinweisen.

Streng genommen dürften Fließmoränen nicht unter Moränen genannt werden, da ihre Bewegung und Ablagerung nicht durch Gletschereis, sondern durch Wasser und Gefälle (Schwerkraft) zustande kommen. Da ihre Zusammensetzung jedoch ähnlich und oft gleich der einer Grundmoräne ist und ihre Ablagerung stets in der Nähe des Gletschers stattfindet, ist die Bezeichnung Fließmoräne oder flow till hinzunehmen. Die grundmoränenartige Zusammensetzung zeigt, daß die Fließmoräne als Suspension geflossen ist, wobei es nicht zu einer Trennung von groben und feinen Bestandteilen (Sortierung) gekommen ist. Bei starkem Anfall von Schmelzwasser wird Fließmoräne ausgespült.

Im Alpenvorland sind Fließmoränen in den Schottern des Singener Kiesfeldes (Abb. 13) und in Eisrandschottern (Kames) im südlichen Klettgau beobachtet worden. Auch die von JONG & RAPPOL (1983) als debris flow deposits beschriebenen Sedimente im westlichen Allgäu dürften zumeist Fließmoränen sein.

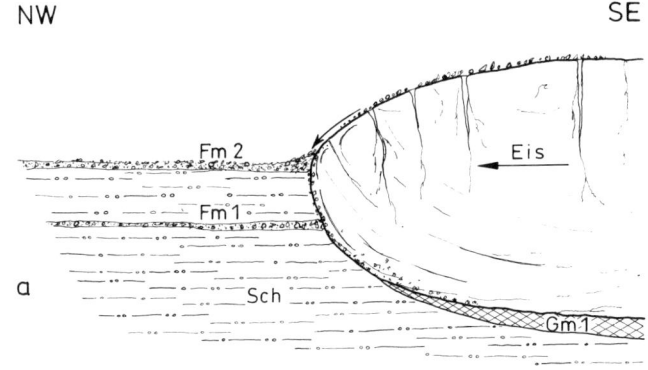

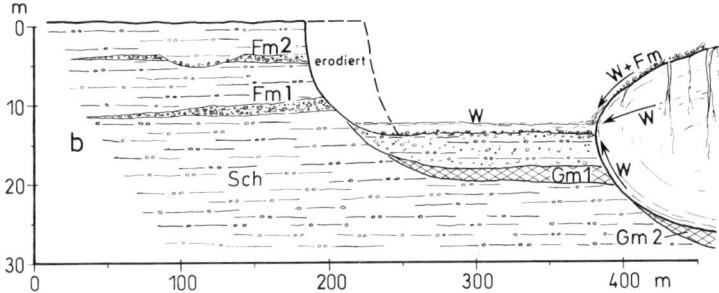

Abb. 13. Fließmoräne (flow till) am Beispiel des Singener Kiesfeldes.
a) FM Fließmoräne auf Schottern (Sch) abgelagert, GM Grundmoräne. b) FM überschottert, z. T. erodiert; Eiskontaktbildungen erodiert. W Schmelzwasser im Gletscher und davor; führt FM weg. Schmelzwasserstrom läuft nach SW, also senkrecht zur Bildebene.

Deformation des Untergrundes

Stellenweise sieht man in allgemein strukturloser Grundmoräne falten- und schlierenartige Deformationen von kies- oder sandreicheren Partien. Die Längsachseneinregelung von Geschieben ist an solchen Stellen gestört und kann von der Richtung der Gletscherströmung stark abweichen. Offensichtlich sind kiesig-sandige Partien, die vielleicht aus unterlagerndem Schotter aufgeschürft worden sind, beim weiteren Fließen des Gletschers verschleppt und deformiert worden. Leichter zu erkennen sind Falten, die durch Deformation von Fließmoräne oder anderen geschichteten Wechselfolgen beim Überfahren durch den Gletscher entstanden sind. STEPHAN & EHLERS

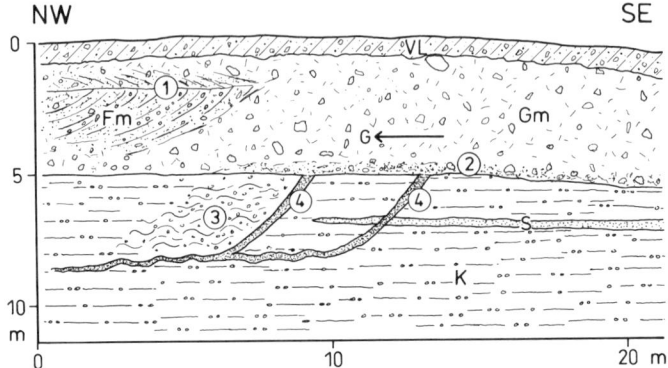

Abb. 14. Deformation von Fließmoräne und Kiesschichten durch Gletscherüberfahrung.
1) Umbiegung der Schrägschichtung von FM; 2) gestörter Kies (gepreßt, ohne Schichtung); 3) gefaltete Kiesschichten; 4) Mit Silt und Sand gefüllte Spalten, unten horizontal auslaufend und gefaltet.
VL – Verwitterungslehm, GM – Grundmoräne, FM – Fließmoräne, G – Gletscherfließrichtung, K – Kies, S – Sand.
1) Ist durch Gletscherüberfahrung bei Bildung des oberen Teils der GM entstanden. 2), 3) u. 4) sind durch den Schub des Gletschers zu erklären. Die Spalten (4) sind wahrscheinlich bei Bodenfrost in der Art von Fiederklüften geöffnet und beim Auftauen gefüllt worden.

(1983: 241) bezeichnen Gebilde, die durch glazigene Deformation von Nichtmoränen entstanden sind, als subglacial disturbed sediments. In Abb. 14 reichen derartige Störungen in Kiesschichten etwa 3 m unter die Untergrenze der Grundmoräne.

Auf Störungen des älteren Untergrundes, die bis zum Abscheren von Felsblöcken und zum Loslösen von großen Schollen gehen, wurde in Abschnitt B I 3 hingewiesen.

Endmoränen

Endmoräne ist ein morphologischer und geologischer Begriff. Endmoränen sind wallförmige Erhebungen und reihenförmig oder unregelmäßig angeordnete Hügel, die aus Gesteinsschutt bestehen, der vom Gletscher herangeführt worden ist. Die Höhe über dem Vorland und dem meist tiefer liegenden Rückland (Zungenbecken) beträgt 5 bis 100 m. Stellenweise besteht die Endmoräne nur aus einer Reihe von Blöcken. Die Längserstreckung beträgt viele km, die Breite bis 1 km. Die Endmoräne kennzeichnet die Randlage des Gletschers zur Zeit ihrer Ablagerung.

Die Endmoräne ist unregelmäßig aufgebaut. Grundmoräne ist in ihr weit verbreitet als Sohlschicht, als Zwischenlage, als diskordante Einschaltung und auch als Deckschicht. Meist liegt ein ungeschichteter, siltiger *Schotter* mit z.T. kantigen Blöcken vor, der offensichtlich aus der am

Gletscherende aufgehäuften Obermoräne stammt. Man spricht dann von *Aufschüttungsmoräne*, die wie z. B. die äußere Würmendmoräne des Rheingletschers über 50 m hoch sein kann und offensichtlich bei einem längeren Halt des Gletschers gebildet wurde.

Auch mehrere Meter mächtige Lagen von *Fließmoräne* mit Schichtung und Wechsellagerung mit Schottern kommen vor. Nicht selten sind *Sande und Schotter* mit Blöcken, deren Schichtung meist gestört ist. Es handelt sich dabei um Sedimente, die von Schmelzwasser, das auf der Gletscherzunge floß und Obermoräne abschwemmte, abgelagert wurden. Auch Schmelzwasser, das aus dem Eis austrat oder am Rand des Eises floß, kann im Bereich der Endmoräne Schotter ablagern. Die Schichtstörungen in diesen Schottern rühren meist von Sackungen durch ausschmelzendes Eis her. Bei der Aufschüttung der Endmoräne wird oft Gletschereis, das nicht mehr ernährt wird (Toteis), überschüttet. Nach dessen Ausschmelzen entstehen Löcher und Mulden, die bis zu 50 m tief sind und Seen oder Moore enthalten. Diese sogenannten *Toteislöcher* sind ein wesentlicher Bestandteil der würmeiszeitlichen Endmoränen und ein Grund für ihre z. T. verwirrende Morphologie.

Von großer Bedeutung sind **Stauchendmoränen**. Vom Rand der heutigen Gletscher in Spitzbergen und Island sind sie von GRIPP (1929), TODTMANN (1932) und WOLDSTEDT (1939) beschrieben worden. In Randgebieten der pleistozänen Vergletscherungen sind Stauchendmoränen weit verbreitet (EISSMANN 1987: 16–29).

Meistens sind geschichtete Kiese und Sande gefaltet und verschuppt worden, so daß bis 50 m hohe Wälle zusammengestaucht worden sind. In Spitzbergen wurden in einer 1 km breiten Stauchendmoräne 30 Wälle gezählt (TODTMANN 1932: 2). In der Regel wurden in Ebenen und in Staubecken vor dem Gletscher abgelagerte kiesig-sandige Sedimente, aber auch ältere Ablagerungen zusammengestaucht (Abb. 15). Die Störungsformen in den Stauchendmoränen des Riß-Doppelwalles im Rheingletschervorland variieren von großen, schräggestellten Schotterpaketen bis zu mehrfach übereinanderliegenden dünnen Falten aus Sand- und Siltschichten. Diese weisen darauf hin, daß der Boden nicht gefroren war. Stellenweise ist auch rotbrauner Paläoboden eingefaltet worden (Abb. 99).

Aus der Vermessung der Faltenachsen und der schräggestellten Flächen pleistozäner Stauchendmoränen ist die Stoßrichtung des stauchenden Gletschers zu ermitteln (CARLÉ 1938: 48), wobei sich die Schubrichtung der kleinsten Zungen des Gletscherrandes auswirkt (Abb. 16).

Stauchendmoränen sind das Ergebnis eines raschen Gletschervorstoßes. Der schräg auf die Stauchmoräne aufgefahrene Gletscher lagerte eine Grundmoräne ab. Beim weiteren Vorrücken des Gletschers wurde die Stauchmoräne überfahren, z. T. abgeschürft und in eine Grundmoränenlandschaft umgeformt (TODTMANN 1936: 80).

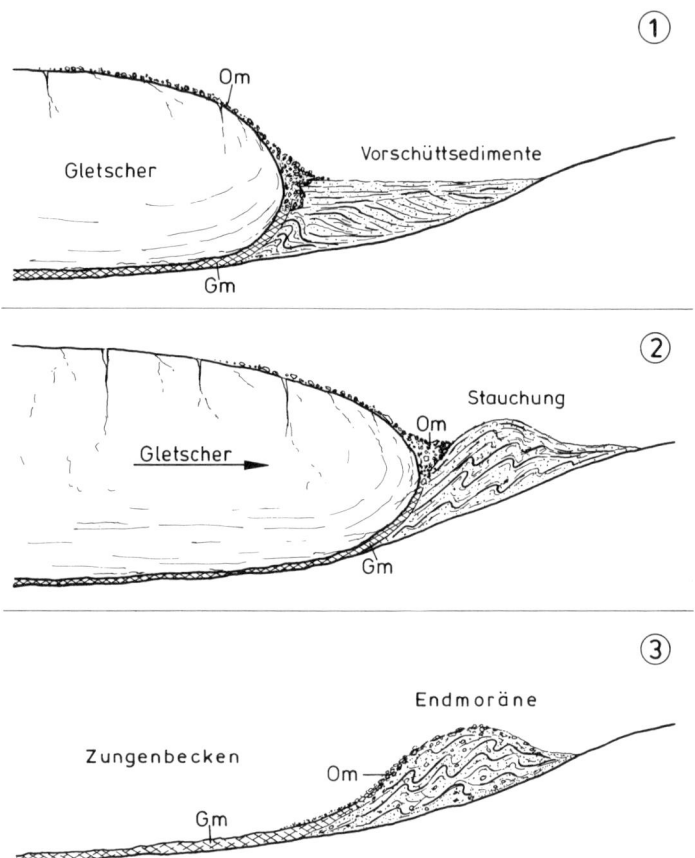

Abb. 15. Bildung von Stauchendmoränen. Nach dem Beispiel der Riß-Doppelendmoräne bei Bad Wurzach (Rheingletschergebiet) und nach GRIPP (1929: 191).
1) Ablagerung von Schotter und Sedimenten vor dem Gletscher; 2) Vorrücken des Gletschers und Stauchung der Sedimente, Bildung von Schollen und Falten, darüber Obermoräne; 3) Nach dem Zurückschmelzen des Gletschers
GM – Grundmoräne, OM – Obermoräne.

Die beiden Wälle der Doppelwallmoräne des mittleren Riß im Rheingletschervorland sind in ihrer heutigen Form Einzelwälle von 100 bis 300 m Breite. Sie ziehen als girlandenartige Wälle mit vielen Bögen und einigen Unterbrechungen über 40 km Länge am Nordoststrand des Rheinvorlandgletschers von Leutkirch bis nw' Biberach (WEIDENBACH 1937b, 1940, SCHREINER & HAAG 1982, SCHREINER 1985). Stellenweise sind nur die Wurzeln

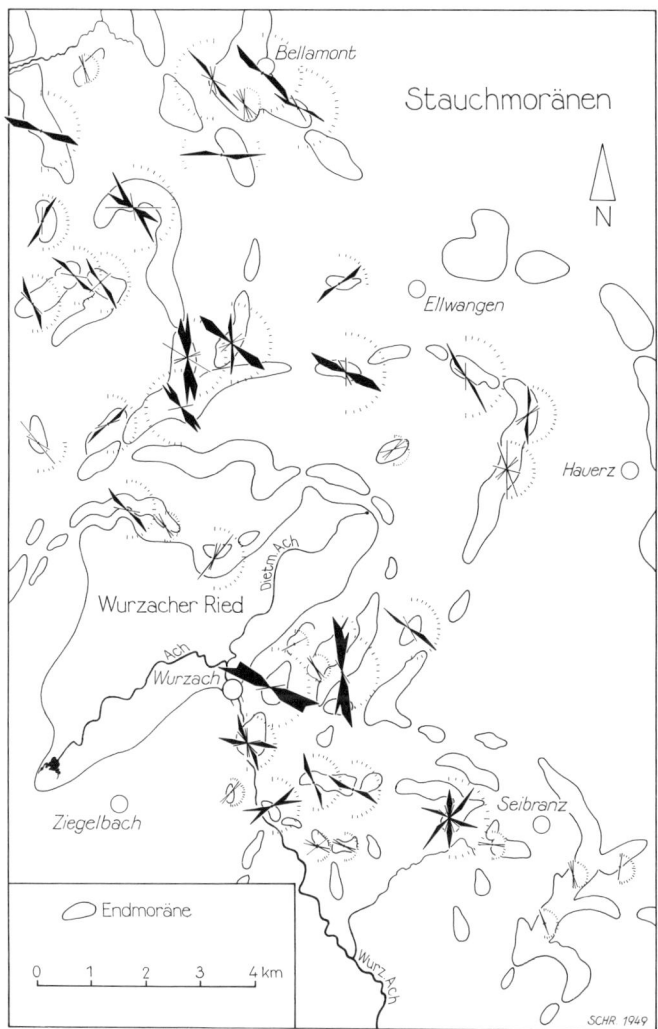

Abb. 16. Stauchendmoränen bei Wurzach (Rheingletschergebiet) in der Rißdoppelwallendmoräne. Darstellung des Streichens von Faltenachsen und Schollen. Nach SCHREINER 1951: 86.

der Bögen ausgebildet und die Bögen selbst fehlen. Falten und Faltenschuppen, oft mit geringem horizontalem Verschiebungsbetrag, beschrieb EISSMANN (1987: 29) aus den Saale-eiszeitlichen Stauchmoränen im Braun-

Photo 3. Gletscherstauchung. Schollen aus Feinsand nach links verschuppt. Stauchung in gefrorenem Zustand; diskordant überschottert. Würm, Stand 3 bis 4. Kiesgrube Hegisbühl bei Engen, etwa 4 m hoch (abgebaut).

kohlegebiet um Leipzig. ABER et al. (1989) bilden Stauchmoränen auf Sandern aus Island und Nordamerika mit meist flach ansteigenden Schuppen ab. Die erste Schuppe liegt außen; die folgenden werden innen angelagert.

Nicht alle faltenartigen Strukturen in glazialen Ablagerungen gehen auf Gletscherstauchung zurück. Abgesehen von den oberflächennahen Frostbodenstrukturen sind synsedimentäre Verfaltungen (convolute bedding) in sandig-siltigen Sedimenten nicht selten. BANHAM (1974: 88) hat in Norfolk (England) auf Diapirismus infolge Belastung mit 40 m hoch steigenden Falten hingewiesen.

Seitenmoränen sind die Fortsetzung der Endmoräne an den Flanken von Gletscherzungen von Talgletschern. In Seitenmoränen überwiegt der kantige Schutt von Obermoränen, dem auch viel von den Talhängen herabgestürzter Schutt beigemengt sein kann. Seitenmoränen können beträchtliche Mächtigkeiten erreichen. Die größten Moränen der Alpen sind die linken Seitenmoränen des Aosta-Talgletschers bei Ivrea (Italien), die nach ZIENERT 1973: 141) wahrscheinlich 500 m mächtig sind.

Seitenmoränen sind zur Ermittlung des Gefälles der Gletscherzunge, die die Moräne gebildet hat, geeignet. Wo Seitenmoränen bis an die Grenze des Zehrgebietes hinaufreichen, geben sie die Höhenlage der Schneegrenze an (GROSS et al. 1976: 237), denn oberhalb der Schneegrenze wird keine Seitenmoräne abgelagert.

„**Schottermoräne**". Horizontal bis schräggeschichtete Schotter, schlecht sortiert, mit Blöcken und *mit gekritzten Geschieben* werden als Schottermoräne bezeichnet. Diese Bezeichnung sollte vermieden werden, denn der Schotter ist durch fließendes Wasser abgelagert worden und gehört deshalb nicht zu den Moränen. Kritzen auf Geschieben werden bei einem Transport im Schmelzwasser nach 300 m abgerieben (PENCK 1982: 137 nach MARTIN 1847). Es handelt sich also um eisrandnahe Schotter, die in glazifluviale Schotter ohne gekritzte Geschiebe übergehen. SCHÄFER (1981: 278) sieht solche Ablagerungen als typisch für das Ältere Quartär an (Mindel und älter), als die Gletscher noch nicht in tiefen Becken lagen, sondern auf das nach außen geneigte Vorland „ausgeflossen" sind.

Unterwassermoränen (waterlain till)

In Gebieten, die sich nach dem Abschmelzen der Inlandeismassen gehoben haben (Skandinavien, Kanada), sind besonders an den Ufern heutiger Seen mächtige, geschichtete, tonig-siltig-sandige Seesedimente aufgeschlossen. Sie enthalten stellenweise Lagen von moränenartigen Sedimenten (unsortierter glazialer Schutt mit gekritzten Geschieben). Solche Lagen, die mehrere Meter mächtig sein können und meist geschichtet sind, werden als Unterwassermoränen (waterlain tills, DREIMANIS 1979) bezeichnet. Ihre Korngrößenzusammensetzung ist gleich oder ähnlich der Grundmoräne. Die Geschiebe sind primär nicht eingeregelt. Gelegentlich ist zu sehen, daß Eisdriftgeschiebe (*dropstones*) die feinkörnigen Sedimente eingedrückt haben.

Unterwassermoräne entsteht, wenn der Gletscher, der in einen See eingedrungen ist, an seinem Ende im Wasser schwimmt. Durch Abschmelzen des Gletschers von unten her fällt der im basalen Teil des Gletschers angereicherte Schutt auf den Seeboden. Das Entstehen von Unterwassermoräne setzt eine ausreichende Wassertiefe voraus, damit der Gletscher schwimmt (Abb. 17).

Da Gletschereis mit reichlich Gesteinsschutt ein spezifisches Gewicht von 0,9 bis 1 g/cm^3 hat, muß die Wassertiefe fast so groß oder größer sein als die Mächtigkeit des Gletschers. Im Fall des Bodensees bei Radolfzell, wo eine Unterwassermoräne in der DFG-Bohrung Bodensee 1(STÄSCHE 1974) etwa 100 m unter dem damaligen Wasserspiegel liegt, war der Gletscher demnach nicht mächtiger als 100 m. Die in Bohrkernen sichtbare Unterwassermoräne war durch cm-Schichtung des siltig-sandig-kiesigen Sediments und durch gekritzte Geschiebe gekennzeichnet.

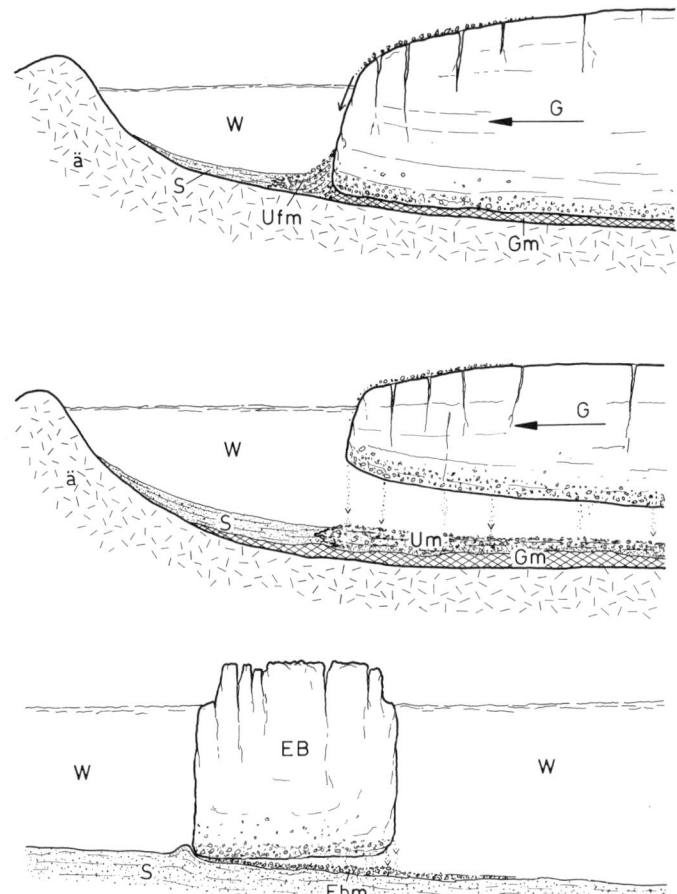

Abb. 17. Unterwassermoränen (waterlain tills) nach DREIMANIS (1979), verändert.
Oben und Mitte: Am westlichen Bodensee. Oben: Mächtiger Gletscher liegt auf dem Seegrund; am Rand Unterwasserfließmoräne (UFM) mit Seesedimenten verzahnt. Mitte: Abgeschmolzener, dünner Gletscher, schwimmt. Ablagerung von Unterwassermoräne (UM), die sich mit Seesedimenten verzahnt. Unten: Eisberg (EB) lagert Eisbergmoräne (EBM) ab, die sich mit Seesedimenten verzahnt.
W – Wasser, GM – Grundmoräne, G – Gletscher mit Fließrichtung, ä – ältere Ablagerungen.

Unterwassermoränen sind besonders an den Kliffs des Ontario- und Eriesees großzügig aufgeschlossen (DREIMANIS 1979): Mächtige glazilakustrine Sedimente mit eingeschalteten Unterwassermoränen und seitliche Übergänge in Grundmoräne. Bei Überlagerung der Seesedimente mit Unterwassermoränen durch Grundmoräne, also bei Überfahrung durch den Gletscher, werden diese glazitektonisch gestört.

Am Südrand des Schwarzwaldes, wo es durch alpine Gletscher zur Aufstauung von Seen kam, wurde tonig-siltige Unterwassermoräne mit gekritzten alpinen Geschieben in alpin-glazialen Seesedimenten unter Delta-Sanden aus dem Schwarzwald abgelagert (WENDEBOURG & RAHMSHORN 1987: 261).

Lagen von Grundmoräne, die in Seesedimenten außerhalb des Gletscherrandes liegen, werden als *Unterwasserfließmoräne* (waterlain flow till oder subaquatic flow till) gedeutet (DREIMANIS 1987: 47). Solche Sedimente sind z. B. an den Kliffs des Eriesees (Kanada) aufgeschlossen. Sie sind wie Grundmoräne zusammengesetzt und weisen Fließstrukturen auf, wodurch eine sekundäre Geschiebeeinregelung entstehen kann. Sie wechsellagern mit glazilakustrinen Sedimenten und gehen seitlich in sie über. Bei Verwechslung von Unterwasserfließmoränen mit subglazial abgelagerter Grundmoräne ergäbe sich eine zu große Zahl von Gletschervorstößen.

Unterwassermoränen und Unterwasserfließmoränen sind keine Grundmoräne, da sie nicht subglazial, sondern unter Wasser sedimentiert worden sind. Im Gegensatz zum subglazial abgelagerten ortho-till werden sie als allo-till bezeichnet (DREIMANIS 1987: 47).

Moränen in Meeressedimenten. Wie in Seen werden auch im Meer, in das Gletscher vordringen (Antarktis, Grönland), Unterwassermoränen, die mit marinen Sedimenten wechsellagern, abgelagert. Darüber hinaus transportieren driftende Eisberge Gletscherschutt, der allerdings nur stellenweise so dicht ist, daß man von Moräne sprechen kann. In größerer Entfernung sind einzelne Eisdriftgeschiebe und glazigen geformte Quarzkörner die letzten glazialen Spuren (S. 148).

Eisberge, die im flacher werdenden Wasser auf den Meeresgrund laufen, furchen und stauchen die Meeressedimente, bis sie festlaufen und beim Abschmelzen ihren Schutt als Moräne zurücklassen (Eisberg-Moräne, iceberg till, DREIMANIS 1979: 171).

Pseudomoränen

Nicht selten werden Ablagerungen, die eine Ähnlichkeit mit Moränen haben, fälschlicherweise für solche gehalten. Es muß betont werden: Nicht jeder Lehm mit Steinen und nicht jedes Vorkommen einiger Blöcke ist eine Moräne. Häufig ist die Verwechslung mit *Fließerde* (S. 32), besonders dann, wenn diese aus Moräne hervorging. Zur richtigen Entscheidung dienen die Untersuchungen der Geschiebeform, der Geschiebeeinregelung und der Lagerungsverhältnisse. Auch *Erdrutschmassen* und *Muren* aus Ton + Stein-Gemisch können mit Moränen verwechselt werden, zumal in ihnen gelegentlich gekritzte Gesteine vorkommen. Die Geschiebezusammensetzung wird Auskunft geben, ob Fernmaterial, das ein Gletscher gebracht hat, oder nur Gesteine aus der Nähe vorliegen. Stellenweise ungeschichtete Ablagerungen mit großen Blöcken können auch durch *starke Hochwässer*, z. B. in Trockengebieten, abgelagert werden und den Eindruck von Moränen vermitteln. In solchen und ähnlichen Fällen wird die Geologie und Morphologie der Umgebung Hinweise geben. Wenn in der Umgebung keine sicheren glazialen Ablagerungen liegen, wird die fragliche Blockansammlung keine Moräne sein. Über große Blöcke in Schottern s. S. 54.

Frostbodenstrukturen, synsedimentäre Verfaltungen und Schichtstörungen durch Auflösung von Gips werden zuweilen irrtümlich als Gletscherstauchungen und als Beweis für eine Vergletscherung beschrieben. Frostbodenstrukturen (S. 88) sind 1 bis 3 m tiefreichende, pilzartige Sättel und sackartige Mulden in kiesig-sandig und siltigen Lockersedimenten. Am Hang sind die Falten hangabwärts in die Länge gezogen. Synsedimentäre Verfaltungen im cm- bis m-Bereich sind in lakustrinen Ablagerungen des Quartärs verbreitet. Ihre synsedimentäre und nichtglaziale Entstehung geht daraus hervor, daß sie von ungestörten Schichten überlagert werden.

Schichtstörungen durch Auflösung von Gips sind eine im Gipskupergebiet Süddeutschlands häufige Erscheinung, die ebenfalls fälschlicherweise als Gletscherstauchung gedeutet wurde. Die Mergelschichten über dem aufgelösten Gips bilden faltenartige Bögen, häufig mit staffelartigen Absätzen, die den Sackungsvorgang anzeigen.

Geröll- und Geschiebestreu. Eine bekannte Schwierigkeit ist die Deutung vereinzelter Gerölle und Geschiebe, die als Lesesteine meist auf Äckern liegen. Es können durch Verwitterung ausgelesene, resistente Reste älterer Moränen sein. Häufig handelt es sich um Reste alter fluvialer Ablagerungen, was in der Regel aufgrund der Geröllform und des Rundungsgrades zu erkennen ist. Sehr verbreitet ist Kulturschutt, der durch die motorisierte Landwirtschaft z. T. in großen Mengen auf die Äcker gefahren wird. Als Zeugnis des Restes einer Moräne kann Geröll- und Geschiebestreu nur gelten, wenn in der Nähe sichere Hinweise für die Anwesenheit eines Gletschers, z. B. in Form von Moränen, vorliegen.

Tabelle 4. Zusammenfassung der Merkmale von Moränen.

Moränenart	Merkmale

Grundmoräne (lodgement till)	nicht geschichtet
	Korngrößenzusammensetzung: unsortiert
	   Ton + Silt + Sand + Kies + Blöcke
	Geschiebeform:
	   kantengerundet, Facetten- u. Kehlgeschiebe
	Rundungsgrad: zwischen fluvialem Schotter
	   und Hangschutt
	Geschiebeeinregelung:
	   Längsachsen meist in Fließrichtung
	fest

Innenmoröne (melt-out till)	wie Grundmoräne, stellenweise mit Einlagerung geschichteter Feinsedimente
Obermoräne (supra glacial till	viel kantige Steine, locker, nicht eingeregelt
Fließmoräne (flow till)	wie Grundmoräne, aber wechsellagernd mit glazifluvialen und limnischen Sedimenten
Endmoräne	alle Moränenarten und glazifluviale Sedimente. In Wällen und Hügelketten
Unterwassermoräne (waterlain till)	wie Grundmoräne, aber geschichtet und mit marinen oder glazilakustrien Sedimenten wechselnd

2. Glazifluviale Erosion und Akkumulation

Neben den glazigenen Bildungen ist die Tätigkeit der Schmelzwässer – die glazifluviale Erosion und Akkumulation – das zweite große, mit Gletschern zusammenhängende Thema. Sie spielt sich vorwiegend im Gletschervorfeld, also unmittelbar vor den Endmoränen und in den davon ausgehenden Tälern ab (Schotter), aber auch neben und unter dem Gletscher (Kames, Ooser). Im Vorfeld von Talgletschern sind fast alle Ablagerungen glazifluviatiler Natur (GERMAN 19701, 1972, EVENSON & CLINCH 1987). Erosion und Akkumulation finden auch im periglazialen Bereich ohne Gletscherschmelzwasser statt. Die folgenden Ausführungen gelten auch für sie.

Erosion

Eine für die Quartärstratigraphie im nördlichen Alpenvorland und vielen anderen Gebieten wichtige Erscheinung ist, daß der jeweils jüngere Schotter infolge von Erosion tiefer liegt, als der daneben liegende ältere Schotter, woraus im Talquerschnitt das Bild einer „Terrassentreppe" entsteht

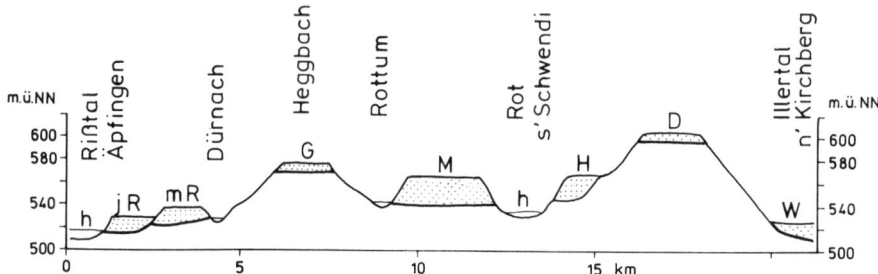

Abb. 18. Terrassentreppe zwischen Riß und Iller (Rheingletschervorland).
h – holozän, W – Würm (Niederterrasse), jR – jüngeres Riß (Untere Hochterrasse, mR – Mittleres Riß (Obere Hochterrasse), M – Mindel (Jüngerer Deckenschotter), H – Haslach, G – Günz (Älterer Deckenschotter), D – Donau (Unterer Deckschotter).

(Abb. 18). Die Verbindung von Schottervorkommen, die in ihrer Höhenlage auf einer zusammengehörenden Gefällslinie liegen und ihre Unterscheidung von Schottervorkommen, die höher oder tiefer liegen, ist das von PENCK & BRÜCKNER (1909: 107) eingeführte morphostratigraphische Prinzip der Quartärstratigraphie im Alpenvorland. Ausnahmen davon sind Gebiete tektonischer Absenkung, wie z. B. die Oberrheinebene, wo das Jüngere in normaler Schichtenfolge *auf* dem Älteren liegt. Außerdem kann es bei der Überfahrung durch den Gletscher zu Überlagerung kommen (Abb. 24).

Vor Ablagerung des jeweils jüngeren Schotters wurde neben dem älteren Schotter ein Tal erodiert, wobei die Sohle des jüngeren Tales in der Regel wesentlich tiefer gelegt wurde (Abb. 18). Der einfachsten Vorstellung, die Erosion habe in den Interglazialzeiten stattgefunden, widerspricht die Beobachtung, daß im jetzigen Interglazial, im Holozän – von Sonderfällen abgesehen – in den Tälern fast keine Erosion stattfindet. Das hängt mit dem in Europa zur Zeit herrschenden gemäßigten Klima und der dadurch gemäßigten Tätigkeit der Flüsse zusammen; außerdem mit der dichten Vegetationsdecke, die den Abfluß bremst und die Erosion beschränkt.

Die heutige, holozäne Talaue ist in fast allen Tälern in die würmeiszeitliche Niederterrasse eingetieft. In manchen Talabschnitten, z. B. im Unteren Rißtal und im Mittleren Donautal, ist die Niederterrasse fast ganz ausgeräumt worden. Daraus ist ersichtlich, daß ein Teil der Erosion schon im Spätglazial stattfand. Der größte Teil der Erosion läuft jedoch nach SCHAEFER (1950: 79) zu Beginn einer Eiszeit im Frühglazial ab. Unter Frühglazial ist die lange Übergangszeit zwischen der Warmzeit und dem Hochglazial, in dem es zur großen Ausbreitung der Gletscher kam, zu verstehen (S. 107). Das in der Übergangszeit mehrfach zwischen mäßig warm bis kühl und kalt wechselnde Klima führte zu einer Intensivierung der Erosion, indem in den kalten Zeiten der Abfluß auf die kurze Zeit zwischen dem langen Winter und dem Beginn des kurzen Sommers zusammengedrängt wurde. Die in der kurzen Zeit anfallende, große Wassermenge führte zu starker, klimatisch bedingter Erosion. Die Erosionsbeträge sind beträchtlich, z. B. in der Hauptabflußrinne des östlichen Rheinvorlandgletschers 70 m zwischen der Oberfläche des Günz-eiszeitlichen Schotters bis zur Basis des nächst jüngeren Schotters der Haslach-Eiszeit. Die Sohle der darauf folgenden Schotter der Mindel-Eiszeit sind wiederum um 50 m gegenüber der Oberfläche der Haslach-zeitlichen Schotter eingetieft (usw.). Flußabwärts werden die Erosionsbeträge und die Schottermächtigkeiten kleiner. Besonders stark war die Erosion am Hochrhein, wo bei Schaffhausen der Eintiefungsbetrag von der Oberfläche der Günzschotter bis zur Sohle der würmzeitlichen Rinne 240 m beträgt. In diesem Fall liegt eine besondere Verstärkung der Erosion durch die Umlenkung des Alpenrheins zum Hochrhein vor (SCHREINER 1968 Abb. 1, 1979: 73).

Voraussetzung für klimatisch bedingte Erosion und die Ausbildung der Terrassentreppen im nördlichen Alpenvorland und großen Teilen Mitteleuropas ist tektonische Hebung. Lange Zeiten der Erosion wurden unterbrochen von relativ kurzen Zeiten der Aufschotterung. Eine Ausnahme bildet z B. die Münchener Ebene, wo Schotter der Würm-, Riß- und Mindeleiszeit infolge tektonischer Senkung übereinanderliegen (PENCK & BRÜCKNER 1909: 102).

Vorgang der Erosion und Akkumulation

Durch Versuche im Strömungskanal und durch Beobachtungen in der Natur sind die für Erosion und Transport von Ton, Silt, Sand, Kies usw. notwendigen Bedingungen ermittelt worden. Aus Abb. 19 wird deutlich, daß die höchsten Fließgeschwindigkeiten für die Erosion notwendig sind, wobei das Unterspülen von Blöcken und das Auskolken weicher Partien fördernde Vorgänge sind. Ton ist infolge seiner Kohäsion schwerer zu erodieren als Sand, der schon bei 20 cm/s weggeht im Gegensatz zu Ton, der zu seiner Erosion 2 m/s Fließgeschwindigkeit bedarf. Für das Inbewegungbringen von Geröllen von 10 cm Durchmesser ist eine Fließgeschwindigkeit von etwa 3 m/s und für deren Transport von etwa 2 m/s erforderlich. Bei Fließgeschwindigkeiten, die niedriger sind als für den Transport, kommt es zur Sedimentation. Es wird deutlich, daß Erosion nur bei starken Hochwässern stattfinden kann. Bei abnehmender Fließgeschwindigkeit, also beim Abklingen des Hochwassers, beginnt die Akkumulation. Maßgebend für den Sedimenttransport in Flüssen ist die Wirkung des Wassers an der Sohle des Flusses. Sie wird als Sohlschubspannung oder vereinfacht als Transportkraft

44 Glaziale Ablagerungen

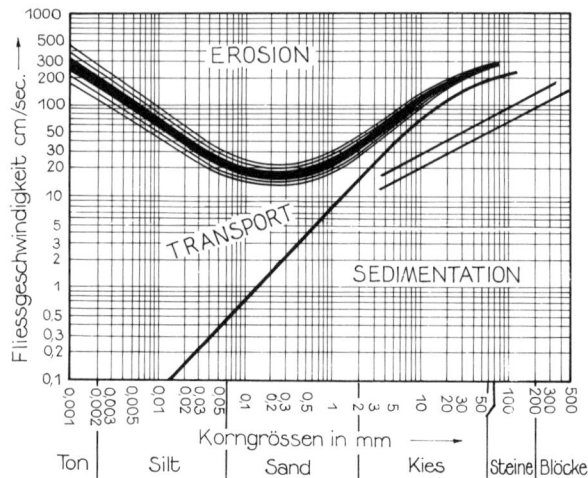

Abb. 19. Abhängigkeit von Erosion, Transport und Sedimentation von der Fließgeschwindigkeit und Korngröße. Nach HJULSTRÖM 1935: 298.

bezeichnet. Sie ist hauptsächlich von der Wassermenge und vom Gefälle abhängig. $r = w g R I$ (DVWK 1989: 12). r Sohlschubspannung in N/m^2, w Dichte des Wassers, g Erdbeschleunigung, R hydraulischer Radius, vereinfacht = h Wasserhöhe, I Gefälle.

Im Großen trat in den eiszeitlichen Tälern der Wechsel von vorwiegender Erosion zu vorherrschender Akkumulation ein, als im Hochglazial der Schuttanfall sowohl von den Gletschern her als auch im Vorland infolge von Frostwirkungen (S. 72) die Transportkraft der Flüsse überstieg, zumal deren Wasserführung infolge des trocken-kalten Klimas im Hochglazial geringer wurde. Die Aufschotterung oder Akkumulation, die zur Bildung von Terrassenkörpern führt, ist also eine durch das eiszeitliche Klima bedingte Erscheinung (SOERGEL 1921, SCHAEFER 1950: 129). Ausnahmen entstehen besonders bei tektonischer Absenkung.

Gefälle. Flüsse haben ein Gefälle, das im Längsverlauf eine Gefällskurve bildet. Die Gefällskurve ist im Oberlauf steil (um 10 ‰ und mehr), flacht sich dann im Mittellauf auf 5 bis 1 ‰ ab und liegt im Unterlauf unter 1‰. Beispiele für das Gefälle heutiger Flüsse im Alpenvorland:

Östliche Günz, Mittellauf 5,9 ‰
Rot, Mittellauf 3,7 ‰
Iller, Mittellauf 2 - 3 ‰
Donau unterhalb Ulm 0,9 ‰
Rhein am Kaiserstuhl 0,8 ‰

Tiefenerosion, Seitenerosion. Flüsse erodieren, falls die Bedingungen für Erosion vorliegen, sowohl in die Tiefe als auch in die Breite. Der Beginn eines Flusses oder eine ihn stauende Schwelle wird als obere Erosionsbasis bezeichnet; seine Mündung in einen See, ins Meer oder in einen Hauptfluß ist die untere Erosionsbasis. Tiefenerosion tritt bei tektonischer Hebung des Gebietes, in dem der Fluß läuft und bei Absenkung oder Zurückverlegung der oberen Erosionsbasis ein. Letzteres ist z. b. im Alpenvorland der Fall, wenn der Gletscher in ein Becken zurückschmilzt. Dann durchschneiden die Schmelzwässer die vorher abgelagerten Moränen und Schotter. Die Absenkung der unteren Erosionsbasis, z. B. durch Absenkung des Meeresspiegels, führt zu Tiefenerosion besonders im Unterlauf.

Tiefenerosion tritt ganz allgemein ein, wenn die Gefällskurve nicht ausgeglichen ist, was zumeist im Oberlauf der Fall ist. Seitenerosion findet statt, wenn das Gleichgewicht zwischen der Transportkraft des Flusses und der anfallenden Schuttmenge hergestellt ist. Dann weicht der Fluß auf die Seite aus und verbreitert sein Bett. Die Sohle pleistozäner Schotterkörper ist nach den Darstellungen von SCHAEFER (1950: 58, 1980: Abb. 4) im Querschnitt muldenförmig mit ebenem Boden. Solch ebene Schottersohlen weisen auf sehr wirksame Seitenerosion hin, die in der Zeit vor der Akkumulation des Schotters geherrscht hat. Es gibt aber auch Fälle, wo die Schottersohlen die Form von Wannen mit langsam ansteigenden Seitenwänden haben (Abb. 68). In diesen Fällen liefen Akkumulation und Seitenerosion gleichzeitig ab.

3. Glazifluviale Ablagerungen

Glazifluviale Ablagerungen sind vom fließenden Wasser transportiert und abgelagert worden. In Gletschernähe war es Gletscherschmelzwasser. Mit zunehmender Entfernung vom Gletscher nimmt der Anteil an Wasser, das im periglazialen Gebiet durch Schmelzen von Schnee und Bodeneis und durch Regen entsteht, zu. Die Grenze zwischen glazifluvialen und periglazialen Flußablagerungen in Gebieten, wo sich glaziale und periglaziale Wässer mischen, wie z. B. im Alpenvorland, ist unscharf.

Sander, Schotterfeld, Vorstoßschotter

Wie an dem gut erhaltenen Beispiel der würmeiszeitlichen Bildungen und in heutigen Gletschergebieten zu sehen ist, strömt aus dem Vorlandgletscher, wo er in Tälern und Becken liegt, aus vielen Gletschertoren und von der Oberfläche des Gletschers Schmelzwasser, das zunächst einen *Sander* aufschüttet (isländisch: Sandr). Sander sind vom Gletscher ausgehende, geneigte Aufschüttungsflächen. Ihr oberer Teil wird im Alpenvorland auch als *Übergangskegel* bezeichnet. An die Sander schließen sich die *Schotterfelder*

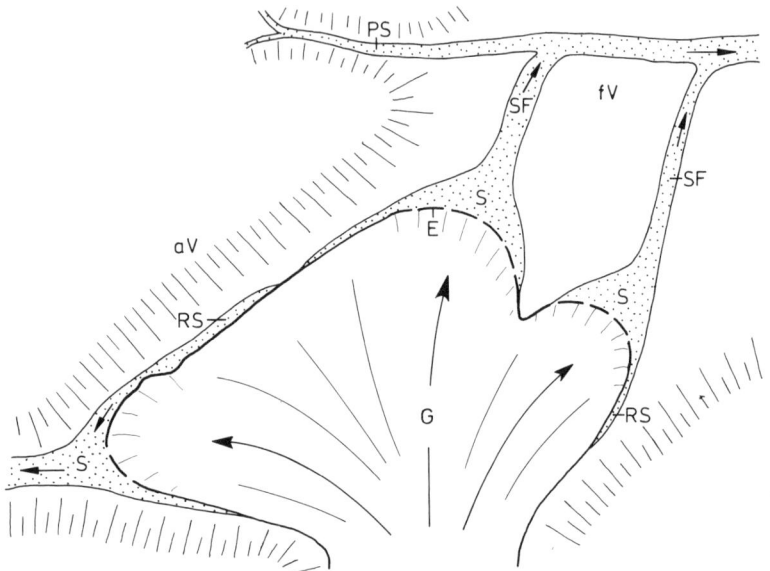

Abb. 20. Entwässerung eines Vorlandgletschers.
aV ansteigendes Vorland, fV fallendes Vorland, G Gletscher, E Endmoräne, S Sander, SF Schotterfeld, RS Randstrom, PS Periglazialschotter.

an, die von den Schmelzwässern in den Tälern des Vorlandes aufgeschüttet wurden. Sie verlaufen in der Richtung der vorgegebenen Entwässerung, die im nördlichen Alpenvorland meist nach Norden bis Nordosten zur Donau geht. Dort, wo das Gelände vor dem Gletscher ansteigt, strömt das Schmelzwasser in Randströmen am Eisrand entlang, bis es einen Auslauf zu einem Tal oder ins Meer findet. Beim Zurückschmelzen des Gletschers entsteht dann eine Treppe von immer tiefer liegenden Eisrandentwässerungen mit entsprechenden Aufschüttungen und Erosionsrinnen. Letzteres ist z. B. am westlichen Rheinvorlandgletscher der Fall, wo die Schmelzwässer zwischen der ansteigenden Juratafel und dem Gletscher nur nach Südwesten zum Rhein abfließen konnten (Abb. 20). Auch die Urstromtäler Norddeutschlands mit ihrer meist sandigen Füllung sind von Eisrandströmen durchflossen worden.

Im Gegensatz zu den freien Schotterfeldern stehen die von Moräne bedeckten *Vorstoßschotter* (WEIDENBACH 1937), die sowohl in den Hauptrinnen als auch in höher liegenden Nebenrinnen und Becken vor dem anrückenden und überfahrenden Gletscher abgelagert wurden. Als Anzeichen der Gletschernähe weist er schlechte Sortierung und z. T. gekritzte Geschiebe auf.

Schotterkörper

Für den Schotter als Ganzes ist die Bezeichnung Schotterkörper üblich. Die *Größe von Schotterkörpern* hängt von der Größe des Einzugsgebietes, von der Dauer der Aufschüttung und lokalen Gegebenheiten, wie z. B. vorgegebene Talbreite und Gefälle, ab. Kleine Gletscher des Schwarzwaldes haben bei den kurzen Stadien des würmeiszeitlichen Zurückschmelzens nur 0,5 bis 2 km lange Schotterkörper von rasch ausdünnender, geringer Mächtigkeit gebildet. Dagegen hat der Hauptabfluß des Rheinvorlandgletschers in der Rißeiszeit westlich Schaffhausen einen Schotterkörper von 140 m Mächtigkeit, der nach 20 km auf 60 m abnimmt, abgelagert. Eine flußabwärtige Zunahme der Mächtigkeit des Schotterkörpers kommt nur in Sonderfällen vor; z. B. bei Stauung durch einen stärkeren zeitlichen Zustrom oder durch tektonische Absenkung, wobei die Korngröße rasch abnimmt und vorwiegend feinkörnige Sedimente abgelagert werden.

Gefälle von Schotterkörpern. Es ist das Gefälle der Oberfläche und das der Unterfläche oder Sohle, wobei die Sohle des Rinntiefsten gemeint ist, zu unterscheiden. Das Oberflächengefälle eines glazifluvialen Schotters beträgt zu Beginn auf dem *Übergangskegel* über 10 ‰ und nimmt dann auf dem *Schotterfeld* auf einen Mittelwert von 4 ‰ ab. Das Sohlgefälle ist in der Regel geringer, woraus die im Längsschnitt flußabwärts dünner werdende, keilförmige Gestalt der Schotterkörper entsteht (Abb. 21).

Dort, wo der Gletscher vor sich einen See aufstaut, schütten die Schmelzwässer ein Delta auf, das in seinen oberen Lagen aus Schotter besteht. Ab der Schwelle, durch die der See nach außen begrenzt wurde, beginnt das flußabwärts gerichtete Gefälle der schottererfüllten Rinne.

Im nördlichen Alpenvorland nimmt das Gefälle der Schotterkörper im allgemeinen von den älteren Eiszeiten zu den jüngeren ab (Abb. 21), wie aus vielen Längsschnitten, in denen die verschiedenen alten Schotter auf eine Ebene projiziert werden, hervorgeht (PENCK & BRÜCKNER 1909: 112, Taf. I, SCHÄDEL 1952 Abb. 1; LÖSCHER 1976: Längsprofile 3 bis 5). Die Ursache ist in der stärkeren Hebung des alpennahen Vorlandstreifens und der Alpen während des Quartärs zu sehen. Ausnahmen kommen vor, wenn der aufschotternde Fluß in ein tiefer liegendes Tal wechselt.

Terrassenkreuzung

Bei den Terrassen der letzten Eiszeit (Würm), die als Niederterrassen bezeichnet werden, nimmt in der Regel das Gefälle der Terrassenoberfläche (= Niveau) von der ältesten (= oberen) Niederterrasse zu den jüngeren Terrassen ab. Die Ursache dafür ist in diesem Fall in dem Zurückschmelzen des Gletschers zu sehen, wodurch die obere Erosionsbasis abgesenkt wird,

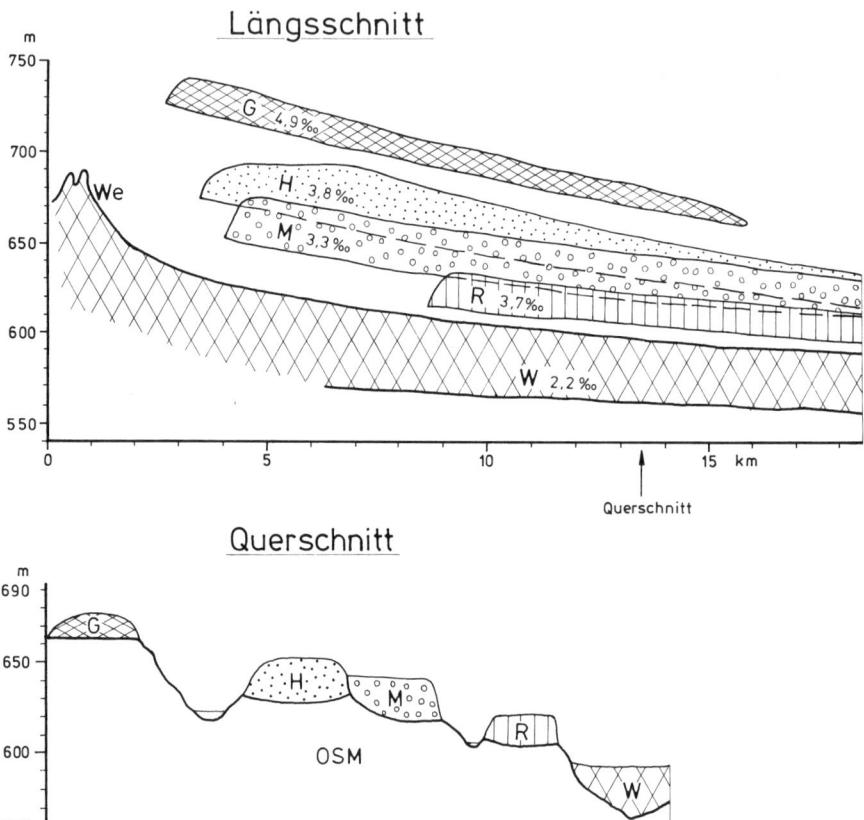

Abb. 21. Gefälle von Schotterkörpern im östlichen Rheingletschervorland. Nach Schreiner & Ebel 1981: Abb. 3 und Fesseler & Goss 1988: Beil. 2. 40× überhöht. Die Gefällsangaben in ‰ beziehen sich auf die Schottersohle im Rinnentiefsten. Der Querschnitt zeigt das Nebeneinander der Schotterkörper.
G – Günz (Zeiler Schotter), H – Haslach (Haslacher Schotter), M – Mindel (Tannheimer Schotter), R – Riß (Hitzenhofer Feld, größeres Gefälle infolge Talwechsel), W – Würm (Tiefe Aitrachrinne – Erolzheimer Feld), We – Würm-Endmoräne, OSM – Obere Süßwassermolasse (Tertiär).

besonders wenn der Gletscher in ein Becken zurückschmilzt. Die Schmelzwässer von den Rückschmelzstadien durchschneiden dann die zuvor abgelagerten Moränen und Schotter und bilden Erosionsterrassen, die ein geringeres Gefälle aufweisen, da die untere Erosionsbasis nicht tiefergelegt wurde. Unterhalb der Erosionsstrecke wird die ältere Terrasse schwemmkegelartig

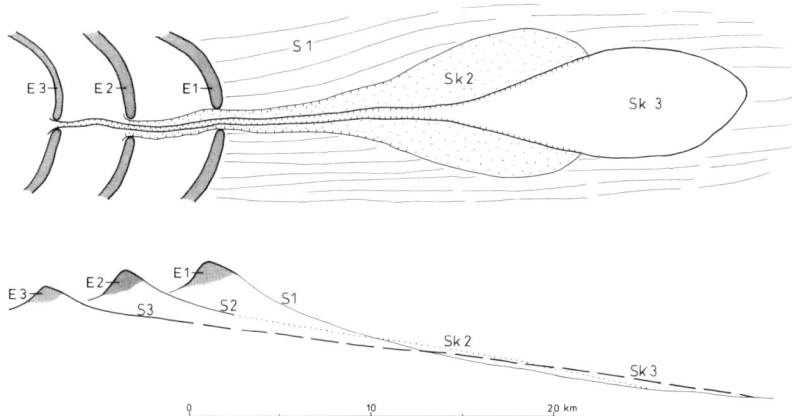

Abb. 22. Erosion und Aufschüttung von Schwemmkegeln beim Zurückschmelzen des Gletschers. Bildung von Trompetentälchen. Terrassenkreuzung von unten. Nach TROLL 1926: 181, verändert.
E 1–3 Endmoränen, S 1–3 Sander von E 1–3, Sk 2–3 Schwemmkegel von E 2 und E 3.

überschüttet. Es können sich mehrere, von den Rückschmelzstadien ausgehende, ineinander geschachtelte Tälchen bilden, die von TROLL (1926: 181) als *„Trompetentälchen"* bezeichnet wurden (Abb. 22 u. 23). Im Längsschnitt ergibt sich das Bild einer *Terrassenkreuzung*, bei der die jüngeren Terrassen mit geringem Gefälle die älteren Terrassen *von unten* überkreuzen (Abb. 22). Die einzelnen Terrassen sind Teilfelder, die flußabwärts mit der älteren Terrasse, dem Hauptfeld, zusammenlaufen. Wesentlich ist hierbei, daß der Zeitraum des Zurückschmelzens und der Terrassenbildung kurz war, so daß keine Tieferlegung der Vorflut (= untere Erosionsbasis) stattfinden konnte, zumal flußabwärts infolge großen Schuttanfalls aufgeschottert wurde (Schwemmkegel). Neben den von TROLL (1926: 172) beschriebenen Beispielen in der Münchener Ebene ist die südlichen Oberrheinebene zu erwähnen, wo die von der Inneren Würmendmoräne ausgehende Aufschotterung unterhalb der Erosionsstrecke bei Basel das von der Äußeren Würmendmoräne ausgehende Schotterfeld überschüttet hat. (SCHREINER 1958: 115).

Es gibt auch *Terrassenkreuzung von oben:*
1) Wenn ein Gletscher eine Hochfläche, z. B. das Schotterfeld einer älteren Eiszeit überfährt, durchschneiden die Schmelzwässer und die von ihnen abgelagerten Schotter die Hochfläche mit erhöhtem Gefälle, um zu der in der langen Zwischenzeit tiefer gelegten Vorflut (= untere Erosionsbasis) zu gelangen (Abb. 24).

Abb. 23. Würmeiszeitliche Schotterfelder der Münchener Ebene (aus TROLL 1926: 172). Trompetentälchen und Schwemmkegel. Wurzelkegel der Niederterrasse = Sander.

Glazifluviale Ablagerungen 51

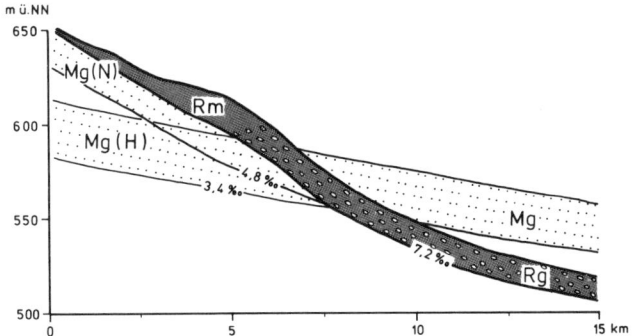

Abb. 24. Terrassenkreuzung infolge Überfahrung, im Dürnachtal im östlichen Rheingletschervorland (aus HAAG 1982: Abb. 4, verändert). Der jüngere Schotter der Rißeiszeit (Rg) durchbricht mit erhöhtem Gefälle (7,2‰) den älteren Schotter der Mindeleiszeit, der in der Nebenrinne (Mg N) 4,8‰ Gefälle hat (immer auf die Rinnensohle bezogen). Rm – Rißmoräne.

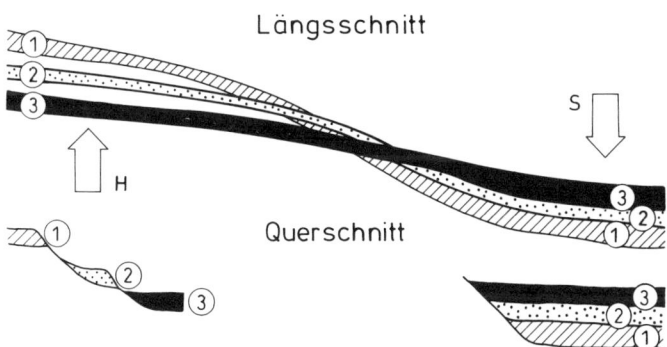

Abb. 25. Terrassenkreuzung von Schottern beim Übergang von einem Hebungsgebiet (H) in ein Senkungsgebiet (S). Im Hebungsgebiet liegen die Schotter als Terrassentreppen nebeneinander, im Senkungsgebiet übereinander. 1–3 Schotterkörper: 1 alt, 2 mittel, 3 jung.

2) Bei tektonischer Absenkung kommt der im flußaufwärtigen Hebungsgebiet älteste und höchstgelegene Schotter im Absenkungsgebiet nach unten und wird von den jüngeren Schottern in normaler Schichtenfolge überlagert. Im Hebungsgebiet liegen die Schotter als Terrassentreppe nebeneinander (Abb. 25). Dieser Fall ist beim Übergang vom Rheinischen Schiefergebirge in das Senkungsgebiet des Niederrheins, beim Eintritt des Hochrheintales in den Oberrheingraben und in der Münchener Ebene verwirklicht.

4. Ausbildung von Schottern

Sortierung und Schichtung. Im Gegensatz zu Moränen sind die vom fließenden Wasser abgelagerten Sedimente *sortiert* und *geschichtet*. Außerdem treten Lagen auf, die z. B. vorwiegend aus Sand oder aus Grobkies bestehen, also gut sortiert sind. Oft liegt ein Gemisch aus Sand und Kies bis zu Blöcken vor. Ein normaler glazifluvialer Schotter des Alpenvorlandes enthält z. B. 2 % Ton und Silt, 20 % Sand, 50 % Kies und 28 % Steine und Blöcke.

Schichtung kommt durch deutlichen Wechsel in der Korngröße zustande, z. B. durch Blocklagen oder Sandlagen. Sie entsteht durch unterschiedliche Fließgeschwindigkeit. Die Schichtung liegt meistens horizontal, genauer gesagt im Fließgefälle von einigen ‰. Zuweilen sind Schüttungszyklen ausgebildet, die mit einer Groblage beginnen und nach oben feiner werden. Solche Zyklen sind einige dm bis einige m mächtig und entsprechen *einem* Schüttungsvorgang, z. B. bei einem sommerlichen Hochwasser. Sie sind ein Hinweis dafür, daß die Ablagerung eines z. B. 20 m mächtigen Schotterkörpers schnell vor sich gegangen sein kann. Es ist jedoch zu beachten, daß die Aufschotterung mehrfach durch Erosionsphasen infolge starker Hochwässer unterbrochen worden sein kann.

Die großzügige horizontale Schichtung, die in Kiesgruben über mehrere 100 m Länge zu beobachten ist, gilt als typisches Merkmal für glazifluviatile Ablagerungen des Alpenvorlandes. Die Schotter sind in den Kaltzeiten beim Abklingen sommerlicher Schmelzwasserhochfluten, die das ganze Tal überschwemmt haben, abgelagert worden (braided river).

Zwischen horizontalen Schotterlagen eingeschaltete Schrägschichtungspakete sind im Zuge der fluviatilen Aufschüttung, z. B. in rinnenförmigen Vertiefungen, entstanden. Schräggeschichteter Kies und Sand in größerem Ausmaß ist in Deltas, also im Übergang zu stehendem Wasser, abgelagert worden (S. 61).

Geröllgröße. Glazifluviale Ablagerungen bestehen vorwiegend aus *Schotter*, der alle Korngrößen vom Sand über Kies bis zu Blöcken umfaßt (Korngrößen S. 143). Die Hauptkomponente des Schotters sind Gerölle. In Schottern, die von großen Schmelzwasserströmen etwa 1 km vom Gletscherrand entfernt abgelagert worden sind, kommen viele Gerölle von $20 \times 15 \times 10$ cm vor. Die maximale Größe für Transport in fließendem Wasser bei einem Gefälle von 1 bis 4‰ dürfte bei $35 \times 25 \times 15$ liegen. Bei wesentlich größeren Blöcken kommen extreme Bedingungen wie Stromschnellen oder andere Transportarten in Betracht (S. 54). Mit zunehmender Entfernung vom Eisrand nimmt die Korngröße infolge abnehmender Fließgeschwindigkeit durch Gefällsverminderung und infolge von Abrieb ab. Gerölle aus alpinen Kalksteinen, von denen in den Schottern der Oberrheinebene bei Basel noch viele 20 cm Länge haben, sind nach 200 km (Mannheim) in ihrem Anteil stark reduziert und zu kleinen Scheiben von 1 bis 2 cm Durchmesser und 2 bis 4 mm Dicke abgeschliffen.

Rundung. Schotter besteht vorwiegend aus Geröllen, die im Gegensatz zu den Geschieben der Moräne meistens gerundet sind. Bei kurzer Transportstrecke enthält der Schotter noch viele kantengerundete und sogar kantige Gerölle, aber der Anteil der gerundeten und gut gerundeten Gerölle nimmt mit zunehmender Transportstrecke zu. So hat z. B. ein Schotter 0,5 km außerhalb des Gletscherrandes noch 12% kantengerundete Gerölle, wogegen nach 10 km Transport keine kantengerundeten Gerölle mehr vorkommen, der Anteil an gut gerundeten hat aber von 10 auf 20% zugenommen; den Rest bilden gerundete Gerölle (über Rundungsanalyse S. 136).

Verfestigung, Nagelfluh: Holozäne und würmeiszeitliche Schotter sind in der Regel locker. Eine leichte Verfestigung, die dazu führt, daß bis 30 m hohe Wände senkrecht stehen bleiben, kommt in von Moräne bedeckten Vorstoßschottern der Würmeiszeit vor (Radolfzell/Markelfingen). In älteren, von Moräne bedeckten, kalkreichen Schottern ist eine teilweise bis fast ganze Verfestigung zu *Nagelfluh* verbreitet. Dabei sind Gerölle und Sand in Lagen, in Stotzen oder insgesamt durch sekundären Calzit betonartig verfestigt. Die Nagelfluhbildung ist am talseitigen Ausstrich der Schotterkörper stärker als in ihrem Innern. Mit zunehmendem Alter der Schotter nimmt der Umfang der Nagelfluhbildung zu, wobei jedoch keine Regelmäßigkeit vorliegt. Rißeiszeitliche Nagelfluh ist meist lagig ausgebildet, mindeleiszeitliche Nagelfluh weist Klüfte und Calzitbeläge auf Klüften auf, ältere Schotter sind bei Moränenbedeckung meist ganz zu Nagelfluh verfestigt. Im freien Schotterfeld fehlt Nagelfluhbildung weitgehend.

Geröllzusammensetzung. Die Geröllzusammensetzung eines Schotterkörpers wechselt je nach Zufuhr von Gesteinsschutt aus verschiedenen Einzugsgebieten. Autochthone Täler, die im Gletschervorland entspringen und zunächst ohne Anschluß an Gletscherschmelzwasser sind, führen einen periglazialen Basisschotter. Er besteht aus Lokalgestein, meist aus Geröllen älterer Schotter. Er ist durch einen hohen Anteil an resistenten Gesteinsarten wie Quarzite, Hornsteine, Quarze und Amphibolithe, sowie durch entkalkte Kieselkalke (= Kieselskelette) und Geröllbruchstücke gekennzeichnet. Wenn der Gletscher das autochthone Tal erreicht, beginnt in ihm die hochglaziale Aufschotterung mit Geröllen aus dem Herkunftsgebiet des Gletschers. Im Alpenvorland sind dies vor allem Gerölle aus alpinen Kalksteinen und aus Gesteinen der Zentralalpen. Schmilzt der Gletscher wieder hinter das Einzugsgebiet des autochthonen Tales zurück, kann sich noch einmal periglazialer Schotter als Deckfazies ablagern, wie z. B. im Donautal (GRAUL, 1953: 275).

In den allochthonen Tälern, die schon zu Beginn und noch am Ende einer Vereisung Gletscherschmelzwasser führen (z.B. Salzach, Inn), besteht der ganze Schotterkörper aus hochglazialem Schotter.

Bei zunehmender Länge der Transportstrecke tritt eine Anreicherung der resistenten Gerölle (Quarz, Quarzit, Hornstein, Amphibolith) und eine Abreicherung der wenig resistenten Gerölle (Dolomit, Granit, Kalkstein)ein. Auch durch das Hinzutreten von umgelagerten älteren Schottern von den Flanken des Tales kann sich die Geröllzusammensetzung eines Schotterkörpers verändern.

Blöcke, Blocklagen

Nicht selten liegen in Schottern, deren größte Gerölle 20 cm Durchmesser haben, einzelne Blöcke, die um ein Mehrfaches größer sind (0,5 bis 2 m). Der große Sprung in der Korngröße macht klar, daß der Block unter anderen Bedingungen transportiert worden ist als die Gerölle des Schotters. Die übergroße Fließgeschwindigkeit, die notwendig wäre, um den Block in fließendem Wasser zu transportieren, hätte die Gerölle des Schotters weggeschwemmt. Es kommen 3 Möglichkeiten für den Transport großer Blöcke in fluvialen Ablagerungen in Betracht, wobei von Sonderfällen, wie z.B. Stromschnellen oder Transport durch vulkanische Eruption, abgesehen wird.

1) **Transport in und auf Eisschollen – Driftblöcke.** Flußeis kann Blöcke vom Ufer und, wenn das Wasser bis zur Sohle des Flusses friert, aus dem Flußbett einfrieren und beim Eisgang mitnehmen. Dasselbe gilt für Blöcke, die von den Uferhängen auf das Eis fallen. Nach FLINT (1971: 187) ist ein Block von $2 \times 2 \times 1,2$ m Größe auf einer Eisscholle von $12 \times 10 \times 0,5$ m transportiert worden. Im würmkaltzeitlichen Schotter des Neckarschwemmkegels bei Heidelberg fanden sich zahlreiche Blöcke aus Buntsandstein, Granit und Muschelkalk bis zu mehreren m^3 groß in den oberen Lagen des Schotters. Muschelkalkblöcke waren z.T. gekritzt. Der Transport der Blöcke wird durch Eisschollen, die Kritzung durch Schieben der Eisschollen mit den eingefrorenen Blöcken über die steinige Flußsohle erklärt (BERNAUER 1915).

2) **Ausspülung von Moräne.** Bei Biberach (Alpenvorland) liegt zwischen rißeiszeitlichen Schottern eine 3 m mächtige Lage mit vielen Blöcken bis zu 2 m Länge, von denen einzelne gekritzt sind. Die Blöcke werden als Rest einer ausgespülten Moräne des Älteren Riß gedeutet (SCHREINER 1985: 26), da in der Nähe Grundmoräne desselben Alters in ähnlicher Position vorkommt. Eine wesentliche Verlagerung der Blöcke bei Biberach scheint nicht vorzuliegen. Es wurde nur das Feinkorn bis zum Feinkies ausgespült und weggeschwemmt.

3) **Herabsinken von Blöcken** aus erodierten Ablagerungen. An der Basis von Schotterkörpern findet sich oft eine Anreicherung großer Blöcke aus resistentem Gestein. Sie lagen ursprünglich in einem Gesteinskörper, der

erodiert wurde. Sie waren zu groß, um von der erodierenden Strömung weggeführt zu werden. Sie sanken nach unten, während die feineren Komponenten weggeschwemmt wurden.
Ein Beispiel dafür ist die Lage aus Blöcken bis zu mehreren m³, die bei Laufenburg im Hochrheintal zwischen Schottern der Niederterrasse (oben) und rißzeitlichen Rinnenschottern (unten) beobachtet wurden. Sie wurden als Zeugen einer Eiszeit zwischen Riß und Würm gedeutet (Große Eiszeit der Schweiz, BLÖSCH 1910: 30, 1961: 461). Es ist jedoch wahrscheinlicher, daß die Blöcke aus der Rißmoräne auf dem ursprünglich 50 m mächtigeren Rinnenschotter stammen. Sie sind bei der Erosion nach dem Riß-Höchststand herabgesunken und wurden im Würm-Hochglazial vom Schotter der Niederterrasse überdeckt.

Ähnliches tritt ein, wenn bei der Seitenerosion eines Flusses große Blöcke und Schollen, die für den Weitertransport zu groß und zu schwer sind, herabsinken und überschottert werden. Sie sind besonders am Rand der Schotterkörper zu finden.

Photo 4. Sackungsstruktur durch ausschmelzendes Toteis. Steiles, stufenartiges Absinken kiesig-sandiger Schichten. Würm, Stand 7. Kiesgrube s'Steißlingen, etwa 3 m hoch.

5. Glazifluviale Eiskontaktbildungen (Kames und Ooser)

Kames

Kames sind glazifluviale Eiskontaktablagerungen (FLINT 1971: 183), die von Gletscherschmelzwässern neben und auf bewegtem und stagnierendem Gletschereis sedimentiert werden oder wurden. *Kamesterrassen* wurden von Schmelzwasserrandströmen zwischen Eis und ansteigendem Land anstelle einer Seitenmoräne abgelagert. Das Sediment besteht aus geschichtetem, eisrandnahem Schotter, der durch hohes Gefälle und durch Einlagerung von Fließmoräne gekennzeichnet ist. Am ehemaligen Eiskontakt sind Schichtstörungen, meist Versturz, häufig (Abb. 27).

Stellenweise liegt anstelle einer Endmoräne als Kamesterrasse sogleich ein Sander (auch Hochsander genannt), dessen steiler Innenrand den ehemaligen Eisrand nachzeichnet. Auch in diesem Fall hat starker Schmelzwasseranfall die Bildung einer Endmoräne verhindert. Wo der Gletscher in einen See mündet, ohne daß der Gletscher aufschwimmt, entsteht bei starkem Schmelzwasser- und Schuttanfall ein *Kames-Delta* (Abb. 26). Es ist durch einen Steilhang gegen den ehemaligen Gletscherrand und durch Fließmoränen in den Deltaschichten gekennzeichnet.

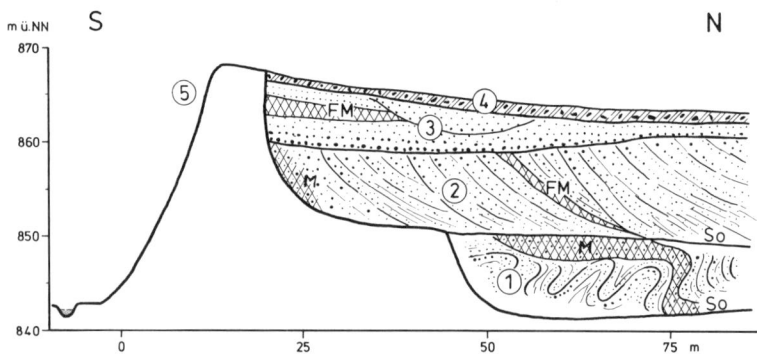

Abb. 26. Kames-Delta, Südteil der Kiesgrube Langenordnach bei Neustadt im Hochschwarzwald (Würm-Hochstand). So – Sohlen der Kiesgrube.
1) Stauchmoräne eines ersten, weiteren Vorstoßes. Sand und Kies mit Moräne (M); 2) Schräge Deltaschichtung (forset beds) aus Kies, Sand und Silt mit einer Lage aus Fließmoräne (FM), im S Moräne (M), vielleicht Grundmoräne? 3) Horizontale Deltaschichten (topset beds) aus Grobkies mit einer Lage aus Fließmoräne (FM); 4) Periglaziale Fließerde; 5) Steilhang = ehemaliger Gletscherrand (Eiskontakt).

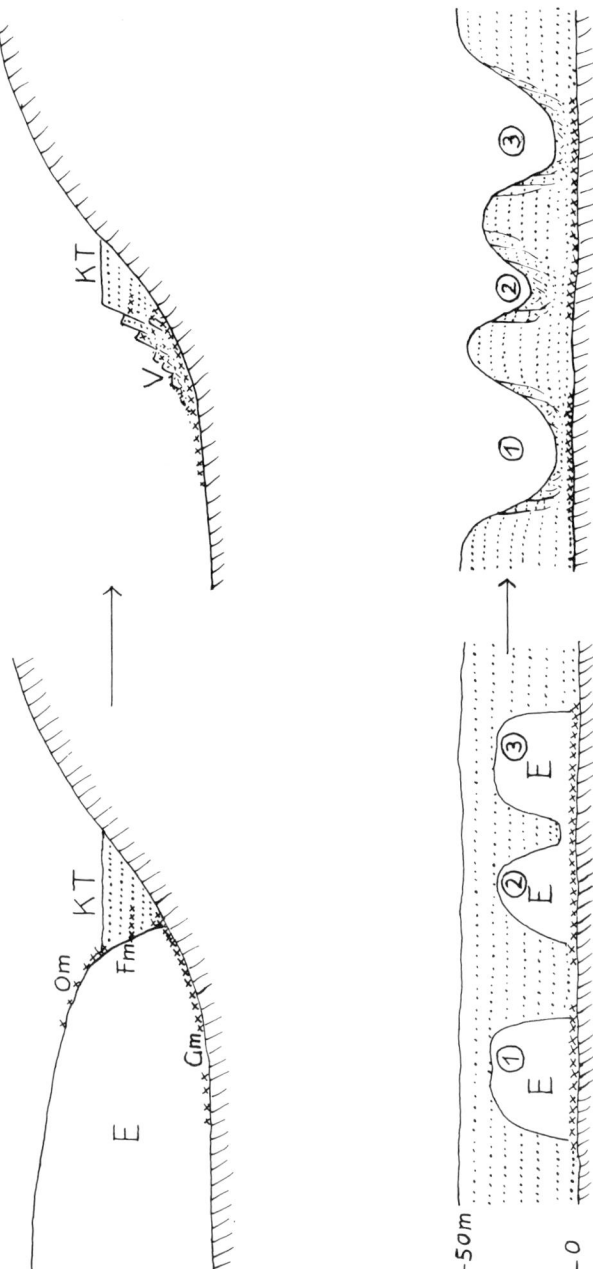

Abb. 27. Oben: Bildung einer Kamesterrasse (KT), E Eis, OM Obermoräne, Fm – Fließmoräne, Gm – Grundmoräne. Rechts: Nach dem Abschmelzen des Eises. V Versturz, der auch erodiert werden kann. Unten: Entstehung eines Kames- oder Toteisfeldes. Links: Überschotterte Toteisblöcke (E). Rechts: Nach dem Abschmelzen der Toteisblöcke. Die glazifluvialen Schichten streichen in die Luft aus und sind besonders am Rand der Hügel durch Nachsacken gestört. Unter den Toteisblöcken z. T. Grundmoräne.

Kames- oder Toteisfelder. Innerhalb der äußeren Würmendmoräne sind an vielen Stellen des Alpenvorlandes Kames- oder Toteisfelder entstanden. Dies sind Schotterfelder, die von einer Vielzahl rundlicher bis lappig-länglicher Vertiefungen durchsetzt sind. Die Vertiefungen sind 10 bis 20 m tief und weisen bis zu 1000 m Länge und 800 m Breite auf (Rohrsee, Rheingletschergebiet). Es handelt sich um Toteislöcher, die entstanden, indem eine stagnierende, zerfallende Gletscherzunge durch Abschmelzen und durch Schmelzwasserangriff in einzelne Eisblöcke aufgelöst und dann überschottert wurde. Durch das Abschmelzen der Eisblöcke unter der Schotterdecke entstand das Kames- oder Toteisfeld (Abb. 27 u. 28). In Norddeutschland werden Toteislöcher als Sölle bezeichnet. Im Hegau ist der Ausdruck Seewadel gebräuchlich, weil dort die Toteislöcher häufig Grundwasserseen, die auch oft verlandet sind, enthalten. In einigen Fällen gibt es *diapirartige Aufpressungen* aus siltig-sandigen Seesedimenten in glazifluviatilen Schottern (z. B. bei Engen/Anselfingen, mündl. Mitt. PFLUG, 1989). Sie erscheinen als stockförmige Massen von 10 bis 30 m Durchmesser und 5 bis 8 m Höhe. Sie sind wahrscheinlich durch Belastungsunterschiede zwischen Schottermassen einerseits und gerade ausgeschmolzenen Toteislöchern andererseits über beweglichem Untergrund (wasserführende, sandige Seesedimente) entstanden.

Ooser

Ein für das nordische Vereisungsgebiet bezeichnender Bestandteil sind Ooser, auch Asar oder englisch Esker genannt. Es sind in Eisströmungsrichtung langgestreckte, Bahndamm-ähnliche Wälle, die aus geschichtetem, gut gerolltem Kies und Sand bestehen. Im Alpenvorland gibt es einige Ooser im Gebiet des Inn-Chiemseegletschers (TROLL 1924: 107).

Am Beginn des Oosers ist der Kies am gröbsten und enthält Blöcke, die ebenfalls gut gerundet sind, was auf außerordentlich starke Wasserwirkung schließen läßt (WOLDSTEDT 1954: 126). Ooser sind viele km lang bei einer Höhe von 10 bis 20 m. Sie haben kein durchgehendes Gefälle, sondern verlaufen bergauf-bergab mit Höhenunterschieden um 20 bis 30 m. Am Ende des Oos breitet sich ein Schwemmkegel aus. Ooser dieser Art sind Füllungen subglazialer Kanäle in stagnierendem, abschmelzendem Gletschereis.

Seltener sind Ooser, die als kiesig-sandige Füllung von großen Längsspalten oder vom Gerinnen *im* und *auf* dem Gletschereis entstanden sind. Durch Absacken und Verstürzen beim Abschmelzen des Eises unter und neben der Füllung wird die Schichtung der Ooser dieser Entstehungsart gestört (Abb. 29).

Eine andere Art von Oosern wurde in Schweden, wo der nordische Eisschild im flachen Meer abschmolz, gebildet. Man könnte sie als *Gletschertor-Ooser* bezeichnen, denn es handelt sich um eine perlenschnurartig

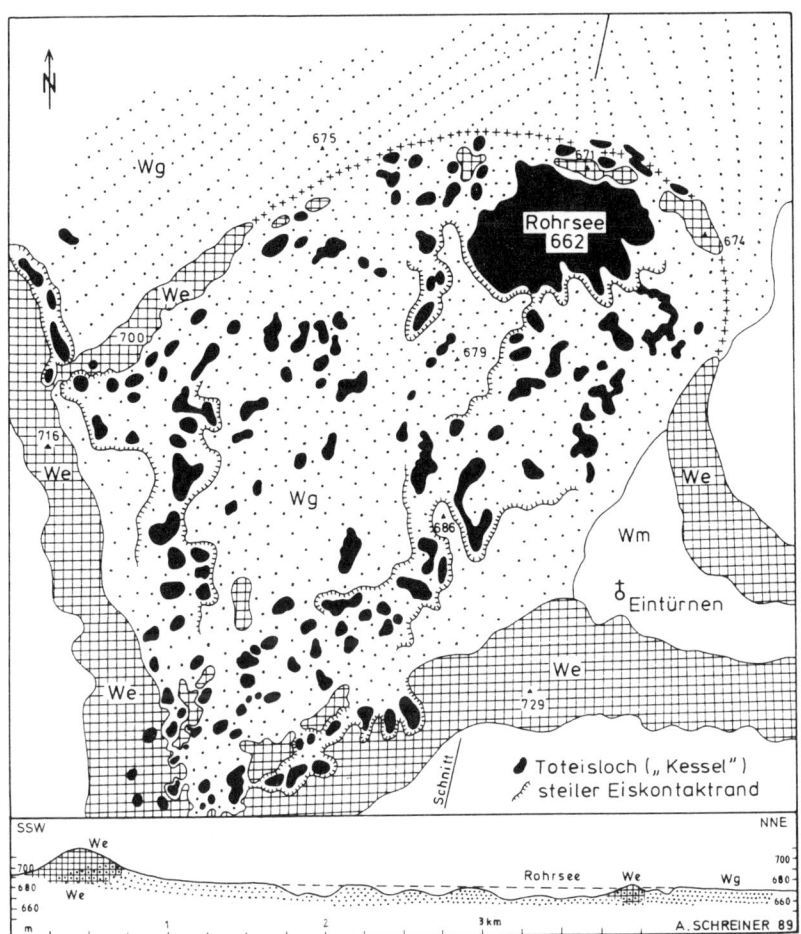

Abb. 28. Kamesfeld am Rohrsee bei Bad Wurzach (Rheingletschergebiet). Die weit ins Wurzacher Becken vorgestoßene Argenzunge zerfiel und wurde von dem 2. Gletscherstand aus überschottert.

aneinandergereihte Folge von Schwemmkegeln, die aus einem Gletschertor vor dem Eisrand auf dem Boden des Meeres abgesetzt wurde. Die einzelnen Schwemmkegel stehen nach den Seiten mit Jahresendmoränen in Verbindung. Jeder Schwemmkegel entspricht der sommerlichen Schmelzwasserflut. Je älter der Schwemmkegel ist, desto mehr Bänderton-Jahresschichten liegen auf ihm (Abb. 30).

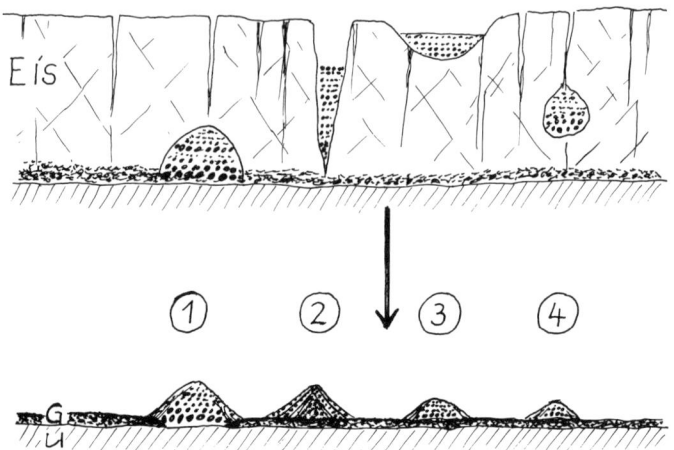

Abb. 29. Entstehung von Oosern:
1) subglazial, 2) Spaltenfüllung, 3) supraglazial, 4) inglazial, G – Grundmoräne, U – Untergrund.

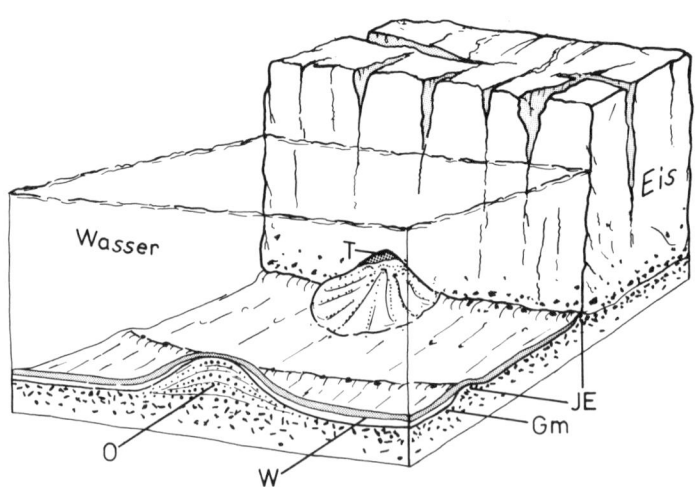

Abb. 30. Bildung eines Gletschertor-Oosers. Nach MAGNUSSON, GRANLUND & LUNDQUIST 1949: 256.
O – Oos, T – Gletschertor, Gm – Grundmoräne, JE – Jahresendmoräne, W – Warven (Jahresschichten).

6. Glazilakustrine Ablagerungen

Sedimente, die in Seen, die durch Gletscherschmelzwasser gespeist werden, zum Absatz kommen, bezeichnet man als glazilakustrine oder glazilimnische Ablagerungen. Die Bezeichnung *Beckenablagerungen* mit Unterteilung in Beckensand, Beckenton usw. (HINZE et al. 1989) ist ebenfalls gebräuchlich, läßt aber die glaziale Natur der Sedimente nicht erkennen.

Glazilakustrine Sedimente sind in den ehemals vergletscherten Gebieten weit verbreitet und z. T. von großer Mächtigkeit. Sie sind aber weithin von Torf oder von glazifluvialen Ablagerungen überdeckt.

Die Seen mit glazilakustrinen Sedimenten sind meist Gletscherstauseen, die zwischen dem Gletscher und ansteigendem Gelände, in einem Becken oder in einem entgegenlaufenden Tal aufgestaut wurden. In den nordischen Vereisungsgebieten waren Seen verbreitet, die durch isostatische Senkung des Landes infolge Belastung durch die Eismassen entstanden sind. Durch das Wiederaufsteigen des Landes durch Entlastung nach dem Abschmelzen der Eisschilde, sind auch die in den eiszeitlichen Seen abgelagerten Sedimente gehoben worden und heute an Kliffs von Seen, an Steilufern und in Schluchten sichtbar.

Auch im nördlichen Alpenvorland sind die meist in Zungenbeckenseen abgelagerten glazilakustrinen Sedimente weit verbreitet und z. T. von großer Mächtigkeit (Federsee- und Wurzacher Becken 140 m (GERMAN et al. 1967 u. 1968), westlicher Bodensee 184 m (MÜLLER et al. 1967). An der tiefsten Stelle des Rheindeltas oberhalb des Bodensees (191 m unter NN, WILDI 1984: 544) liegen fast 600 m meist glazilakustrine Sedimente, die von Schottern des Alpenrheins bedeckt sind.

Deltasedimente

Wo ein schuttführender Schmelzwasserstrom in einen See mündet, bildet sich ein Delta, das in seinen Sedimenten sowohl fluvial transportierten Kies als auch im stehenden Wasser abgesetzte Feinsedimente enthält (Abb. 31). Mit dem Erreichen des stehenden Wassers, läßt die Strömungsgeschwindigkeit und damit die Schleppkraft des Wassers plötzlich nach. An den bis 30° geneigten Schichten des oberen Deltahanges wird noch Kies abgelagert, der nach unten mehr und mehr in Sand übergeht, während auf dem Seeboden der im Wasser schwebende Silt und Ton sedimentiert werden. Starker Wasserfluß, z. B. bei sommerlicher Schnee- und Eisschmelze, führt dazu, daß mit der in den See vorstoßenden Strömung Kies weiter am Deltahang transportiert und Sand noch weiter auf dem Seeboden verfrachtet wird. In sandigen Sedimenten treten bei geringer Wassertiefe Rippelmarken auf.

In glazilakustrinen Sedimenten, besonders in Sand-Silt-Ton-Wechselfolgen, sind *synsedimentäre Faltungen* in der Art von convolute bedding

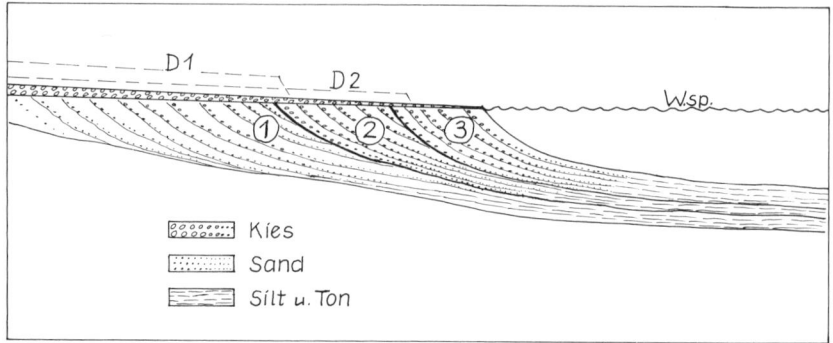

Abb. 31. Delta mit zweimaliger Absenkung des Seespiegels (W.sp.). Dabei entstehen die Schüttungskörper 1, 2 u. 3. Am Deltahang wird der jeweils ältere Schüttungskörper infolge der Absenkung des Seespiegels teilweise erodiert, wodurch Erosionsdiskordanzen zwischen den Schüttungskörpern entstehen. D 1 und D 2 sind Andeutungen der höheren Delten.

Photo 5. Deltaschichtung. Oben grobkiesige topset beds, links darunter sandig-kiesige foreset beds, rechts unten feinsandige bottomset beds. Kiesgrube bei Engen, Würm, Stand 4, etwa 6 m hoch (abgebaut).

(REINECK & SINGH 1973: 78) verbreitet. Sie können schon entstehen, indem Sand infolge seines größeren spezifischen Gewichts in darunterliegenden Silt und Ton muldenförmig einsinkt (PARRIAUX 1979). Unregelmäßige Verfaltungen entstehen, wenn wassergesättigter Sand, z. B. durch rasche Überlagerung unter Druck gerät, wodurch das Porenwasser in Bewegung kommt, den Sand verfaltet und dann meist nach oben entweicht (dewatering structure). Viele der Verfaltungen und Verwicklungen in sandig-siltig-tonigen-Seesedimenten entstehen am Fuß von Deltahängen durch abrutschende Sedimentmassen (slumping), wofür SCHLÜCHTER & KNECHT (1979) ein Beispiel aus der Nordschweiz beschrieben haben. Intensive Verfaltungen in Sandschichten, die offenbar durch Kippung neben einem ausschmelzenden Toteisblock entstanden sind, waren östlich des Titisees im Schwarzwald aufgeschlossen.

Schematisch betrachtet müßte die Grenzfläche zwischen den schräggeschichteten Sedimenten am Deltahang (foreset beds) und den nahezu horizontalen Übergußschichten darüber (topset beds) horizontal liegen, denn diese Grenzfläche entspricht dem Seespiegel. In der Natur ist dieser Fall nur

Photo 6. Deltaschichten. Links Erosion durch Absinken des Wasserspiegels und Füllung mit horizontalen Kiesschichten. Würm Maximalstand. Kiesgrube Schottenbühl bei Neustadt/Hochschwarzwald, etwa 6 m hoch.

stellenweise verwirklicht. Meistens hat sich der Seespiegel im Laufe der Deltabildung infolge Einschneidens des Abflusses mehrfach abgesenkt. Dadurch wurden die vorher abgelagerten höheren Teile des Deltas erodiert. Die Grenzfläche zwischen foreset beds und topset beds ist dann eine Erosionsdiskordanz. Nur im jüngsten Teil des Deltas ist der ungestörte Übergang von den horizontalen in die schrägen Schichten ausgebildet, falls er nicht durch starken Seegang verändert worden ist. Die älteren Teile des Deltas, die bei höherem Seespiegel gebildet wurden, sind meistens an erosionsgeschützten Stellen noch erhalten. Am würmhochglazialen Kamesdelta bei Langenordnach (Schwarzwald) ist z. B. der Rest eines älteren Deltas 15 m über dem Hauptdelta erhalten. Bei Anstieg des Seespiegels, z. B. durch Sperrung des Abflusses durch vorrückendes Gletschereis, wird ein jüngeres Delta auf das ältere geschüttet (Abb. 32).

Wie aus dem Beispiel des würmeiszeitlichen Deltas im Wurzacher Becken hervorgeht (Abb. 33), steigt die in Bohrproben erkennbare Grenze zwischen den kiesig-sandigen Teilen des Deltas und den siltig-tonigen Sedimenten des Seebodens im großen gesehen in Fließrichtung an. Die Ursache dafür ist im Kleinerwerden des Gefälles mit zunehmender Verfüllung des Seebeckens zu sehen. In sehr langen Deltas, wie z. B. dem Rheindelta im Bodensee, gelangt heute nur Sand bis an die Deltakante.

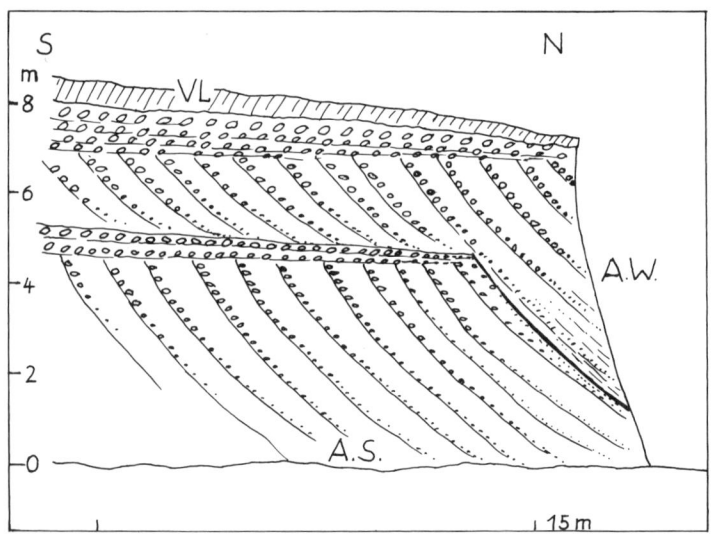

Abb. 32. 2 Deltaschüttungen übereinander. Aufschluß im Nordteil des Deltas im Langennordachtal bei Neustadt/Hochschwarzwald, (2 × überhöht).
VL – Verwitterungslehm, A.S. – Abbausohle, A.W. – Abbauwand.

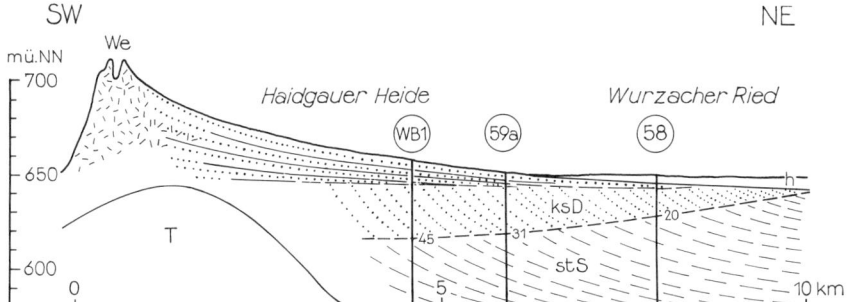

Abb. 33. Würmzeitliches Delta im Wurzacher Becken mit Bohrungen. Die Grenze zwischen horizontaler und schräger Schichtung im Delta lag zunächst vermutlich bei 650 m. Die Grenze zwischen den kiesig-sandigen Deltaschichten (ksD) und den siltig-tonigen Seesedimenten (stS) steigt in Fließrichtung nach NE an. Die tieferen Schichten der Beckenfüllung wurden nicht dargestellt.
h – Holozän, Torf im Wurzacker Becken, T – Schwelle aus Tertiär, nachgewiesen nach WEINSZIEHR (1984), WB1-Bohrung Wurzacher Becken 1, GERMAN et al. (1968). 58, 59a – Bohrungen geol. Karte Bl. Bad Wurzach.

Ablagerungen auf dem Seeboden (Beckenton usw.)

Die Hauptmasse der glazilakustrinen Sedimente sind die auf dem Seeboden abgelagerten Feinsedimente. Sie bestehen aus meist feingeschichtetem Silt, Ton und Feinsand. In Gletschergebieten mit reichlich Karbonatgesteinen im Einzugsgebiet, wie z. B. in den Alpen, enthalten die glazilakustrinen Feinsedimente reichlich Karbonat (in Bohrproben aus den Becken des Federsees, von Wurzach und des Zeller Sees wurden 20 bis 40 % Karbonat bestimmt, davon bestehen 50 bis 80 % aus Calzit, der Rest aus Dolomit).

Die glazilakustrinen Feinsedimente werden im Hinblick auf ihren Ablagerungsraum als *Beckenablagerungen* bezeichnet, wobei man je nach der vorherrschenden Korngröße von Becken -Sand, -Silt oder -Ton sprechen kann. Die Bezeichnung *Bänderton* bezieht sich auf die Feinschichtung. Die meisten Beckenablagerungen des nördlichen Alpenvorlandes sind weder aufgrund ihrer Korngröße noch ihrer mineralischen Zusammensetzung Tone, sondern vorwiegend Silt aus einem Mineralgemisch mit beträchtlichem Karbonatgehalt. Für sie wären Bezeichnungen wie „kalkiger Bändersilt" oder „siltiger Bändermergel" angebracht.

Glazilakustrine Feinsedimente, die aus karbonatischen Einzugsgebieten stammen, sind von grauer Farbe, wogegen solche, die aus Granit- und Gneisgebieten beliefert werden, infolge der rötlichen Verwitterungsfarbe dieser Gesteine braun bis rot sind (z.B. Schwarzwald).

Die Feinschichtung wird durch helle „grobkörnige" und durch dunkle, mehr feinkörnige Lagen gebildet (Bänderton). Eine helle Lage enthält z. B. 25% Ton, 70% Silt und 5% Feinsand; eine dunkle hingegen 60% Ton und 40% Silt. Eine helle und eine dunkle Lage bilden zusammen eine Jahresschicht, eine *Warve*, die in der Regel einige cm mächtig ist, wobei die helle Lage meistens mächtiger ist. Die hellen Lagen werden bei sommerlichen Schmelzwasserfluten sedimentiert, die dunklen bei winterlichem Niedrigwasser aus der feinen Trübe des Seewassers abgesetzt.

Die Frage, ob tatsächlich Jahresschichten vorliegen, kann in günstigen Fällen durch miskroskopische Untersuchung des Inhaltes an organischen Bestandteilen (besonders Pollen und Sporen) in einzelnen Lagen einer Warve beantwortet werden. Zeigt es sich, daß in der hellen Lage Pollen von im Sommer blühenden Pflanzen und in der dunklen Lage fast keine Pollen vorkommen, dann handelt es sich um eine Jahresschicht, um eine Warve. Besonders in warmzeitlichen Feinschichten ist eine jahreszeitlich differenzierte Pollenführung festzustellen (GEYH, MERKT & MÜLLER 1971: 374).

Bei mächtigen Warven (Macrowarven) ist eine weitere Feinschichtung (Microwarven) zu erkennen, bei der es sich um Tagesschichten handeln kann, wobei jedoch nur die Tage mit sommerlicher Schmelzwasserflut eine Schicht bilden. Es treten große Unterschiede in der Zahl der Tagesschichten auf. GERMAN et al. (1965: 119) fand in den würmhochglazialen Schichten der Bohrung Urfedersee 1 nur 7, wogegen SCHWARZENHÖLZER (1950) in einem Bänderton vor der Inneren Würmendmoräne bis zu 133 Tageswarven zählte, was als Hinweis auf klimatische Unterschiede zu betrachten ist.

Glazilakustrine Feinsedimente enthalten im Gegensatz zu nichtglazialen Seesedimenten keine oder nur sehr wenig organische Reste.

Warvenchronologie. Die Jahresschichtung der Bändertone ermöglicht es, die Dauer der Ablagerung eines Bändertonvorkommens durch Abzählen zu ermitteln. In Schweden und Finnland gelang es, an den dortigen Bändertonaufschlüssen, das Zurückschmelzen des nordischen Eisschildes während der letzten 15 000 Jahre im einzelnen zu erfassen (DE GEER 1940, SAURAMO 1923). Dabei ist das in Abb. 30 dargestellte System der subaquatischen Ooser-Schwemmkegel und Jahresendmoränen von Bedeutung. An jeder Jahresendmoräne beginnt eine Warve. Auf den älteren Jahresendmoränen liegen soviel Warven um wieviel Jahre diese Endmoräne älter ist. Die Verknüpfung der Warven von Aufschluß zu Aufschluß gelingt ähnlich wie bei der Jahrring-Chronologie an Hölzern durch Aufsuchen und Gleichschalten von besonders dicken und besonders dünnen Warven.

Aus dem nördlichen Alpenvorland liegen derartige Untersuchungen nicht vor. Beckenablagerungen sind hier nur selten über Tage zugänglich. Außerdem weisen sie Unterbrechungen auf, da die Endmoränen nicht unter

Wasser abgelagert wurden wie in Schweden. SCHWARZENHÖLZER (1950) hat in dem 4 bis 5 m mächtigen Bänderton von Vogt, Kr. Ravensburg einen Ausschnitt von 60 bis 100 Jahren während der Zeit der Inneren Würmendmoräne untersucht. In der Bohrung Urfedersee 1 wurde für eine 15 m mächtige Serie von Deltaablagerungen mit Bänderton eine Ablagerungsdauer von 400 bis 1000 Jahren angegeben (GERMAN et al. 1965: 120). Die große Schwankung rührt von der Einschaltung von 2 Sandlagen von 4 bis 6,5 m Mächtigkeit her.

7. Die glaziale Serie

Unter glazialer Serie (PENCK & BRÜCKNER 1909: 16) versteht man das Zusammenvorkommen und die Verknüpfung der verschiedenen glazialen Ablagerungen einer Eiszeit. Das in Abb. 34 dargestellte Beispiel einer glazialen Serie entspricht der Äußeren Würmendmoräne und benachbarten Bildungen im Bereich des Rheinvorlandgletschers, ohne sich auf ein bestimmtes Gebiet zu beziehen. Das Beispiel ist durch die Lage der Endmoräne gekennzeichnet. Sie liegt ungefähr auf der Wasserscheide zwischen dem nach innen (= gegen die Gletscherfließrichtung) abfallenden Zungenbecken und dem nach außen geneigten Schmelzwasserabfluß.

Der in dem, in der vorangehenden Eiszeit geschaffenen Zungenbecken vorrückende Gletscher staut vor sich einen See auf, in dem glazilakustrine Sedimente (gs1) abgelagert und von dem weiter vorrückenden Gletscher überfahren werden. Nach Verfüllung des Stausees schütten die Schmelzwässer in vorher erodierte Täler Schotter, die von dem vorrückenden Gletscher ebenfalls überfahren werden (Vorstoßschotter VS). Ein erster Vorstoß des Gletschers kann einige km über die Schotter hinweggehen, wovon eine Grundmoräne (V) und stellenweise eine kleine Endmoräne (E) Zeugnis geben. Danach verharrt der Gletscher im Gleichgewicht zwischen Akkumulation und Ablation längere Zeit ungefähr am gleichen Ort. Es wird die Äußere Würmendmoräne (= Äußere Jungendmoräne) aufgebaut (Em1), während die Schmelzwässer den Sander und das Schotterfeld Sf1 aufschütten. Die Äußere Würmendmoräne ist in ihrem oberen Teil meistens eine Aufschüttungsmoräne. Sie ist von zahlreichen Toteislöchern durchsetzt. Stellenweise ist eine Gliederung in 3 Wälle oder Stände festzustellen. Die Schmelzwässer der inneren Wälle strömen parallel zu den Wällen und dann durch Lücken in den äußeren Wällen auf den Sander.

Beim Abschmelzen des Gletschers bleibt eine Grundmoräne zurück (Gm1), die besonders in tieferen Lagen von eisrandnahen Schmelzwassersedimenten (eS) bedeckt wird (GERMAN 1970: 72, 1973: 8).

Ein Wiedervorstoß des Gletschers führt z. T. nach Zwischenschaltung von Stauseeablagerungen (gs2) zur Bildung der Endmoräne Em2. Die Schmelzwässer fließen zunächst am Eisrand entlang und durchbrechen dann

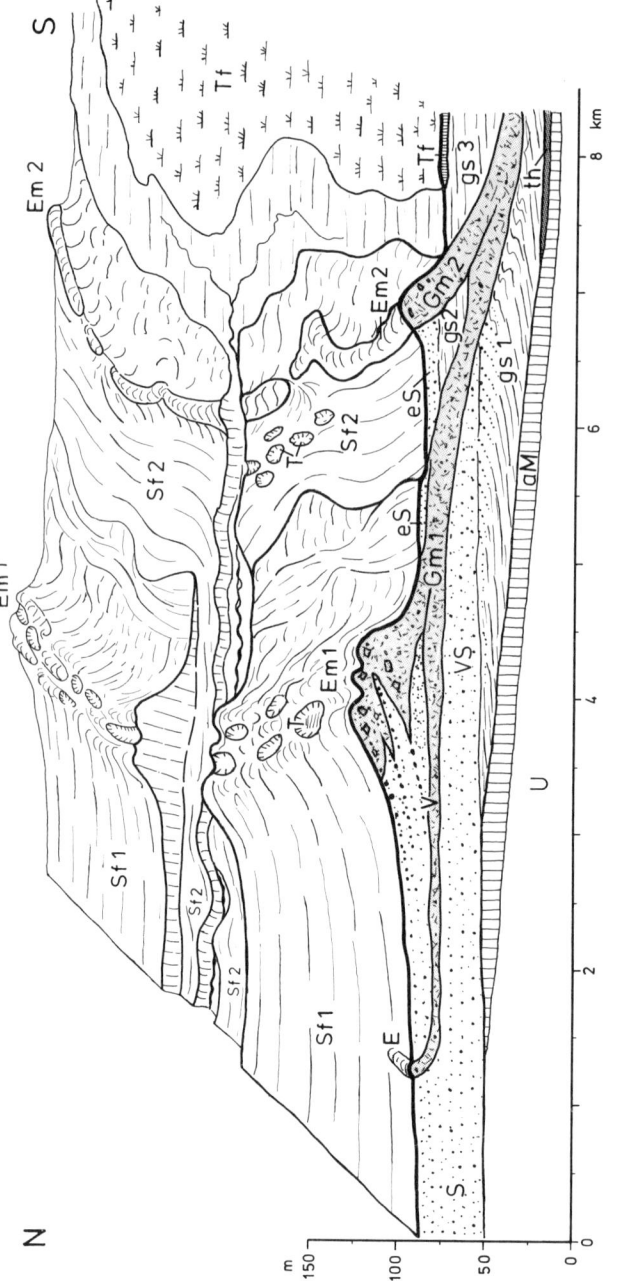

Abb. 34. Glaziale Serie nach PENCK & BRÜCKNER (1909: 16) und GERMAN (1968: 715) erweitert: SF 1 u. SF 2 – Schotterfelder von Endmoräne Em 1 und Em 2 ausgehend, S – Schotter, E – Endmoräne des weitesten Vorstoßes, eS – eisrandnahe Schmelzwassersedimente, T – Toteislöcher, V – Endmoräne des weitesten Vorstoßes, Gm 1 u. Gm 2 – Grundmoräne zu Em 1 u. Em 2, VS – Vorstoßschotter, gs 1, 2 u. 3 – glazilakustrine Sedimente, th – Sedimente aus dem vorangegangenen Thermal, aM – Moräne der vorangegangenen Eiszeit, Tf – Torf, U – praequartärer Untergrund.

an der niedrigsten Stelle die äußere Endmoräne und das Schotterfeld Sf1. Die abgelagerten Schotter bilden das Schotterfeld Sf2, das in Sf1 als Trompetental (S. 49) eingeschnitten ist.

Beim weiteren Zurückschmelzen des Gletschers werden in dem Becken innerhalb von Em2 in Stauseen wiederum glazilakustrine Sedimente abgelagert (gs3). Das Wasser des Stausees durchschneidet, falls kein tiefergelegener Überlauf nach der Seite vorhanden ist, die vor ihm liegenden Moränen und Schotterfelder Em2 und Sf2. Der Restsee unterliegt meistens der Verlandung, die bis ins Holozän fortdauert (Tf Torf).

Die in Abb. 34 eingetragene Schicht einer Warmzeit oder eines Thermals (th) zwischen den Seesedimenten gs1 und der Moräne der vorangegangenen Eiszeit (aM) deutet die Möglichkeit an, daß unter einer glazialen Serie auch thermale Schichten erhalten sein können und solche, die dem langen Zeitraum zwischen einer Warmzeit und der später folgenden Vergletscherung entsprechen.

In älteren Eiszeiten stieß der Rheingletscher über seine Vorstoßschotter wesentlich weiter nach Norden vor und bildete Endmoränen, die nicht so mächtig sind wie die Äußere Würmendmoräne. Dafür sind die Vorstoßschotter viele km lang und mächtiger als in der Würmeiszeit.

C. Periglazial

Der Abschnitt über das Periglazial wird kurz gehalten, da in den vergangenen Jahren 4 Bücher erschienen sind, die das Thema ausführlich behandeln: *Periglazial geomorphology* von EMBLETON & KING (1975), *Geocryology* von WASHBURN (1979), *Das Periglazial* von WEISE (1983) und *Periglazialmorphologie* von SEMMEL (1985).

Unter Periglazial versteht man geologische und morphologische Vorgänge und Bildungen, die heute und im Pleistozän in kalten Gebieten außerhalb der Gletscher infolge von Bodenfrost entstehen und entstanden sind. Die Nähe von Gletschern ist aber nicht erforderlich. Der größte Teil der heutigen Periglazialgebiete in Sibirien und Nordamerika liegt in gletscherfreiem Gebiet. Wesentlich ist die Kälte. Beim Periglazial wird anstelle von Eiszeit von *Kaltzeit* gesprochen.

Fast alle periglazialen Bildungen hängen mit Bodenfrost zusammen: Frostverwitterung, Bodenfroststrukturen, periglaziale Schuttbewegungen. Beim Bodenfrost ist Dauerfrostboden oder Permafrost von nicht andauerndem und weniger tiefgehendem Bodenfrost zu unterscheiden. Weitere periglaziale Vorgänge sind die kaltzeitliche Tätigkeit des Windes mit den daraus folgenden Ablagerungen (Löß, Flugsand) und die periglaziale Erosion und Aufschotterung.

Zum Klima

Die sehr verschiedenartigen periglazialen Bildungen sind heute an den weitgespannten Klimabereich einer Jahresmitteltemperatur von $-12\,°C$ bis $+3\,°C$ und eines Jahresniederschlags von 50 bis 1250 mm gebunden (WILSON 1969).

In Mitteleuropa sind periglaziale Bildungen, die in der Letzten Kaltzeit (Weichsel, Würm) entstanden sind, vorwiegend in dem Gebiet verbreitet, das zwischen der nordischen und der alpinen Vereisung lag. Wie aus der Erforschung der Periglazialerscheinungen und der Vegetation hervorgeht, fällt das Periglazialgebiet der Letzten Kaltzeit mit dem Gebiet zusammen, das während des Hochstandes der Kaltzeit waldfrei war. Die heutige, durch Nordskandinavien verlaufende polare Waldgrenze fällt ungefähr mit der $0\,°C$-Isotherme der Jahresmitteltemperatur zusammen. Beim Hochstand der Letzten Kaltzeit lag die polare Waldgrenze und die $0\,°C$-Jahresisotherme nach KAISER (1967: 10) ungefähr dort, wo heute die $15-16\,°C$-Jahresisotherme

Abb. 35. Südverschiebung der polaren Waldgrenze während des Hochstandes der Letzten Kaltzeit. Nach KAISER 1967, Abb. 2.
Dicke Linien: polare Waldgrenze heute und im Hochglazial, Dünne Linien: heutige Juli-Mitteltemperaturen, Große Zahlen an den polaren Waldgrenzen: heutige Jahresmitteltemperatur. Punktlinie: Südgrenze des Dauerfrostbodens (durchgehender und nicht durchgehender) nach FRENZEL 1983, Abb. 60.

verläuft (Pyrenäen-Mittelitalien-Balkan, Abb. 35). Aus der Verschiebung der polaren Waldgrenze folgerte KAISER (1967: 20), daß die Temperaturen während des Hochstandes der Letzten Kaltzeit in Mitteleuropa gegenüber heute um 15 bis 16 °C abgesenkt waren. Daraus ergäbe sich eine Jahresmitteltemperatur von −5° bis −8 °C. Die Vegetation südlich der polaren Waldgrenze war während des kaltzeitlichen Hochstandes nach FRENZEL (1983, Abb. 60) kein geschlossener Wald, sondern auf günstige Standorte beschränkte Inseln lichter Haine in einer vorwiegenden Kräuter- und Strauchsteppe.

Eine Jahresmitteltemperatur von etwa −2 °C (bei −19 °C für Januar und +14 °C für Juli) ermittelte FRENZEL (1980: 57) für das nördliche Alpenvorland, indem er die hochkaltzeitliche Vegetation dieses Gebietes mit der Vegetation und dem Klima der heutigen Nordmongolei verglich. Die vorangegangene Ausführung zeigt, daß Rekonstruktionen des kaltzeitlichen Klimas mit Unsicherheiten verbunden sind und je nach Methode zu verschiedenen Ergebnissen führen.

Als Mittel zur Klimarekonstruktion werden besonders fossile Eiskeile, die in Mitteleuropa verbreitet sind, herangezogen (Abb. 42a). Dabei ist zu berücksichtigen, daß die mitteleuropäischen Eiskeile nicht so groß waren wie die heutigen in Sibirien, für deren Bildung die Jahresmitteltemperatur unter $-6\,°C$ liegt. (C I 3). Für den Hochstand der Letzten Kaltzeit in Mitteleuropa dürfte demnach eine Jahresmitteltemperatur um $-4\,°$ bis $-5\,°C$ anzunehmen sein.

I. Periglaziale Bildungen und Ablagerungen

1. Periglaziale Verwitterungsvorgänge

Eine wesentliche Rolle für die Entstehung periglazialer Bodenstrukturen und Schuttbildungen spielt die *Verwitterung durch Frost* oder *Frostsprengung*. Offensichtlich durch Frost zersprengte Gesteine sind heute im Gebirge über der Waldgrenze und im arktischen Periglazialgebiet eine verbreitete Erscheinung. Kalksteine und andere feinkörnig-dichte Gesteine werden meist in plattigscherbige Bruchstücke zerteilt, während Granite und tonig-gebundener Sandstein mehr zu Grus und tonigem Sand zerfallen.

Die physikalischen Bedingungen der Verwitterung durch Frost sind noch nicht vollständig erforscht. Beim Gefrieren von Wasser, das bei $+4\,°C$ seine größte Dichte und sein geringstes spezifisches Volumen hat, kommt es zur Kristallisation von Eis und zu einer *Volumenzunahme* um 9 %. In einem geschlossenen System entsteht dabei ein Druck von etwa 2100 kg/cm², der die Zugfestigkeit von Gestein (etwa 200 kg/cm²) weit übersteigt (EMBLETON & KING 1975: 4). In der Natur ist aber ein geschlossenes System kaum möglich. Wenn jedoch eine wassererfüllte Kluft bei starker und rascher Abkühlung zuerst außen zufriert, kann sich im Inneren der Kluft ein Druck aufbauen, der zur Sprengung eines klüftigen Gesteins ausreicht. Aus den zahlreichen Messungen im Gelände und bei Experimenten, die EMBLETON & KING (1975: 4) wiedergeben, geht hervor, daß eine große Zahl von Frost-Tau-Zyklen und reichlich Feuchtigkeit die Frostsprengung fördern. So ist die Frostverwitterung in dem feuchten und nicht so kalten und deshalb 150 Frostwechseltage aufweisenden Westspitzbergen besonders stark. In dem trockeneren und kälteren und daher viel weniger Frostwechsel aufweisenden Nordgrönland ist die Frostverwitterung hingegen geringer. Bei der Feuchtigkeit sind nicht nur Regen, sondern auch Tau, Schneeschmelze und Grundwasser wirksam. Fördernd sind auch Tonminerale im Gestein, wobei Hydration mit Frost zusammen wirken. So war z. B. der tonig gebundene

Buntsandstein besonders anfällig für Frostverwitterung. Frostverwitterung führt zusammen mit den frostbedingten Bodenbewegungen (Brodelböden S. 88) zu einer Anreicherung der Korngrößen von 0,1 bis 0,02 mm (DÜCKER 1937). Wo sich infolge Kälte, Trockenheit und Wind keine Vegetationsdecke bilden kann, breitet sich die Frostschuttzone aus.

Chemische Verwitterung im Periglazialbereich, wobei durch Kristallisation von Salzen Gesteinszersetzung auftritt, ist aus trocken-kalten Gebieten der Antarktis bekannt geworden.

Der Verwitterungsschutt wird im Periglazialgebiet im wesentlichen durch Frost und Schwerkraft bewegt, wobei an der Oberfläche mannigfaltige *Frostbodenstrukturen* oder Frostmusterböden wie Steinringe, Steinnetze, Streifen- und Girlandenböden, Eiskeilpolygone u.a. entstehen. Die pleistozänen Frostbodenstrukturen sind vielfach durch Löß und Flugsand verdeckt worden. Sie sind in vielen Fällen durch Luftbilderkundung erkannt worden.

2. Bodenfrost, Bodeneis[1]

Die beim Gefrieren von Wasser eintretende Volumenzunahme um 9% wird weit übertroffen von der Volumenzunahme durch Bildung von *Bodeneis* in Form von Klareis, das den Boden in Linsen, Lagen und unregelmäßigen Körpern durchsetzt (engl. segregated ice). Nach seinem Erforscher in Alaska wird es auch als *Taber-Eis* bezeichnet. Es kann bis 80 Volumen-% des Bodens einnehmen und führt zu starker *Frosthebung* (Abb. 36), denn die Eiskristalle wachsen senkrecht zur Abkühlungsfläche (TABER 1943: 1448), die meist mit der Geländeoberfläche zusammenfällt. Die Bildung von Bodeneis dieser Art betrifft feinkörnige Lockergesteine, die mehr als 3 bis 10% der Korngröße unter 0,02 mm aufweisen (Abb. 37). Sie werden im Bauwesen als frostgefährlich bezeichnet. Zu ihnen gehören Löß, Lehm, stiltig-tonige Seesedimente und die meisten Grundmoränen. Die Bildung von Bodeneis kommt durch die Eigenschaft des Eises, Wasser aus seiner Umgebung und besonders von unten anzuziehen, zustande. Z. B. stieg der Wassergehalt in einem Lößlehm beim Gefrieren von 28,7% auf 145% (SCHENK 1955: 38).

Die Bildung von Eislinsen mit Frosthebung und daraus folgende Schäden an Straßen (Frostaufbrüche) und Bauwerken tritt auch im heutigen, gemäßigten Klima in Mitteleuropa ein. In heutigen Periglazialgebieten und besonders in Permafrostgebieten erreicht das Bodeneis beträchtliche Mächtigkeiten. In Sibirien wurden in einer 30 m mächtigen Schicht Eislinsen von zusammen 7,6 m Mächtigkeit festgestellt und in Nordkanada wurde

---

[1] *Boden* wird hier nicht im Sinne der Bodenkunde, sondern für Lockergesteine, die vom Bodenfrost betroffen werden, angewandt.

74 Periglaziale Bildungen und Ablagerungen

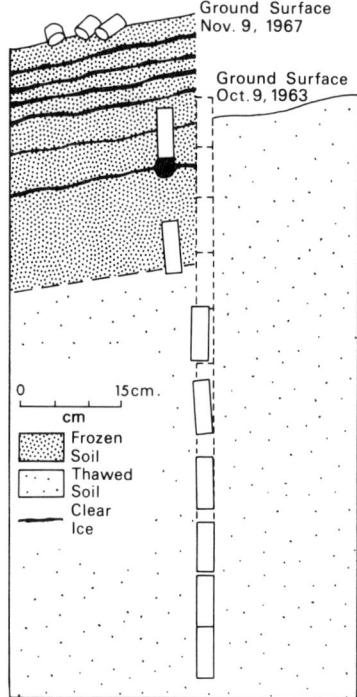

Abb. 36. Frosthebung und Gelifluktion. Experiment in der Colorado Front Range. BENEDICT 1970. In ein Bohrloch eingesenkte Zylinder wurden im Verlauf von 4 Jahren durch Frost gehoben und hangabwärts bewegt.

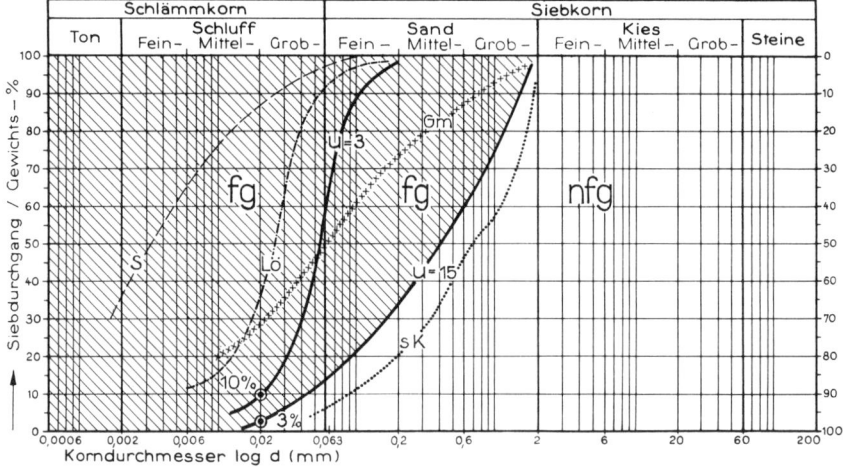

Bodeneis bis zu 38 m Mächtigkeit durchbohrt (EMBLETON & KING 1975: 36). Besonders reich an Bodeneis, von dem das stark zerrüttete Gestein durchsetzt wird, ist der oberste Abschnitt des Permafrostes unter dem Auftauboden. Er wird von BÜDEL (1969: 26) als Eisrinde bezeichnet.

In nicht frostgefährlichen, sandig-kiesigen Böden (Abb. 37) beschränkt sich die Eisbildung beim Gefrieren auf die Füllung der Poren, sofern sie wassererfüllt sind. Es kommt nicht zur Bildung von Eislinsen, sondern zu einer durch Eis zementierten Masse.

Beim sommerlichen Auftauen des Bodenfrostes entsteht ein wasserübersättigter *Auftauboden*, der auch als aktive Lage bezeichnet wird, da in ihr durch vielfaches Gefrieren und Auftauen die oberflächennahen Frostbodenstrukturen gebildet werden. Die Auftautiefe wechselt sehr stark je nach Exposition, Sommertemperatur und Vegetationsdecke. Sie nimmt von 0,2 bis 1 m an der Nordküste Sibiriens auf 1,8 bis 2,5 m am Südrand Sibiriens zu. Für das letztkaltzeitliche Periglazialgebiet in Mitteleuropa sind Auftautiefen um 2 m wahrscheinlich.

Bei tieferem, anhaltendem Auftauen des Permafrostes, z. B. an Flußufern oder unter Flächen, die von Torf oder Vegetation befreit wurden, entsteht *Thermokarst* mit dolinenartigen Löchern, Tauseen, wannenförmigen Einsenkungen (Alase), Erosionsformen und Rutschungen (WEISE 1983: 152f.).

Strukturen und Störungen, die auf getautes Bodeneis zurückzuführen sind, müßten auch im pleistozänen Periglazialgebiet Mitteleuropas vorkommen. Es ist anzunehmen, daß manche entfestigte Lagen, die bei Bohrungen und Tiefbauten angetroffen werden, sowie atektonische Störungen, wie z. B. die von EISSELE & LINK (1968) beschriebenen Deformationen im Buntsandstein unter der Sohle des Nagoldtales im Schwarzwald, durch auftauendes Bodeneis mitverursacht wurden.

Abb. 37. Korngrößen und Frostgefährlichkeit nach CASAGRANDE (1934) umgerechnet und ergänzt. Bei guter Sortierung (U = 3) sind Lockersedimente mit mehr als 10 % der Korngröße < 0,02 mm frostgefährlich. Bei schlechter Sortierung (U = 15) liegt schon ab 3 % Frostgefährlichkeit vor.
fg – frostgefährlicher Bereich, nfg – nicht frostgefährlicher Bereich, U = 3 – Ungleichförmigkeit 3, U = 15 – Ungleichförmigkeit 15, U errechnet sich aus d 60/d 10, es werden nur Korngrößen unter 2 mm berücksichtigt, S – Seesediment, tonig-siltig, Lö – Löß, Gm – Grundmoräne, sK – sandiger Kies.

3. Dauerfrostboden (Permafrost)

Wenn der Untergrund über viele Jahre durchgehend bis in eine Tiefe von mehreren Metern gefroren ist, spricht man von Dauerfrostboden. Mehr als $1/_4$ der Landfläche der Erde werden heute von Dauerfrostboden eingenommen (Abb. 38). Etwa die Hälfte dieser Fläche besteht aus durchgehendem Dauerfrostboden (continous permafrost), der in Alaska bis 600 m und in Sibirien bis 1500 m Mächtigkeit erreicht, wobei die mittlere Jahrestemperatur -12 bis $-13\,°C$ beträgt (EMBLETON & KING 1975: 30). An den durchgehenden Permafrost schließt sich der nicht durchgehende oder lückenhafte Permafrost an, dessen Mächtigkeit nach Süden abnimmt und schließlich nur noch aus Permafrostinseln besteht.

Nicht gefrorene Stellen im Permafrost, z. B. unter Seen und breiten Flüssen, werden als Taliki bezeichnet. Über den Winter anhaltende Schneebedeckung von mehr als 0,4 m verhindert die Bildung von Permafrost, wogegen Torf die Bildung und Erhaltung von Permafrost fördert (WEISE 1983: 12, 16).

Die Südgrenze des nicht durchgehenden Permafrostes fällt heute ungefähr mit der -1 bis $-4\,°C$-Jahresisotherme und die des durchgehenden Permafrosts in Sibirien etwa mit der $-8\,°C$-Jahresisotherme zusammen (EMBLETON & KING 1975: 32). Somit lag Mitteleuropa beim Hochstand der Letzten Kaltzeit (Weichsel, Würm) bei der anzunehmenden Jahresmitteltemperatur um $-5\,°C$ vorwiegend im Gebiet des nicht durchgehenden Dauerfrostbodens (Abb. 35).

Der wesentliche Bestandteil des Dauerfrostbodens ist das Bodeneis, das im vorangehenden Abschnitt behandelt wurde.

Tabelle 5. Permafrost-Mächtigkeiten. Nach WEISE 1989 : 28.

Ort	geogr. Breite und Länge	Mittl. Jahrestemp. (Luft)	Mächtigkeit des Permafrostes
Alaska			
Prudhoe Bay	70° N, 148° W	-7 bis $0\,°C$	609 m
Ft. Yukon	66° N, 145° W	-7 bis $0\,°C$	119 m
Nome	64° N, 165° W	-12 bis $-7\,°C$	37 m
Kanada			
Melvilleinsel	75° N, 111° W	$-$	548 m
Yellow Knife	62° N, 114° W	$-5,4°$	61–91 m
Churchill	58° N, 94° W	$-7,1°$	30–61 m
Sibirien UdSSR			
Oberlauf Markha	66° N, 111° E	$-$	1500 m
Bakhynay	60° N, 124° E	$-12°$	650 m
Norilsk	69° N, 88° E	$-8°$	325 m

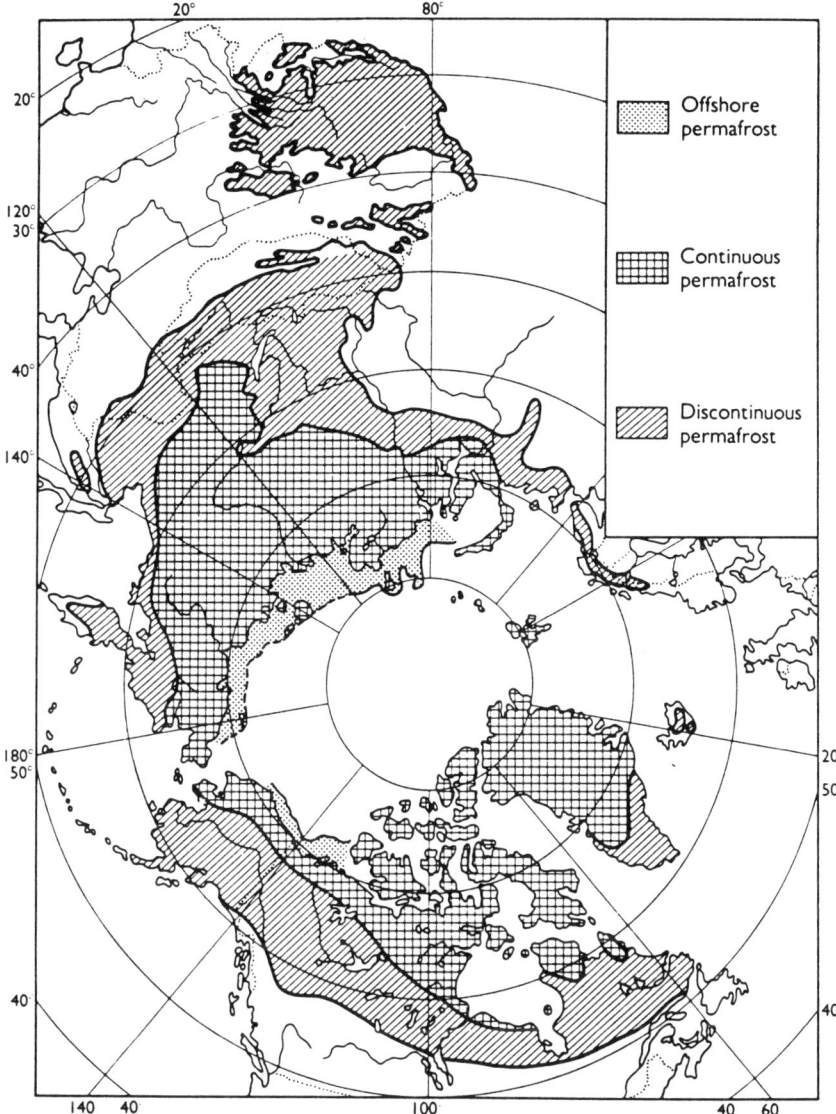

Abb. 38. Verbreitung von Permafrost auf der Nordhalbkugel. Nach WASHBURN 1979: 23.

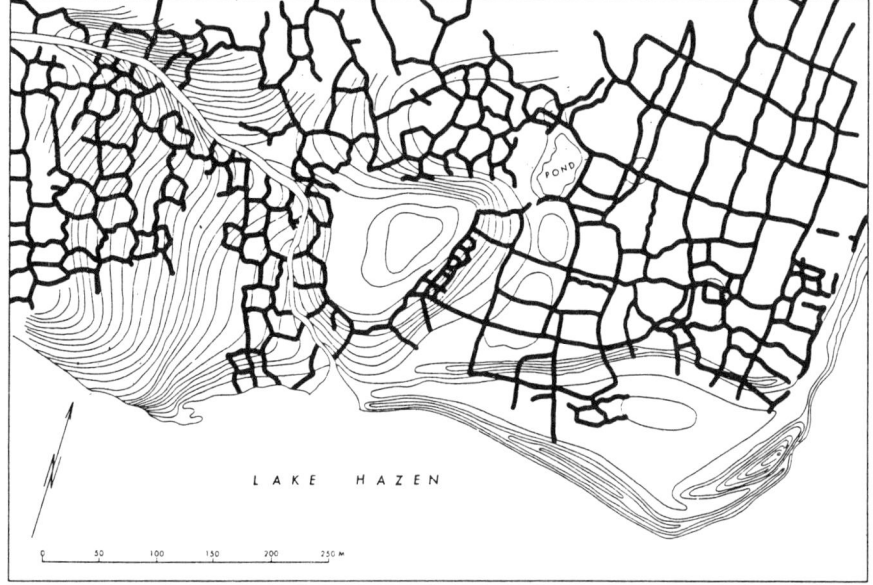

Abb. 39. Eiskeilnetz aus dem arktischen Kanada an der Küste des Hazensees, Ellesmere Insel. Aus WEISE 1983, Abb. 21 nach YONG 1972: 67.

Eiskeile

Eine besondere Art von Bodeneis sind die Eiskeile, die den Untergrund senkrecht oder steil einfallend durchsetzen und an der Oberfläche ein 4- bis 6eckiges Netz bilden. Dafür sind die Bezeichnungen Eiskeilnetz, Tundrapolygon oder Taimyr-Polygon üblich (Abb. 39). Die Eiskeile reichen meist wenige Meter, maximal bis 30 m in die Tiefe und sind oben einige Meter, in Sibirien maximal 40 bis 50 m breit (WEISE 1989: 55). Der Abstand von Keil zu Keil beträgt 5 bis 60 m. Eiskeile dieser Größe (Abb. 40) kommen nur in Gebieten mit Permafrost bei Jahresmitteltemperaturen unter $-6\,°C$ vor (EMBLETON & KING 1975: 92).

Eiskeile entstehen nach LACHENBRUCH (1962 u. 1966) durch Tieffrostschwund oder Frostkontraktion (thermal contraction) bei raschem Temperatursturz. Bei einem Temperatursturz um $30\,°C$ entsteht bei einem Keilabstand von 10 m eine Frostspalte von 5 mm Breite (WEISE 1983: 55). Beim oberflächlichen Tauen dringt Wasser in die Spalte ein, gefriert und beim erneuten Temperatursturz reißt in der alten eine neue Spalte auf. Durch vielfache Wiederholung entsteht der senkrecht lamellierte Eiskeil, durch

Abb. 40. Eiskeile am Yana, Sibirien, UdSSR. Nach WASHBURN 1979, Fig. 4.26 (Foto von Popov), umgezeichnet. Eis: weiß. Darüber Auftauboden mit herabhängendem Torfrasen, zwischen den Eiskeilen geschichtete Feinsedimente, zu 60–70% 0,01–0,05 mm. Unten Schutt. Maßstab: Baum oben links 2,5 m hoch.

dessen Wachstum die seitlich anliegenden Schichten meist hochgestaucht werden (Abb. 41).

Von den am häufigsten vorkommenden *epigenetischen Eiskeilen*, deren Bildung jünger ist als das Sediment, in dem sie stecken, werden die *syngenetischen* (GALLWITZ 1949) oder besser *synchronen* Eiskeile (KAISER 1960: 125), die alternierend mit der Sedimentation höherwachsen, unterschieden.

In kalt-ariden Gebieten können offene Frostspalten durch eingewehten Sand gefüllt werden, wodurch Sandkeile entstehen.

Fossile Eiskeile. Beim Auftauen wird der Platz des Eiskeils von oben durch hereinfallenden Boden gefüllt. So entstehen Eiskeilpseudomorphosen oder Eiskeilfüllungen (Abb. 42). Die Füllung besteht oft aus Löß. Eiskeilfüllungen von 1 bis 8 m Tiefe und 0,4 bis 2 m Schulterbreite sind in Mitteleuropa und Südengland an vielen Stellen gefunden worden (SOERGEL 1936, GALLWITZ 1949, KAISER 1960: 122 f. u. Taf. 1). Ihre Bildungszeit, die mit Hilfe von Schotter- und Lößstratigraphie zu bestimmen ist, fällt meist in die Würmkaltzeit, aber auch in ältere Kaltzeiten. Da Eiskeile, wie oben ausgeführt, nur im Permafrostgebiet gebildet werden, sind Eiskeilfüllungen ein entscheidendes Mittel zur Rekonstruktion des pleistozänen Klimas. Ihre Verbreitung zeigt, daß Mitteleuropa zwischen der nordischen und der alpinen Vereisung in der Letzten Kaltzeit im Permafrostgebiet lag.

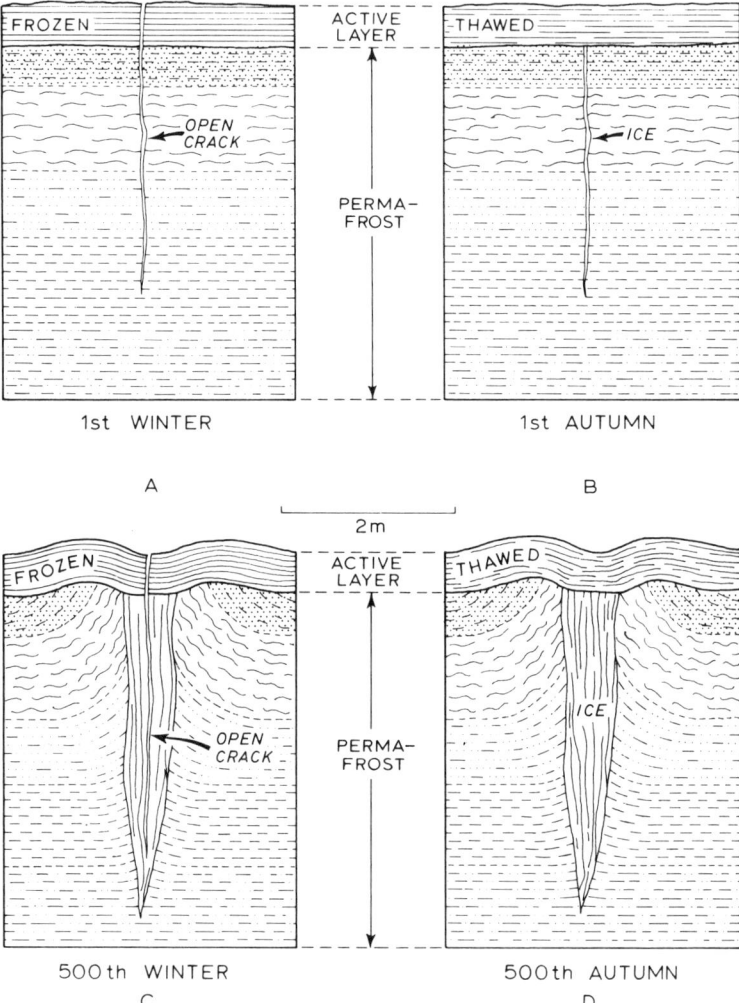

Abb. 41. Entstehung eines Eiskeils nach der Kontraktionstheorie von LACHENBRUCH 1962. Aus EMBELTON & KING 1975, Fig. 2.7.

Dauerfrostboden 81

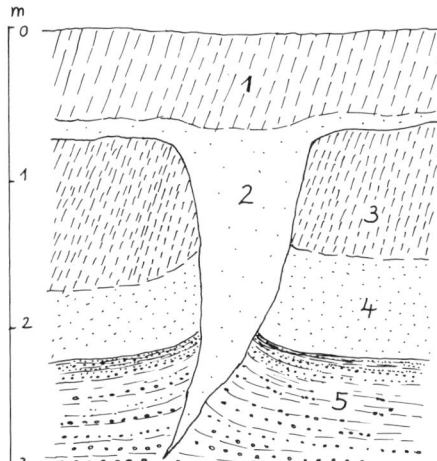

Abb. 42. Eiskeilfüllung:
1) Lößlehm, Bodenbildung aus 2, 2) Löß,
3) älterer Lößlehm, Bodenbildung aus 4,
4) älterer Löß, 5) siltiger Sand und Kies,
geschichtet.

Pingos

Kuppelförmige Aufwölbungen von gefrorenen Lockersedimenten bis zu 60 m Höhe und bis 600 m Durchmesser mit einem Eiskern werden als Pingos bezeichnet. Sie kommen sowohl in durchgehenden als auch in nicht durchgehenden Permafrostgebieten in Sibirien, Grönland, Nordkanada und Alaska bei Jahresmitteltemperaturen von $-2,2°$ bis $-5,6°C$ vor (WEISE 1983: 83). Die Aufstiegsgeschwindigkeit wird mit 0,3 bis 0,5 m in 1000 Jahren bis zu 1,5 m/Jahr angegeben (EMBLETON & KING 1975: 52). Sie entstehen durch Aufsteigen eines Eiskörpers entweder durch aufdringendes und gefrierendes artesisches Wasser (offener oder Grönlandtyp) oder durch einschließendes Gefrieren eines Taliks unter einem verlandenden See (geschlossener oder Makenzietyp) (nach EMBLETON & KING 1975: 49f. und WEISE 1983: 79 f.).

Infolge des Aufstiegs reißt schließlich die Decke des Pingos, der Kern schmilzt und die aufgewölbten Schichten sacken zusammen. Übrig bleibt eine rundliche Einsenkung mit einem flachen Wall, dessen Schichtung infolge der ehemaligen Aufwölbung nach außen fällt. Nur wenige der in Europa als fossile Pingos (WIEGAND 1965) angegebenen Formen entsprechen diesen Kriterien.

Kleinere periglaziale Formen sind die *Palsen*, die in Torfmooren im Gebiet des ausdünnenden, nicht durchgehenden Permafrost vorkommen. Palsen sind Torfhügel von 1 bis 7 m Höhe mit einem Kern, der reich an Eislinsen ist (WEISE 1983: 77). Nach dem Tauen hinterlassen sie keine bleibende Form.

Rasenhügel (isländisch Thufur) sind bis 0,8 m hohe, 1 bis 2 m durchmessende, schwarmweise auftretende, mit Vegetation bedeckte Hügelchen. Sie kommen z. B. in Island und in Norwegen, also nicht in Permafrostgebieten, vor. Im Kern enthalten sie lehmig-steinigen Boden, der im Winter gefriert und die Bildung des Hügels bewirkt.

4. Fließerde (Gelifluktion)

Der Vorgang, der zur Fließerde führt, wurde von ANDERSSON (1906) als Solifluktion bezeichnet. Da man unter Solifluktion auch warmzeitliches Bodenfließen, z. B. von Schlammströmen (mud flows), verstehen könnte, wurde für periglaziale Solifluktion das Wort Gelifluktion eingeführt (BAULIG 1956, WASHBURN 1979: 202). Gebräuchlich ist auch Gelisolifluktion (ROHDENBURG 1971: 226). Bei Veröffentlichungen über periglaziale Formen und Vorgänge ist aber der alte Begriff Solifluktion durchaus verständlich und gebräuchlich (z. B. WEISE 1983: 86).

Fließerden sind im ehemaligen Periglazialgebiet Mitteleuropas die am meisten verbreiteten periglazialen Ablagerungen. Sie sind zumeist in der Letzten Kaltzeit (Würm, Weichsel) entstanden. Sie bedecken als Schuttdecken einen großen Teil der Hänge der Mittelgebirge und der Schichtstufenländer. Sie werden auch als Hangschutt, der allerdings in geringerem Umfang auch im Holozän gebildet wurde, bezeichnet.

Fließerden bestehen aus Verwitterungs- und Gesteinsschutt der höher am Hang anstehenden Gesteine. Ihre Mächtigkeit kann am Hangfuß über 20 m betragen. In Fließerden werden auch große Blöcke, die für Wassertransport zu schwer sind, 1 bis 2 km hangabwärts verfrachtet. Fließerden sind auf flachen Hängen von nur 2° Neigung bewegt worden. Sie sind unter anderem daran zu erkennen, daß sie Fremdgesteine aus der näheren, höheren Umgebung enthalten.

Als Beispiele seien genannt: Die grusig-lehmigen, bis über 10 m mächtigen Schuttmassen mit Steinen und Blöcken im Bereich der *Schwarzwaldrandverwerfung* (Abb. 43). Der aus tonigem Sand mit Steinen und Blöcken bestehende, bis 15 m mächtige Hangschutt in den *Buntsandsteinbergländern*. Die aus aufgeweichten Tonsteinen des Keupers mit eingeschlossenen Keupersandsteinen und Liaskalken bestehenden *Fließerden im Keupergebiet*. Keuperfließerde in Tübingen (Abb. 44) enthält Blöcke aus Rhätsandstein, dessen Ausgangsvorkommen inzwischen erodiert worden ist (HENNING 1948).

Das kaltzeitliche Alter der Fließerden geht daraus hervor, daß sie an vielen Orten von Löß bedeckt sind und daß sie an einigen Stellen Reste kaltzeitlicher Säugetiere enthalten (z. B. Tübingen, HENNIG 1948). Außerdem

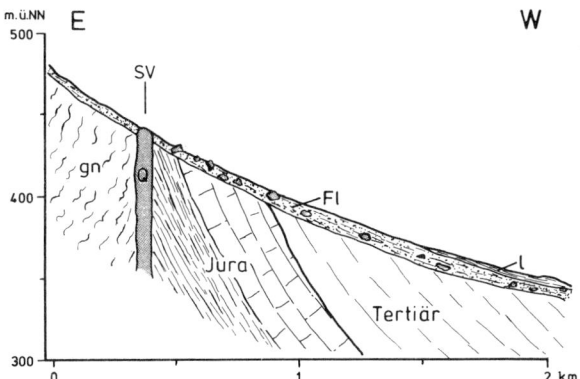

Abb. 43. Fließerde am Schwarzwaldwestrand bei Badenweiler.
Gn – Gneis, SV – Schwarzwaldrandverwerfung, Q – Quarzriff, Fl – Fließerde aus Gneisgrus, Jura, Tertiär und Quarzblöcken, l – Lößlehm (Quarzblöcke vergrößert dargestellt).

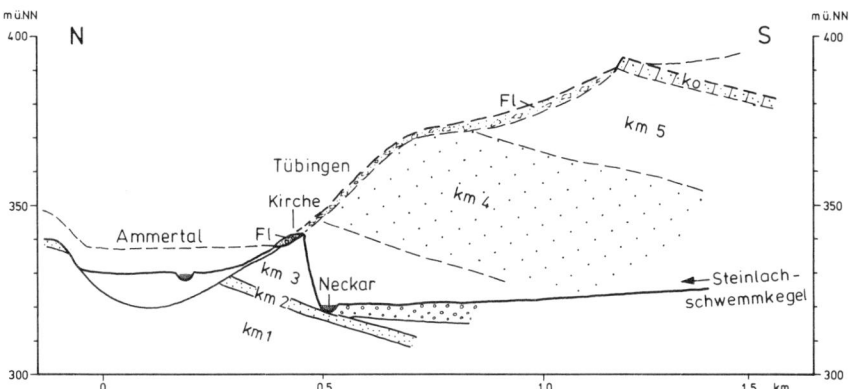

Abb. 44. Rekonstruktion zur Entstehung der alten Keuperfließerde (Fl) bei der Stiftskirche Tübingen. Nach der Beschreibung von HENNIG 1948, gestrichelt = rekonstruiert. Fl – alte Keuperfließerde mit Blöcken aus Rhätsandstein und Löß. km 1 bis km 5 – Schichten des Keupers, ko – Rhätsandstein (12,5 × überhöht).

ist an vielen Stellen zu erkennen, daß die Fließerden in kaltzeitliche Schotterterrassen übergehen.

Eine besondere Art periglazialer Schuttmassen ist der *Weißjura-Hangschutt*, der in bis 20 m mächtigen Ablagerungen am Fuß der Kalksteinschichtstufe des Oberen Jura besonders in Baden-Württemberg vorkommt. Er besteht aus kantig-scherbigen Kalksteinbruchstücken von meist 2 bis 6 cm und lehmig-mergeligem Füllmittel, dessen Anteil stellenweise so gering ist, daß der Hangschutt als Schotter für Wegebau abgebaut wird. Der Schutt ist durch Frostsprengung entstanden und durch Schwerkraft, sicher auch durch fließendes Wasser und besonders im flacheren Teil der Hänge durch periglaziale Solifluktion (WEIPPERT 1961: 212) hangabwärts bewegt worden. Sein vorwiegend Würm-kaltzeitliches Alter geht aus Übergängen in die Niederterrasse hervor.

Im Grundgebirgsschwarzwald sind Fließerden an Hängen mit weniger als 30° Neigung verbreitet. Sie sind durch Hakenschlagen von steilstehenden Gneisen und Ganggesteinen (Abb. 45), sowie durch Decken aus meist lockerem Gesteinsschutt, dessen plattige Steine, z.T. durch Dachziegelschichtung, hangabwärtige Bewegung anzeigen, gekennzeichnet. Eine Gliederung der Schuttdecken des Südschwarzwaldes in Basisfolge, mit der die Bewegung einsetzt, in die grobsteinige Hauptfolge, Deckfolge und Decksediment hat STAHR (1979: 48) durchgeführt (vgl. SEMMEL 1985: 62–66).

Der Firneisgrundschutt des bayerischen Waldes (PRIEHÄUSSER 1951) ist nach der Beschreibung eher als Moräne anzusehen. Die darin enthaltenen Gesteinsstücke sind „ziemlich gut gerundet, schwach geglättet", die Grundmasse ist „fest" und der Schutt soll unter Firneis bewegt worden sein.

Fließerden sind auch im *Altmoränengebiet*, das in der Würmkaltzeit Periglazialgebiet war, verbreitet (Abb. 46). Sie bestehen meist aus abgeflossener, verwitterter Moräne und erreichen am Fuß von Moränenhügeln einige Meter Mächtigkeit. Ihre Unterscheidung von anstehender, verwitterter Moräne ist durch Messung der Längsachseneinregelung von länglichen Steinen und durch Analyse der Form von Geröllen und Geschieben möglich (SCHREINER 1988: 468). Die Längsachsen länglicher Steine in Fließerden sind vorwiegend *in* Richtung des Hanggefälles eingeregelt, woraus sich eine

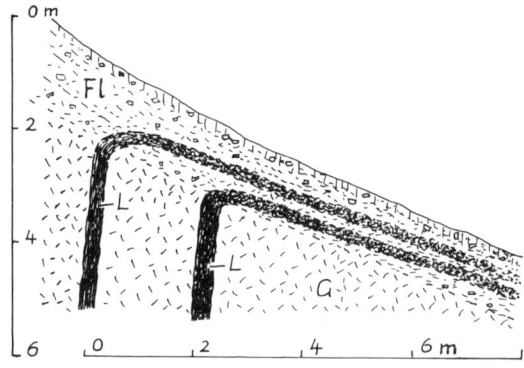

Abb. 45. Fließerde (Fl) auf vergrustem Granit (G) mit Lamprophyrgängen (L) bei Wehr (Schwarzwald). Der hakenschlagende und nach unten gezogene, dunkle Schutt der Lamprophyrgänge hebt sich deutlich von dem graubraunen Granitschutt ab.

Fließerde

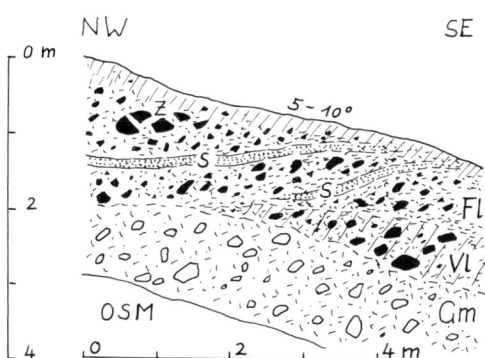

Unterscheidung gegenüber Grundmoräne ergibt, falls sich die Richtungen der Gletscherströmung und des Hanggefälles deutlich unterscheiden (Abb. 47).

Abb. 46. Würmkaltzeitliche Fließerde (Fl) auf Riß-Grundmoräne (Gm) bei Arnach im Rheingletschergebiet.
Vl – Verwitterungslehm, OSM – Obere Süßwassermolasse, S – Sandlagen in der Fließerde, steigen hangabwärts an, Fl und Vl sind entkalkt, Gm ist kalkhaltig. Bei Z ist ein Block zerlegt und auseinandergezogen worden.

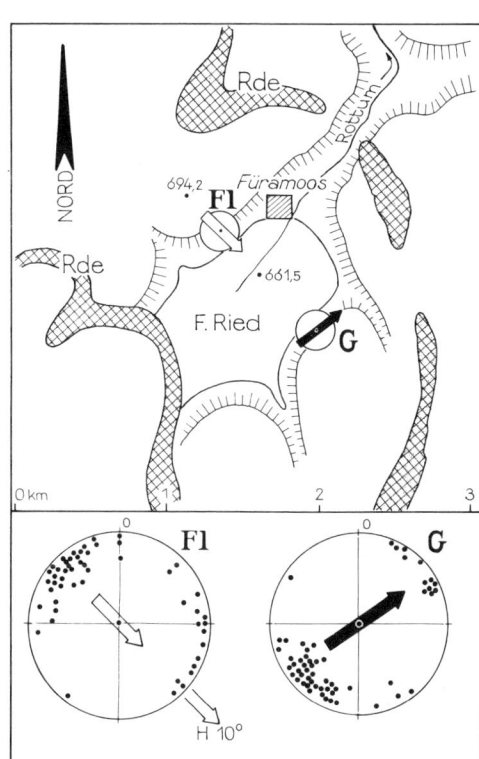

Abb. 47. Beispiel für Längsachseneinregelung von länglichen Geschieben in Grundmoräne (G) und in Fließerde (Fl).
Gletscherströmung senkrecht zu den Endmoränen (Rde) und in Richtung des Zungenbeckens des Füramooser Rieds. Hangneigung (H 10°) und Fließerdebewegung senkrecht zu G.

Struktur von Fließerden

Schichtung. Fließerden sind in vielen Fällen ungeschichtet, wie z. B. die an 20 bis 30° steilen Hängen liegenden Buntsandsteinschuttmassen und viele Fließerden aus Moräne. Nicht selten ist jedoch besonders in flach liegenden Fließerden (2° bis 10°) eine deutliche Schichtung festzustellen. Sie entsteht in vielen Fällen durch Übernahme von Schichtung oder sonstigem Gesteinswechsel aus dem Ausgangsgestein, z. B. die roten, graugrünen und weißen Lagen und Sandschichten in Keuperfließerden oder die aus Gängen hervorgegangenen Lagen in Fließerden des Grundgebirges (Abb. 43). Manchmal ist eine kurz vor der Gelifluktion entstandene Schichtenfolge, wie z. B. Löß oder Flugsand über Kiesverwitterungslehm, hangabwärts geflossen und dabei durch Faltung oder Überschiebung in mehrere schlierenartige Schichten gelegt worden. Außerdem gibt es fluviatil gebildete Sand- und Kieslagen, die im Zuge der Gelifluktion durch Abspülung abgelagert und dann von Fließerden überdeckt und auch weiterbewegt wurden (Abb. 46).

An der Oberfläche sind Fließerden im heutigen Periglazial als hangabwärts laufende Streifenböden ausgebildet, z. B. solche, die aus hangabwärts verzogenen Steinringen hervorgehen (TROLL 1944, Abb. 29, BÜDEL 1977: 68). Es können auch hangabwärtsbewegte, aber höhenlinienparallele Girlandenböden oder Stufenböden entstehen.

Deformation von Schichtung. Die in Fließerden primär hangparallel angelegte Schichtung weist vielfach Deformationen auf, wodurch im einfachsten Fall ein hangabwärts ansteigendes Gefälle der Schichten entstanden ist (Abb. 46). Zumindest ist der Fallwinkel der Schichten kleiner als der der Oberfläche der Fließerde. Das hangabwärtige Ansteigen der Schichten in der Fließerde kann durch eine geringere Geschwindigkeit in der Bewegung der hangabwärtigen Fließerdemassen und der dadurch erzeugten Stauung erklärt werden.

Wie z. B. die Untersuchungen von ACKERMANN (1954) in Göttingen gezeigt haben, können Fließerdelagen nach oben „gezerrt", in komplizierte, z. T. hangaufwärts überkippte Falten und in Decken gelegt, meistens in hangabwärts ansteigende Bewegungskörper verformt sein (Abb. 48). Die Deformationen sollen durch das Zusammenwirken von frostdynamisch bedingter Vertikalbewegung, wie in Brodelböden, (S. 90) und Schwerkraft zustande kommen (ACKERMANN 1954: 136).

Längsachseneinregelung. Messungen der Längsachsen von länglichen Steinen und Geschieben in Fließerden (Abb. 47) haben ergeben, daß die Längsachsen vorwiegend *in* Richtung des Hanggefälles eingeregelt sind und meistens entgegen der Bewegungsrichtung geneigt liegen (RUDBERG 1958, BENEDICT 1970, SCHREINER 1988). Gegen Ende von Fließerdeloben wird die Einregelung zerstreut, um ganz am Ende in eine Einregelung quer zur Bewegung der Fließerde überzugehen (LUNDQUIST 1949, BENEDICT 1970).

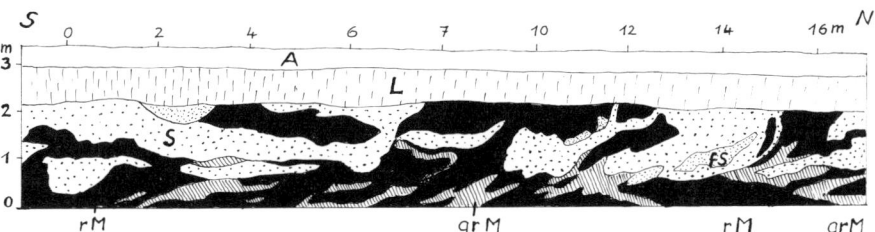

Abb. 48. Fließerde aus Keupermergel und Flugsand in Göttingen. Nach ACKERMANN 1954, Abb. 1, Ausschnitt, vereinfacht.
A – Auffüllung, L – Lößlehm, oben humos, S – rotbrauner Flugsand, fs feinkörnig, rM – roter Mergel des Mittl. Keupers, grM – grüner Mergel des Mittl. Keupers. Gefälle der Oberfläche 2° nach N.

Entstehung von Fließerden

Fließerden entstehen, wenn aufgetaute, wasserübersättigte, tonig-siltig-steinige Schuttmassen über Permafrost oder über wasserundurchlässiger Unterlage durch Schwerkraft hangabwärts bewegt werden. Durch die sommerliche Erwärmung in Periglazialgebieten schmilzt das Bodeneis in der 1 bis 2 m mächtigen Auftauzone, was zusammen mit Schneeschmelze und Regen zur Durchtränkung des Auftaubodens führt. Bei weniger tiefem Bodenfrost und häufigem, z. T. täglichem, Frostwechsel wie in Hochgebirgsregionen, entstehen deutlich ausgeprägte aber kleinere Formen der Gelifluktion und Kryoturbation (TROLL 1944: 600). Gelifluktion ist meistens mit fluviatiler Abspülung und Abschwemmung, besonders an Hängen, die steiler als 12° sind, kombiniert (WEISE 1983: 88); SEMMEL (1985: 13, 28) betont vorherrschende Abspülung.

Eng verbunden mit der Gelifluktion ist das *Frostkriechen*, das durch Frosthebung und Schwerkraft zustande kommt. Im Kleinen ist es bei Kammeis zu beobachten, wobei kleine Bodenpartikel auf den senkrecht zur Abkühlungsfläche emporwachsenden Eiskristallen gehoben werden und beim Tauen einige mm bis cm weiter hangabwärts zu liegen kommen, was sich in einem Winter einige Male wiederholen kann (Kammeisgleiten). Wirksamer ist die *Frosthebung* von Steinen durch Eiskristalle, die auf ihrer feuchten Unterseite wachsen. Beim Tauen rutscht meist etwas Boden unter den noch angehobenen Stein, so daß er im Laufe von Jahren an die Oberfläche gelangt und scheinbar „aus dem Boden wächst". Besonders stark ist die Frosthebung durch Bildung von Eislinsen in frostgefährdeten, feinkörnigen Böden (S. 73). Beim Schmelzen der Eislinsen in der Auftauzone ergibt sich an Hängen durch die Absenkung des vorher gehobenen und nun aufgelockerten und wassergesättigten Bodens eine Bewegung hangabwärts, wobei Frostkriechen und Gelifluktion ineinandergreifen.

Nicht zu Fließerden gehören Ablagerungen, die durch Erdrutsche, Muren und Schlammströme entstehen und in ihrer Ausbildung Fließerden ähnlich sehen können, die aber ohne Tätigkeit des Frostes gebildet werden.

Bewegungsbeträge von Fließerden. Nach älteren Berichten schien es, daß sich Fließerden bis zu einigen Metern im Jahr hangabwärts bewegen. Spätere Beobachtungen zeigten aber, daß sich Fließerden sehr ungleichmäßig schnell bewegen, so daß die Umrechnung einer kurzzeitig beobachteten Bewegung auf eine ganze Tauperiode zu hohe Werte ergibt. Eine Anzahl langzeitiger Beobachtungen und Messungen in verschiedenen heutigen Periglazialgebieten ergab nach EMBLETON & KING (1975: 103) Bewegungsbeträge von 4,3 cm/Jahr bis 25 cm in 3 Wochen an Hängen von 5 bis 25° Neigung. Dabei wurden Gelifluktion und Frostkriechen zusammen gemessen.

Große Bewegungsbeträge kommen durch häufigen Frostwechsel, reichlich Feuchtigkeit und größere Hangneigung zustande.

5. Kryoturbation

Ein im Periglazial Mitteleuropas häufiger Vorgang ist die Kryoturbation, die zu Taschenböden, Würgeböden, Brodelböden und Tropfenböden führt. Sie ist auf ebenem bis schwach geneigtem Gelände auf kiesig-sandigen und tonig-siltigen Ablagerungen verbreitet, kommt aber auch in der lehmig-steinigen Verwitterungszone von Festgesteinen vor.

Die einfachste Form sind *Taschenböden*, bei denen eine Deckschicht aus Löß, Flugsand oder sonst einem feinkörnigen Sediment falten- oder taschenförmig zwischen grobkörnig-kiesigen Schichten eingesenkt erscheint (Abb. 49). Länglich-plattige Gerölle sind an den Rändern der Taschen steilgestellt. Schon bei geringer Neigung der Oberfläche, z. B. einer Schotteroberfläche von 4‰, werden die Taschen schräggestellt und gehen bei größerer Neigung des Hanges in streifig-geschichtete Fließerde über.

In wechselnd sandig-siltig-tonigen Ablagerungen sind *Würge-* oder *Wickelböden* ausgebildet (engl. involutions). In ihnen sind oberflächennahe, zunächst horizontal abgelagerte Sand-, Silt- und Tonlagen in unregelmäßig rundlich-lappige Körper deformiert. Ton oder Silt durchdringen Sand oder umgekehrt in verschiedenen Richtungen (Abb. 50). Es besteht Verwechslungsgefahr mit synsedimentären Störungen (B II 6), die aber nicht so oberflächennah vorkommen und von ungestörten Schichten überlagert werden.

Tropfenböden sind 0,5 bis 1 m lange tropfenförmige Körper aus Sand, die in tonig-siltige Schichten, die um die Tropfen herum deformiert sind, eingesenkt erscheinen.

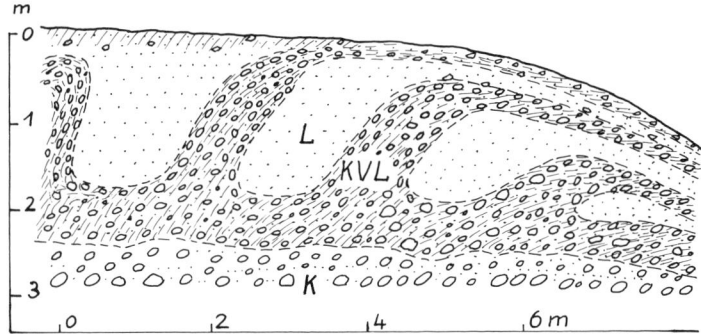

Abb. 49. Taschenboden, am Hang in Fließerde übergehend. Auf Schottern der Rißeiszeit nördlich Biberach, bei Attenweiler.
L – Lößlehm, oben humos und mit einzelnen Geröllen, KVL – Kiesverwitterungslehm, kalkfrei, K – Kies, kalkreich.
Der Lößlehm lag zunächst horizontal auf dem verwitterten Kies. Der Kies ist rißzeitlich, dann Verwitterung zwischen Riß und Würm. Löß-Aufwehung in der Würmeiszeit, dann Kryoturbation, wobei die Lößdecke eingefaltet wurde. Danach Gelifluktion in den oberen Lagen.

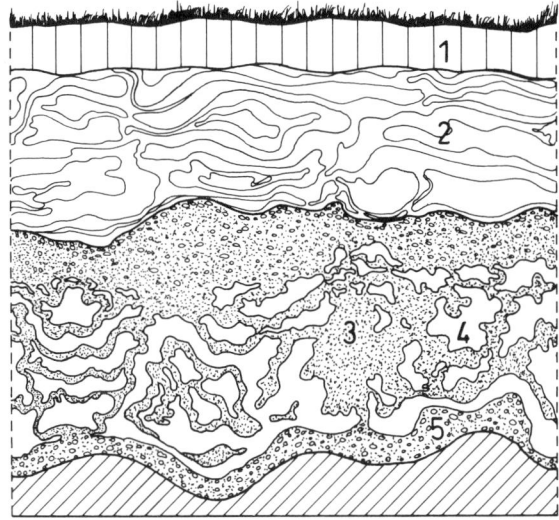

Abb. 50. Würgeboden in der Mittelterrasse am Niederrhein. STEEGER 1944, Abb. 7.
1) Auffüllung, 2) geschichtete lößartige Feinsande, 3) Feinsand, z. T. kiesig, 4) toniger Feinsand, 5) Kies.

Entstehung der Kryoturbation. Eine der Erklärungen zur Entstehung der Kryoturbation geht von der Beobachtung aus, wonach es beim Wiedergefrieren der Auftauzone zu Aufbeulungen des Bodens und gelegentlich zu plötzlichem Wasserausstoß kommt (MÜLLER 1947 nach DÜCKER 1954: 34). Beim Wiedergefrieren der Oberfläche und beim Tiefereindringen des Frostes gerät das Wasser zwischen der neugefrorenen Oberschicht und dem Permafrost darunter unter Druck und in Bewegung, woraus die kryoturbaten Deformationen entstehen sollen (DÜCKER 1957: 35). Es scheint, daß diese Erklärung besonders für die Würgeböden und wohl auch für die Taschenböden zutrifft.

Eine andere Erklärung paßt besser für die *Brodelböden* (GRIPP 1927: 156), die wahrscheinlich aus einem Gemenge aus feinen und groben Partikeln hervorgegangen sind, wie z. B. aus lehmig-steinigem Verwitterungsschutt. BÜDEL (1977: 53) hat die Entstehungsgeschichte von solchen „Brodeltöpfen", die an der Oberfläche als Steinringe mit einem Feinerdekern ausgebildet sind, beschrieben. Als wichtigste Vorgänge seien genannt: *Frosthub.* Durch Bildung von Bodeneis dehnen sich Silt und Ton stärker aus, wodurch im Laufe vieler Gefrier- und Tauvorgänge gröbere Partikel (Steine) an die Seite des entstehenden Topfes gequetscht werden. Der Feinerdekern wölbt sich durch Eislinsenbildung auf. Auf dem Feinerdekern ausfrierende Steine wandern durch

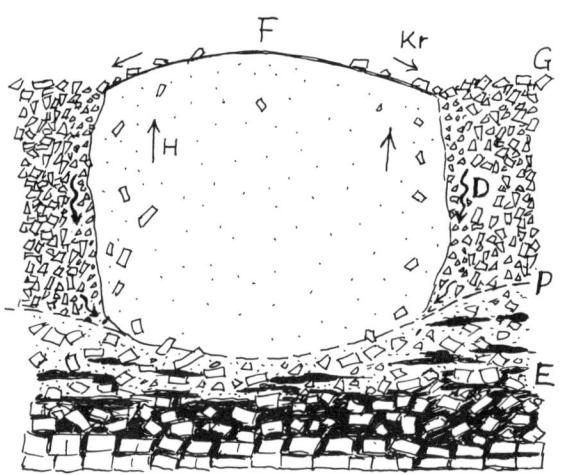

Abb. 51. Brodelboden. Nach BÜDEL 1977: 59, vereinfacht. Eis (schwarz) wurde nur unter der Permafrostobergrenze dargestellt. E – Eisrinde, aufgefrorenes Gestein mit Bodeneis (schwarz), F – Feinerdekern, im gefrorenen Zustand aufgewölbt, G – Grobschutt, am Feinerdekern feiner Schutt, H – Frosthub, D – Durchspülung mit Schmelzwasser, Kr – Frostkriechen, P – Permafrostoberfläche.

Frostkriechen auf die Seite und reichern sich dort als Grobschuttgürtel an. Bei der *Durchspülung* des Grobschuttes mit Schnee- und Eisschmelzwasser wird Feinerde nach unten und zur Basis der etwas tiefer in die Permafrostoberfläche eingesenkten Feinerdekerne gespült. Auch die *Volumenverringerung* des Feinerdekerns beim Auftauen und beim spätsommerlichen, teilweisen Austrocknen spielen eine Rolle, denn in dem entstehenden Spalt zwischen Feinerdekern und Grobschutt sacken Steine nach unten.

Wesentlich ist, daß alle Vorgänge der Kryoturbation (und der Gelifluktion) nur in der Auftauzone, die auch als aktive Lage bezeichnet wird, ablaufen. Die Auftautiefe beträgt heute in Spitzbergen 0,3 bis 0,4 m (BÜDEL 1977: 57). In Mitteleuropa dürfte sie aufgrund des beobachteten Tiefgangs von Kryoturbation und Gelisolifluktion um 2 m tief gewesen sein. Es ist aber zu beachten, daß der obere Teil von Frostbodenstrukturen oft abgetragen worden ist, worauf z. B. die gekappte Oberfläche der Fließerde in Abb. 48 hinweist.

Kryoturbation ist in heutigen Permafrostgebieten verbreitet (z. B. Spitzbergen). Sie ist aber nicht auf Permafrostgebiete beschränkt (EMBLETON & KING 1975: 69). Kryoturbation und Gelifluktion entstehen auch bei weniger tiefen Temperaturen, als sie zur Bildung von Permafrost notwendig sind.

An Orten, wo Frostbodenstrukturen bald wieder mit Sediment überdeckt wurden, wie z. B. in Löß- und Flugsandgebieten, haben sich mehrere Horizonte mit Gelifluktion und Kryoturbation schon in den Kälteschwankungen (Stadialen) der Unteren und Mittleren Weichselkaltzeit gebildet, wofür Odderade in Schleswig-Holstein ein Beispiel ist (DÜCKER & HUMMEL 1976). Die unter der heutigen Oberfläche liegenden Frostbodenstrukturen sind meistens beim Hochstand der Letzten Kaltzeit (Weichsel, Würm) und in kleineren Ausmaßen noch in der Jüngeren Tundrenzeit (Ende Weichsel, F 1) entstanden. Fließerde, kryoturbate Bildungen und auch Eiskeilfüllungen werden an vielen Stellen von Löß überlagert, woraus zu schließen ist, daß sie innerhalb einer Kaltzeit, die auch ein Stadial sein kann, vor der trockenkalten Zeit der Lößbildung entstanden sind (KAISER 1960: 129).

6. Kaltzeitlich-äolische Vorgänge

Die in den Kaltzeiten weitgehend vegetationsfreien Flächen der Frostschuttzone und der trockengefallenen Schotter- und Sandflächen der Schmelzwasserströme waren der Wirkung des Windes ausgesetzt. Aus verschiedenen Indikatoren für die Windrichtung ergibt sich für Mitteleuropa eine vorwiegend westliche Windrichtung bei der Ablagerung von Löß und Sandlöß (MEYER & KOTTMEIER 1989: 13). Am Südrand des nordischen Eisschildes herrschten südöstliche bis östliche Winde. Für die spätglazialen Flugsande hat POSER (1948) ähnliche Windrichtungen ermittelt.

Windgeschwindigkeit. Staubartiger Löß mit Körnern bis 0,2 mm wird schon bei mäßiger Windgeschwindigkeit von 1 bis 2 m/s verweht. Vorkommen von äolisch transportierten Geröllchen bis 2 cm in Sandlöß (SCHREINER 1958: 120) zeigen, daß zeitweise große Windgeschwindigkeiten geherrscht haben. Die Windgeschwindigkeit, die notwendig ist, um Gesteinskörner verschiedener Größe auf Untergrund von geringer Rauhigkeit in Bewegung zu bringen, geht aus der Untersuchung von MARSAL (1950) hervor (Tab. 6).

Tabelle 6. Korngröße von durch Wind bewegten Gesteinskörnern und Windgeschwindigkeit. Nach Experimenten.

Durchmesser mm	Windgeschwindigkeit m/s	
0,04	0,5	nach TWENHOFEL
0,16	2	(1961: 69 u. 70)
0,25	4,5–5,7	
0,5	6,7–8,4	
1	12 –20	
5	16 –30	nach MARSAL
10	20 –36	(1950: 303)
20	26 –45	
30	30 –32	
40	32 –58	

Ähnliche Werte sind in der Natur beobachtet worden. Nach TWENHOFEL (1961: 69) sind in Californien bei 18 m/s Windgeschwindigkeit Grobsand und Gerölle von 0,1 bis 1 cm Durchmesser transportiert worden und nach ADAM (1950: 289) sind bei einem Sturm in Nordafrika bis pfirsichgroße Gerölle rollend und hüpfend fortbewegt worden, wobei sie bis in Kniehöhe gesprungen sind. Während Silt (0,002–0,06 mm) als Aerosol in Staubwolken einige km in die Höhe und einige 100 km weit getragen wird, treibt Sand (0,06 - 2 mm) in geringer Höhe über den Boden, und Geröllchen werden rollend und springend (Saltation) fortbewegt.

Winderosion

Winderosion wirkt durch Deflation (Wegblasen) und durch Korrasion (Abschleifen). Bei der *Deflation* wird körniges Lockergestein durch Wind weggeblasen. Feuchtigkeit und tonige oder kalkige Verfestigung hemmen die Deflation. Aus Frostschutzzonen und trockengefallenen Strombetten werden besonders Silt und Sand ausgeblasen. Sowohl durch die Frostbodenbewegungen als auch durch den wie eine Kugelmühle wirkenden Gerölltransport in Flüssen werden immer wieder neue Mengen an Feinkorn an die Oberfläche gebracht, wo sie der Deflation ausgesetzt sind. Größere Partikel bleiben liegen und reichern sich in Steinsohlen oder Deflationspflastern an. Derartige

Bildungen sind in Norddeutschland außerhalb der Weichsel-Endmoränen verbreitet (DÜCKER 1954: 13). Durch Deflation entstehen flache Ausblasungsmulden. Bodenerosion durch Wind kann bei siltig-sandigem Untergrund beträchtlich sein.

Sehr kleine Partikel sind wegen ihrer Kohäsion der Ausblasung weniger ausgesetzt als Silt und Sand.

Bei der *Korrasion* wirkt der von starkem Wind mitgeführte Sand wie ein Sandstrahlgebläse. An Festgesteinsoberflächen werden weniger feste Stellen ausgeblasen und Steine, z. B. eines Deflationspflasters, werden zu Windkantern geschliffen. Die Oberfläche der äolisch bearbeiteten Steine ist glänzend poliert und weist rillen- und narbenförmige Korrasionsspuren auf.

Äolische Ablagerung

Der ausgeblasene Staub und Sand wird bei nachlassender Windgeschwindigkeit abgelagert. Zunächst sandiger Löß (Sandlöß) und dann der Löß, in dem die feineren Körner am weitesten verweht werden.

Löß

Löß ist ein staubartiges, graugelbes, nur schwach verfestigtes Lockersediment, das zu 70 bis 80 % aus Körnern von 0,006 bis 0,06 mm (Mittel- bis Grobsilt) besteht. Der Rest setzt sich aus Feinerem (Feinsilt und Ton) und Gröberem (meist Feinsand) zusammen (Abb. 75). Lösse, die vom Auswehungsgebiet weiter entfernt liegen, sind feiner: Feinsilt und Ton über 20 %. Mineralisch besteht Löß vorwiegend aus Quarzkörnern (um 60 %), deren gröberer Anteil angerundet und mattiert ist, aus Feldspat, Ton und anderen Mineralen (10–20 %) und aus Karbonat (bis 40 %). Im Löß des Kaiserstuhls und dessen Umgebung fand HÄDRICH (1975: 95), daß der Karbonatgehalt von 34 bis 37 % vorwiegend aus Calzit und zum Teil aus Dolomit zusammengesetzt ist, wobei der Dolomitgehalt vom Älteren zum Jüngeren Löß von 5 auf 13 % zunimmt, was auf zunehmende Anreicherung von Dolomitkörnern infolge zunehmenden Zerfalls von Dolomitgeröllen in älteren Schottern zurückgeführt wird. Schwerminerale können zur Bestimmung der Herkunft des Lösses dienen. So sind Lösse, die aus dem pleistozänen Rheingletschervorland und aus der Oberrheinebene ausgeweht wurden, durch typisch alpine Schwerminerale wie Picotit, Glaukophan, Staurolith und Disthen gekennzeichnet (MAUS & STAHR 1977: 376).

Die Karbonate sind ursprünglich detritische Körner, die zusammen mit den Quarzkörnern ausgeweht wurden. Im Löß umhüllen die Karbonate die Quarzkörner. Unter den Bodenhorizonten im Löß und auch im Zusammenhang mit früheren Grundwasseroberflächen bilden sich vielgestaltige Kalkkonkretionen (Lößkindel), die zu knolligen Lößkalkbänken zusammenwachsen können. Nicht selten sind weiße, verkalkte Wurzelröhrchen von Gräsern.

Löß ist porös; sein Raumgewicht beträgt 1,25 bis 1,65 g/cm³ (CATT 1988: 60). Seine Standfestigkeit, die dazu führt, daß in Hohlwegen und bei Anschnitten bis 20 m hohe Wände senkrecht stehen bleiben, rührt von teilweise vorhandenen Tonbrücken zwischen den Quarzkörnern her (CATT 1988: 60). Außerdem führt die mehrfache Einschaltung von Lößkalkbänken, z. B. in der 20 m hohen Lößwand bei Riegel/Kaiserstuhl zur Verfestigung. Bei Wassersättigung geht die nichtkarbonatische Verfestigung verloren, und es kommt zum Abrutschen und Fließen von Löß.

Löß ist in der Regel ungeschichtet. In niederschlagsreichen Gebieten kommt Schichtung vor, die durch Verschwemmung bei der Ablagerung des Lösses entstanden ist. Derartiger *Fließlöß*, der z. T. entkalkt ist, ist am Ausgang eines Tales im Kaiserstuhl und im Schwarzwald bei Waldkirch beobachtet worden (SCHREINER 1958: 118 und 1980: 71).

Löß wird durch fließendes Wasser leicht erodiert, wodurch sich Schluchten und in den Ebenen große Schwemmfächer aus abgeschwemmtem, meist holozänem *Schwemmlöß* bilden. Von äolischem Löß unterscheidet sich der Schwemmlöß durch schichtige Einlagerung von Geröllen, Pflanzenresten und Schneckenschalen.

Die *Mächtigkeit des Lösses* schwankt von gerade noch erkennbaren dünnen Lagen bis zu mehreren Dekametern, wobei die großen Mächtigkeiten meist im Lee von Hügeln vorkommen. So liegt am Westhang des Kaiserstuhls kein oder nur geringmächtiger Löß, während auf der Ostseite, im Lee, bis 62 m abgelagert wurden (SCHREINER 1981: 180). In China ist Löß bis 330 m mächtig (CATT 1988: 58).

Verbreitung. Löß ist wahrscheinlich das auf der Erde am weitesten verbreitete Sediment. Nach einer Schätzung von KEILHACK (1921: 151) werden mindestens 13 × 10⁶ km², also etwa 9% der Landfläche der Erde von Löß bedeckt.

In Europa zieht sich ein nördlicher Lößgürtel von Nordfrankreich über Belgien am Nordrand des deutschen Mittelgebirges entlang nach Südpolen und in die Ukraine, um sich im Wolgagebiet bis auf 1000 km Breite auszudehnen. Ein südlicher Lößgürtel geht mit weiten Ausstrahlungen nach Osten von der Oberrheinebene aus, setzt sich entlang der Donau nach Niederösterreich, Mähren, Ungarn und Rumänien fort und vereinigt sich am Schwarzen Meer mit dem nördlichen Lößgürtel. Weitere große Lößgebiete sind in China, Argentinien und in den Prärien der USA.

Löß liegt vorwiegend in Niederungen und auf mäßig hohen Flächen. Berge sind in Mitteleuropa ab 500 m Höhe in der Regel frei von Lößdecken. In den periglazialen Schuttdecken des Schwarzwaldes sind jedoch bis in über

1000 m Höhe Lößanteile gefunden worden (MAUS & STAHR 1977: 382). Auch die lehmigen Füllungen von Senken und Tälern auf der Hochfläche der Schwäbischen Alb (um 700 m Höhe) enthalten Löß (Scholz 1960: 97).

Herkunft und Entstehung. Löß liegt außerhalb der Endmoränen der Letzten Eiszeit (Weichsel, Würm). Er schließt sich östlich an die Aufschüttungsebenen der großen Flüsse und an die kaltzeitlich trockengefallenen Flachmeere an (Kanal, südliche Nordsee). Damit sind die Herkunftsgebiete genannt, aus denen der Löß ausgeweht wurde. Die Gletscherschmelzwässer führen große Mengen an Trübe, die zum großen Teil aus Silt besteht, der beim spätsommerlichen Trockenfallen der großen Sander- und Schotterflächen zur Auswehung und Lößbildung bereit liegt. Außerdem entsteht beim Gerölltransport durch Abrieb und Zerkleinerung Feinkorn, das, sofern es nicht weggeschwemmt wird, auf der Oberfläche der Schotterfelder liegen bleibt und ausgeweht werden kann. Hinzu kommt noch das Feinkorn, das in der Frostschutzzone durch Frostverwitterung und Frostbodenbewegung an die Oberfläche gebracht wird und ebenfalls zur Lößbildung beitragen kann, eine Bildungsweise, die z. B. für den Löß in Nordchina in Betracht kommt (CATT 1988: 61).

Die für Windtransport eigentümliche Auslese führt dazu, daß das Korngemisch von 0,006 bis 0,06 mm, aus dem der Löß vorwiegend zusammengesetzt ist, bevorzugt ausgeweht und in der Luft transportiert wird, bis es bei abnehmender Windgeschwindigkeit zu Boden sinkt. Die äolische Entstehung von Löß ergibt sich neben der Korngrößenverteilung aus der Lagerung des Lösses, der sich mit einer Höhendifferenz von mehreren 100 Metern über Niederungen, Täler und Höhen legt und seine größte Mächtigkeit auf der Leeseite von Erhebungen aufweist. Die kaltzeitliche Bildung des Lösses ergibt sich daraus, daß nur in Kaltzeiten so große Mengen an verwehbarem Silt auf so großen, vegetationsfreien Flächen bereitgestellt werden. Besonders weisen die im Löß häufig vorkommende Molluskenfauna (S. 159) und die selten zu findenden Säugetierreste (S. 155) auf kaltes Klima hin.

Befeuchtung des frisch gefallenen Lösses führte zu leichter Verfestigung und behinderte die Weiterverwehung. Außerdem war das auf den Lößflächen wachsende Steppengras geeignet, angewehten Löß aufzufangen und festzuhalten.

Besonders an der Basis eines Lösses treten geschichteter Fließlöß und Lagen von Fließerde aus umgelagertem Boden und mit Schutt aus dem Nebengestein auf. Sie deuten auf kalt-feuchtes Klima hin, im Gegensatz zu vorherrschend trockenkaltem Klima während der reinen Lößablagerung.

Lößmollusken (Abb. 80). Meist wenige mm große Schalen von Schnecken und deren Bruchstücke sind im Löß in der Regel häufig. Sie werden durch Schlämmen von ausreichend großen Proben gewonnen (bis 150 kg). Das Bestimmen und Auswerten der ausgelesenen Schnecken erfordert mehrjährige Einarbeitung und Erfahrung.

Die Schnecken lebten hauptsächlich auf der Lößoberfläche. Sie geben zunächst Auskunft über die Ökologie des Standortes und damit auch über das Klima. Es gibt Arten, die kennzeichnend sind für Steppe, trockene oder feuchte Standorte, für Wald usw. Nach LOZEK (1964, 1965) sind im Löß hauptsächlich folgende Schneckenfaunen zu unterscheiden: 1) Pupilla-Fauna nach der Gattung Pupilla; kalte Lößsteppe. 2) Columella-Fauna nach *Columella columella*; kalt-feuchtes, subarktisches Klima. 3) striata-Fauna nach *Helicops striata*; kalte Winter, warme Sommer, „warme" Lößsteppe.

In Paläoböden im Löß, aber nur an nicht ganz entkalkten Stellen und in Einschwemmungen an der Lößbasis, kommen Schnecken der banatica-Fauna vor (LOZEK 1969a). Sie sind bezeichnend für Warmzeiten und daher von stratigraphischer Bedeutung.

Aufgrund der Untersuchung der Molluskenfauna ist es möglich, eine klimatische Gliederung von Lößablagerungen vorzunehmen (KUKLA 1975: 172). Die Vielfalt der Schneckenfaunen wird am Kaiserstuhl deutlich, wo MÜNZING (1969) im Pleistozän 70 Arten von Landschnecken in 7 verschiedenen Ökotopen vom Wald bis zur Steppe fand; 9 sind Leitarten für feuchtwarmes Klima wie in Interglazialen.

Pollenanalyse im Löß. Mit dem Löß wurden auch Pollen aus der umgebenden Vegetation verweht und im Löß abgelagert. In Paläoböden gelangte Pollen durch Bioturbation und Einspülung. Die im Löß selten vorhandenen Pollen müssen durch ein aufwendiges Verfahren, das FRENZEL (1964) entwickelt hat, angereichert werden. Nach URBAN (1984) weist der Würm-Löß in Niederösterreich, Mähren und Ungarn in seiner Pollenflora sowohl kalt-feuchte Abschnitte einer Waldtundra als auch kalt-trockene Abschnitte einer Gräser- und Kräutersteppe auf. Interstadiale, wie z.B. Stillfried B, sind durch Ausbreitung von Kiefer und Fichte bei kühlem bis mäßig warmem und etwas feuchterem Klima gekennzeichnet.

Säugetiere. Im Löß werden zuweilen Reste von Großsäugern gefunden, wofür die Lehmgrube in Murg am Hochrhein als Beispiel genannt sei. In ihr wurden 8 Mammut-Backenzähne, 2 Zähne vom Wollnashorn sowie Reste vom Edelhirsch, Bison und Ur gefunden (GÜNTHER & TIDELSKI 1060). Für Kaltzeiten bezeichnend sind Mammut, Fellnashorn, Moschusochse und Rentier (S. 155). Kleinsäuger, deren Zähne in manchen Fundstellen im Löß reichlich vorkommen, wobei es sich um lokale Zusammenspülungen handelt, bieten die Möglichkeit zur stratigraphischen Einstufung besonders von alten Lössen, wofür die Villanium-Fauna (Ältestpleistozän, Abb. 79) als Beispiel genannt sei (RABEDER in FINK et al. 1976: 108).

7. Lößstratigraphie

Paläoböden

Lösse zeigen bei ausreichender Mächtigkeit eine Gliederung in gelben, kalkreichen Löß und in Lagen aus braunem, kalkfreiem Lößlehm. Die Lößlehme sind, sofern kein verlagerter Lehm vorliegt, Paläoböden in der Art von Parabraunerden mit Humusanreicherung oben, Tonanreicherung unten (Bt-Horizont) und Kalkausfällung (Lößkindel) unter dem Boden. Die Böden sind in Zeiten ohne Lößablagerung entstanden und entsprechen bei vollständiger und 1 bis 2 m mächtiger Ausbildung in der Regel einer Warmzeit. Der humose, obere Teil des Bodens ist oft abgetragen. Bei vollständiger Abtragung des Bodens kann die verbliebene Kalkausfällung unter dem Boden

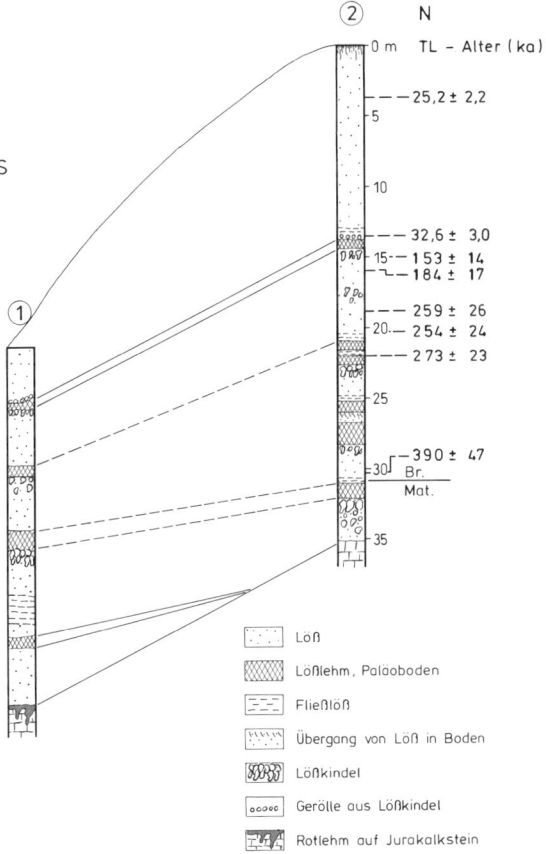

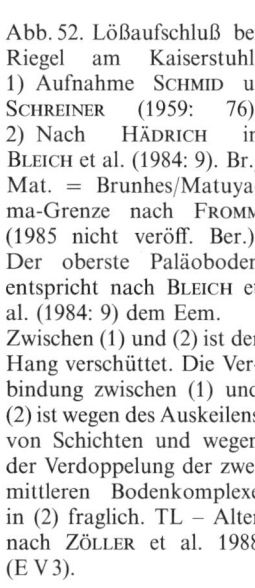

Abb. 52. Lößaufschluß bei Riegel am Kaiserstuhl. 1) Aufnahme SCHMID u. SCHREINER (1959: 76). 2) Nach HÄDRICH in BLEICH et al. (1984: 9). Br./Mat. = Brunhes/Matuyama-Grenze nach FROMM (1985 nicht veröff. Ber.). Der oberste Paläoboden entspricht nach BLEICH et al. (1984: 9) dem Eem. Zwischen (1) und (2) ist der Hang verschüttet. Die Verbindung zwischen (1) und (2) ist wegen des Auskeilens von Schichten und wegen der Verdoppelung der zwei mittleren Bodenkomplexe in (2) fraglich. TL – Alter nach ZÖLLER et al. 1988 (E V 3).

(Cc-Horizont) den ehemaligen Boden anzeigen. Unvollständig entwickelte Böden (hellbraun, geringere Tonanreicherung, unvollständige Entkalkung) sind interstadiale Bildungen innerhalb einer Kaltzeit. In trocken-warmen Lößgebieten hat der Lößlehm eine sekundäre Aufkalkung erfahren. Sie ist an kleinen, weißen Kalkeinschlüssen zu erkennen.

Abtragungsvorgänge, die manchmal durch eine Lößkindel-Geröllage angezeigt werden, führen dazu, daß Lößprofile besonders an Hängen lückenhaft sind (Abb. 52). Außerdem kann eine Lößlage primär ausdünnen und auskeilen, so daß verschieden alte Paläoböden zusammenlaufen (Abb. 53).

Die Ausbildung des Lösses und der Böden ändert sich mit dem Klima. Der trockenen Lößlandschaft mit mächtigem und kalkreichem Löß und gut differenzierten Böden steht die feuchte Lößlandschaft mit kalkarmen, verbraunten Lössen und reichlich Fließlöß und Fließerden gegenüber (FINK 1976: 224). Mit zunehmender Geländehöhe bei Annäherung an die Alpen geht der Lößlehm in *Decklehm* über, in dem Lößlehm durch Kryoturbation und Bodenfließen mit Verwitterungslehm, Sand und Steinen vermischt ist. *Naßböden* (FREISING 1951) weisen Anzeichen erhöhter Feuchtigkeit auf: Graue und braune Flecken und Schlieren, dichtere Lagerung.

Die Lückenhaftigkeit der Lößablagerung führt dazu, daß die Lößstratigraphie allein anhand von Paläoböden unsicher ist. So sind z. B. bei Brünn (Abb. 53) über der Brunhes/Matuyama-Grenze 8 Lösse und Böden ausgebildet, während es bei Riegel (Abb. 52) in Profil 2 nur 6 und in Profil 1 sogar nur 3 sind.

Die Lösse der Letzten Kaltzeit (Weichsel, Würm) haben in Hessen und Südniedersachsen aufgrund von Inner-Würmböden eine Feingliederung erfahren (Abb. 54).

Paläomagnetik (S. 176)
Durch paläomagnetische Messungen kann festgestellt werden, ob die Inklination in einem Löß oder Lößlehm normal oder revers ist. Die von oben her gesehen 1. Umkehr von normal zu revers ist die Brunhes/Matuyama-Grenze, die bei einem Alter von etwa 0,73 ma liegt. Diese Grenze ist in mächtigen und reichgegliederten Lössen in Europa und Asien festgestellt worden (KUKLA 1975, FINK 1976, CATT 1988). In der BRD ist sie im Rhein- und Donaugebiet (BRUNNACKER et al. 1976, TILLMANNS et al. 1986, im Rhein-Maingebiet (SEMMEL & FROMM 1976), FROMM (1987) und im südlichen Oberrheingebiet bei Riegel und Buggingen (FROMM, nicht veröff. Bericht 1985) gefunden worden.

Paläomagnetische Untersuchungen in Verbindung mit der Freilegung von Aufschlüssen zur Klärung der Lagerungsverhältnisse haben dazu geführt, daß die früher ins Mindel/Riß gestellte „Kremser Verlehmungszone"

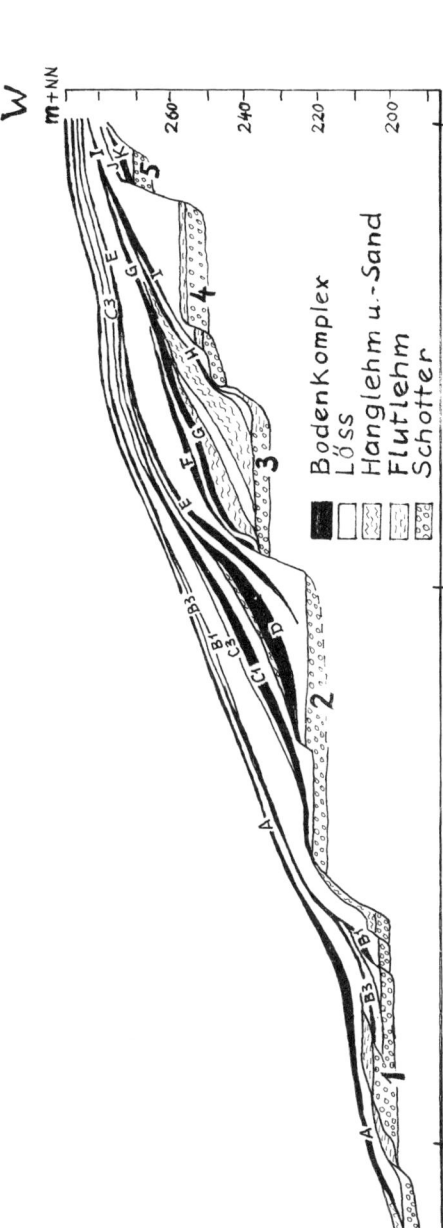

Abb. 53. Geologischer Schnitt durch die Schotter und Lösse des Cerveny Copec (Roter Berg) bei Brünn (CSFR). Nach KUKLA 1975: 118, vereinfacht. 1, 2, 3 u. 4: Schotterterrassen, die mit Würm, Riß, Mindel und Günz korreliert werden (KUKLA 1975: 153). A bis K: glaziale Zyklen, jeweils aus Paläoboden und Löß bestehend. Die paläomagnetische Grenze Brunhes/Matuyama liegt oberhalb des Schotters 4 innerhalb des Zyklus J.

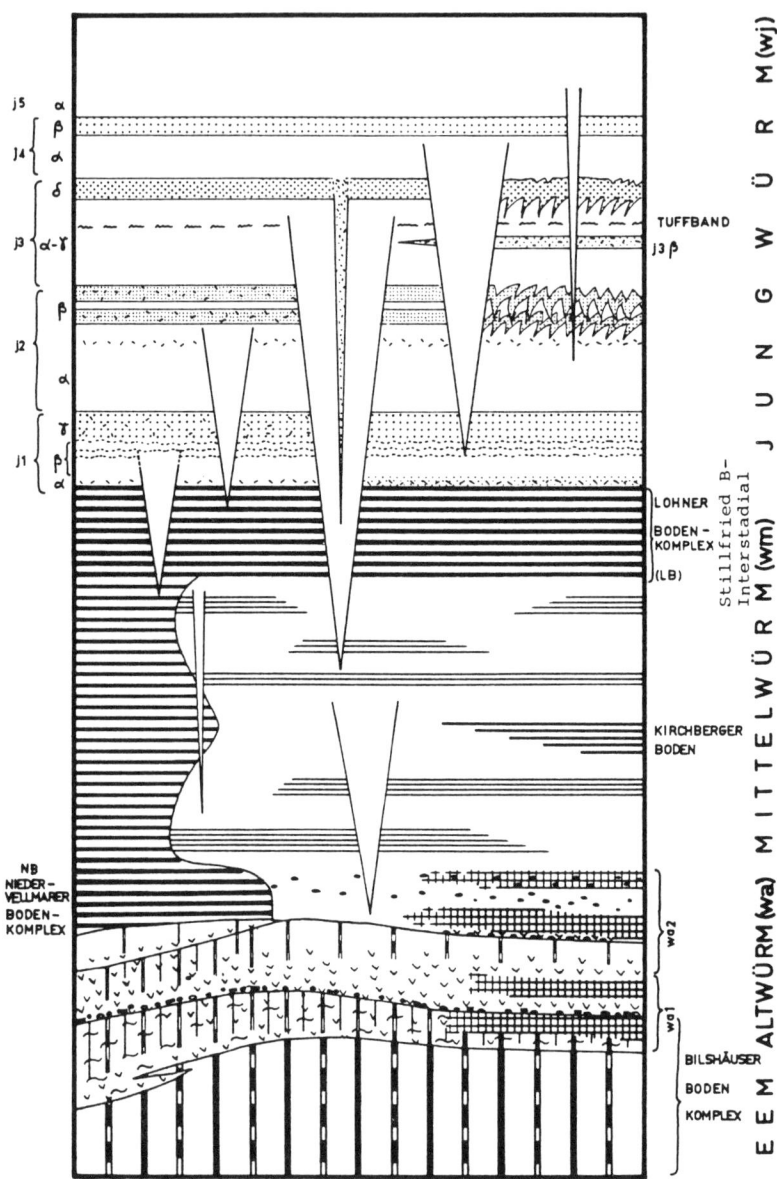

Abb. 54. Lößgliederung für S-Niedersachsen und N-Hessen nach ROHDENBURG (1979: 78). j1 bis j5: schwache Bodenbildung und Naßböden, Gittersignatur: Humuszone. 7 voneinander getrennte Eiskeilserien, dazwischen war der Dauerfrostboden in wärmeren Phasen aufgetaut. Das Tuff-Band entspricht dem Eltviller Tuff (SEMMEL 1967), früher Kärlicher Tuff.
Der Lohner Boden ist nach neueren Erkenntnissen (SEMMEL 1990, mündl. Mitteilung) jünger als der Stillfried B – Boden in Niederösterreich, dessen ^{14}C-Alter um 28 ka (FINK 1962: 13) aus Holzkohle stammt, die über dem Boden liegt, weshalb Stillfried B älter anzusetzen ist.

heute wesentlich älter eingestuft wird, da sie um 2 Löß/Boden-Zyklen unter der Brunhes/Matuyama-Grenze liegt (FINK et al. 1976: 81). Auch die „Göttweiger Verlehmungs-Zone" früher (R/W) und die „Paudorfer Verlehmungszone" (früher im Würm) sind anders einzustufen; sie haben ihre stratigraphische Bedeutung verloren (FINK et al. 1976: 67–79).

Die ältesten Lösse, die durch die Matuyama-Epoche bis in die normal magnetisierte Gauß-Epoche vor 2,4 ma zurückgehen, was durch Kleinsäugerfaunen bestätigt wurde, sind bei Stranzendorf (30 km nw'Wien) festgestellt worden (FINK et al. 1976: 102–109 und FINK 1979: 114).

Die geologisch-bodenkundliche und paläontologische Untersuchung der reichgegliederten Lößaufschlüsse in der CSFR (Roter Berg bei Brünn, Abb. 53) und in Österreich (Krems, Stranzendorf) und deren chronologische Einreihung durch Paläomagnetik hat zu der Feststellung geführt, daß seit dem Olduvai-Event (vor 1,7 ma) die pleistozäne Kaltzeitenabfolge mindestens 17 mal durch thermale Waldzeiten unterbrochen worden ist (FINK & KUKLA 1977); 8 davon fallen in die Brunhes-Epoche, 9 in die Matuyama-Epoche seit dem Olduvai-Event (s. Abb. 85).

Die Anzahl von kalt-warm-Zyklen in vollständigen Lößprofilen ist also größer, als die an Moränen und Schottern erkennbare Zahl von Eiszeiten (4 bis 6 in der Brunhes-Epoche). Offensichtlich hat nicht jede Kaltzeit mit Lößverwehung auch zu einer Eiszeit mit Vorlandvergletscherung geführt.

Vulkanische Tuffe (Tephrochronologie)

In der Umgebung der Eifel, im Osten bis in die Wetterau, enthält der Löß Lagen aus vulkanischem Tuff, oft nur wenige mm mächtig, die aus den Eruptionen der Eifelvulkane während des Pleistozäns stammen. Aufgrund der mineralischen Zusammensetzung der Tufflagen und mit Hilfe von Bodenbildungen im Löß (Naßböden u.a.) war es möglich, besonders für den Würmlöß von Hessen, eine Feingliederung zu erstellen (Abb. 55). Es handelt sich dabei um eine aus vielen Aufschlüssen zusammengesetzte Schichtenfolge, da in *einem* Aufschluß immer nur Ausschnitte vorkommen.

Von den Eifeltuffen am weitesten verbreitet ist der im Würmspätglazial, im Alleröd (11 bis 12 ka vor heute), ausgeworfene und weit verwehte Laacher Bimstuff. Er ist in Seesedimenten bis in die Umgebung Berlins und nach SE bis in oberschwäbische Seen verbreitet (MERKT & MÜLLER 1978). Im Löß liegt der Laacher Bimstuff meist im Bereich der holozänen Bodenbildung.

Tephrochronologie spielt auch in der Stratigraphie des Pleistozäns von Nordamerika durch den Vulkanismus des Yellowstone Parks (RICHMOND & FULLERTON 1986: 8) und in Neuseeland (BOELLSTROFF & TE PUNGA 1977) eine entscheidende Rolle. Eine Moräne in Iowa (USA) erwies sich als etwa 2,4 ma alt, da sie in einer Bohrung unter 10 cm mächtiger Glasasche liegt, die nach Spaltspurendatierung 2,2 ma alt ist (BOELLSTORFF 1978: 305).

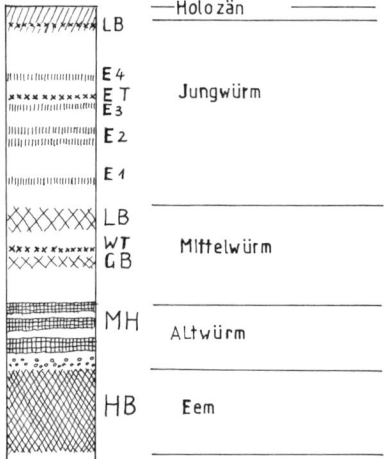

Abb. 55. Gliederung des Würmlösses im Rhein-Main-Gebiet. Nach SCHÖNHALS, ROHDENBURG & SEMMEL (1964), SEMMEL (1967), BIBUS (1973) und BRUNNACKER & TILMANNS (1978).
E1–4 Naßböden, ET Eltviller Tuff (früher Kärlicher Tuff), WT – Wallertheimer Tuff, LB – Lohner Boden, MH – Moosbacher Humuszonen, GB – Gräselberger Boden, HB – Homburger Boden; weiße Flächen – Löß. Anstelle des Wallertheimer Tuffs wird der Rambacher Tuff über dem Lohner Boden angegeben.

Löß auf Niederterrasse

Aus der Vorstellung, daß Löß nicht auf einem Schotterfeld liegen kann, aus dem er ausgeweht wurde, hat man den weitgehenden Schluß gezogen, Löß könne nur auf einer Terrasse liegen, die um eine Eiszeit älter ist als der Löß. Folglich sind lößbedeckte Niederterrassen stellenweise als rißzeitlich erklärt worden. Es hat sich jedoch, z. B. in der Umgebung des Kaiserstuhles herausgestellt (SCHREINER 1958), daß Löß auf Niederterrasse ohne zwischengeschaltete Verwitterungsbildung direkt auf frischem Schotter liegt, wogegen Würm-Löß auf rißzeitlicher Terrasse auf verwittertem Schotter liegt. Die Verwitterung ist das Ergebnis der interglazialen Bodenbildung in der Zeit zwischen der Ablagerung des Schotters und der Aufwehung des Lösses. Löß auf Niederterrasse kommt auf Schotterflächen vor, die z. B. infolge eines leichten Einschneidens der Wasserläufe trockengefallen sind und nicht mehr überflutet wurden, so daß sich eine aufgewehte Lößdecke erhalten konnte. Der Löß auf der Niederterrasse in der Umgebung des Kaiserstuhls ist bis 6 m mächtig (FRESLE 1969).

Flugsand

Flugsand bedeckt als Decke oder Schleier bis 2 m Mächtigkeit weite Teile Norddeutschlands und der Niederlande außerhalb der Weichsel-Endmoränen. Südlich davon schließt sich ab der Linie Osnabrück-Magdeburg der Lößgürtel an. Die Hauptkorngröße des Flugsandes ist Fein-Mittelsand (0,1–0,6 mm). 20 bis 50% der Quarzkörner des Flugsandes sind gut gerundet und ihre Oberfläche ist infolge zahlreicher kleiner Schlagnarben mattglänzend (DÜCKER 1954: 22).

Flugsand wurde aus Sanderflächen und Schmelzwassertälern, aus trockengefallenen Schelfflächen, aber auch aus Periglazialgebieten mit verwitternden Sandsteinen ausgeweht. So gibt es im Alpenvorland bei Ochsenhausen Flugsande, die aus verwehtem Molassesand bestehen.

Flugsand kommt nahe dem Ausblasungsgebiet auch im Löß vor; es handelt sich dann um Sandlöß (z. B. am Ostrand der Oberrheinebene).

Flugsandlagen an der Basis des Lösses enthalten stellenweise kleine Gerölle (bis 2 cm), deren Korrasionsspuren äolischen Transport anzeigen. Sie weisen außerdem Schlagnarben (konkave Ausbrüche) auf, die durch Aufprallen der Gerölle bei der Saltation entstanden sind (SCHREINER 1958: 120).

Dünen sind eine morphologisch auffällige Form von Flugsandablagerungen. Sie sind an große Täler gebunden (Urstromtäler in Norddeutschland und Polen, Oberrheinebene). Das Flugsandgebiet mit Dünen bis 20 m Höhe in der nördlichen Oberrheinebene erstreckt sich über 130 km von Rastatt bis Mainz.

Das Alter der Flugsande wird in der Hauptsache mit Spätglazial der Letzten Kaltzeit angegeben. Bei Mainz liegt der Laacher Bimstuff des Alleröd (11–12 ka vor heute) innerhalb der Flugsande (SONNE & STÖHR 1959) und in Polen baut sich der Hauptteil einer Flugsanddüne über einer allerödzeitlichen Mudde auf (LIEDTKE 1975: 84 nach KOZARSKI et al. 1969). Ein damit übereinstimmendes Alter wurde für Dünen der Oberrheinebene bei Heidelberg gefunden (LÖSCHER & HAAG 1989: 100). Schnecken aus einem Auemergel unter dem Flugsand ergaben ^{14}C-Alter von $10\,800 \pm 100$ a (Hd 7998) und $11\,400 \pm 100$ a (Hd 8185). Die Ablagerung der Flugsanddünen fällt damit vorwiegend in die Jüngere Tundrenzeit. Jüngere, örtlich begrenzte Verwehungen gehen bis in die Gegenwart (WOLDSTEDT 1954: 190). Daß Flugsand auch früher, zusammen mit Löß abgelagert wurde, zeigen die Vorkommen von Sandlöß und von Flugsand, die in Schleswig-Holstein zwischen interstadialen Bildungen der Mittleren Weichselkaltzeit liegen (DÜCKER & HUMMMEL 1967).

8. Fluviatile Erosion und Akkumulation im Periglazial

Im kaltzeitlichen Klima haben die Flüsse im pleistozänen Periglazialgebiet Mitteleuropas in ähnlicher Weise erodiert und akkumuliert wie im glazifluvialen Bereich des nördlichen Alpenvorlandes, wobei hier wie dort neben den klimatischen Ursachen anhaltende tektonische Hebung notwendige Mitursache für die Erosion ist. Sehr deutlich ist die periglaziale Aufschotterung im östlichen Teil des nördlichen Alpenvorlandes, wo die aus den nicht vergletscherten östlichen Alpen austretenden Täler ähnliche Schotterfelder enthalten, wie die Täler aus den vergletscherten Alpen weiter im Westen (BÜDEL 1944). Auch die Täler der deutschen Mittelgebirge wie das Wesertal (ROHDE 1989) und des süddeutschen Stufenlandes wie das Neckartal, weisen Terrassenschotter auf, die meist kaltzeitlich-periglazialer Entstehung sind. So hat sich in vielen Tälern des ehemaligen Periglazialgebietes im Wechsel von Erosion und Akkumulation eine – meist sehr lückenhafte – Terrassentreppe ähnlich wie im Gebiet der Glazialschotter herausgebildet. Die ältesten Schotter liegen in stark verwitterten und vereinzelten Resten auf den Hochflächen und die jüngeren liegen treppenförmig eingeschachtelt an den Talhängen.

Die für die Erosion und den Schutttransport notwendigen Wassermengen kamen von der Schneeschmelze, vom auftauenden Bodeneis und vom Regen. Große Wassermengen fielen wie in heutigen Periglazialgebieten vor allem zu Beginn der warmen Jahreszeit an und führten zu großen Hochfluten, die das ganze Tal überschwemmten (SEMMEL 1985: 15). Durch Frostsprengung, Gelifluktion und Abschwemmung an den Talhängen wurden große Mengen an Schutt in die Täler gefördert und von den Hochfluten flußabwärts geschwemmt. Einer Zeit mit vorwiegender Tiefenerosion folgte wie in den glazialen Tälern die Zeit mit überwiegender Aufschotterung, weil die Wassermengen nicht mehr ausreichten, den anfallenden Schutt wegzuführen.Die Zeit der Aufschotterung fällt meistens mit der Kaltzeit zusammen. Der Vorgang der periglazialen Erosion soll nach BÜDEL (1969) durch die Bildung von Bodeneis besonders im oberen Teil des Dauerfrostbodens gefördert werden. Diese sogenannte Eisrinde, in der durch Frost eine starke Zersetzung des Gesteins stattfindet, zerfällt beim Auftauen und kann vom fließenden Wasser weggeführt werden. Dadurch soll es nach BÜDEL in den pleistozänen Periglazialgebieten zur *exzessiven Erosion und Talbildung* gekommen sein. Eine Überprüfung (zusammengestellt von WEISE 1967: 112) hat die Vorstellung von der exzessiven Erosion in Periglazialgebieten in Frage gestellt. In dem von BÜDEL herangezogenen Beispiel Spitzbergen und auch in Mitteleuropa spielt die tektonische Hebung offensichtlich die Hauptrolle bei der Erosion der Täler.

Periglaziale Schotter

Von den Schottern des glazialen Bereiches unterscheiden sich die Periglazialschotter durch ihre meist geringere Mächtigkeit und durch das Fehlen des Mächtigkeitsmaximum zu Beginn des Schotterkörpers. Die Geröllzusammensetzung wird von seitlichen Zuflüssen und durch Abrieb nichtresistenter Gerölle bei langem Transportweg bestimmt. Quarze, Quarzite und Hornsteine werden angereichert und bilden z. B. im Niederrheingebiet, den Hauptteil der Gerölle. Der Periglazialschotter des Neckars ist durch plattige Gerölle aus Kalksteinen des Weißen Juras, deren Herkunft aus plattig-scherbigem Frostschutt offensichtlich ist, gekennzeichnet. Sie werden flußabwärts zunehmend durch Muschelkalk und Buntsandstein, der vorwiegend Sand liefert, ersetzt.

Im nördlichen Alpenvorland sind periglaziale Schotter z. T. an geringem Anteil oder Fehlen von Kalksteingeröllen und an der Zunahme von Geröllen aus resistenten Gesteinsarten wie Amphibolit, Quarzit und Hornstein zu erkennen. Ehemalige Kalkstein- und Kalksandsteingerölle liegen als entkalkte Kieselskelette vor. Die Gerölle sind z. T. kantig-plattig. Bezeichnend sind kantige Bruchstücke von Geröllen.

Ein weiteres Merkmal periglazialer Flußablagerungen sind große Blöcke, die durch Flußeis-Schollen transportiert worden sind (Driftblöcke, S. 54).

Im nördlichen Alpenvorland gehen die glazifluvialen Schotter im Längsverlauf der Täler ohne scharfe Grenze in periglaziale Schotter über. In manchen Tälern kommt es zur Ausbildung einer periglazialen Basis- und Deckfazies (GRAUL 1953).

Der Ablauf von Akkumulation und Erosion

Der einfache Ablauf, wie er bei tektonischer Hebung im glazialen Bereich des nördlichen Alpenvorlandes und größtenteils auch im Periglazialgebiet Mitteleuropas verwirklicht ist, besteht vereinfacht betrachtet nach SCHAEFER (1950) aus 1.) interglazialer Ruhe, 2.) frühglazialer Erosion, 3.) hochglazialer Akkumulation (Abb. 56). Mit interglazialer Ruhe ist gemeint, daß in dieser Zeit keine wesentliche Erosion und meist nur geringe Akkumulation stattgefunden hat. Unter Frühglazial ist heute die lange Übergangszeit zwischen der Warmzeit und dem Hochglazial zu verstehen. Nach der hochglazialen Akkumulation kam es im Zuge des Zurückschmelzens der Gletscher auch zu spätglazialer Erosion und später zu geringfügiger interglazialer Akkumulation (umgelagerte Schotter, Auelehm, Torf, Quellkalk), aber diese Bildungen wurden von der nachfolgenden, starken frühglazialen Erosion in der Regel beseitigt. Vermutlich tektonisch bedingte Abweichungen von der Regel führten dazu, daß Schichten, die warmzeitliche Fossilien enthalten, innerhalb eines Schotterkörpers liegen und diesen in zwei Glaziale aufteilen (S. 108).

Im Niederrheingebiet bei Köln ist in den periglazialen Schottern der Mittelterrassen des Rheins ein komplizierter Ablauf erkannt worden (BRUNNACKER et al. 1978, BRUNNACKER 1978). Durch Einschaltung einer starken

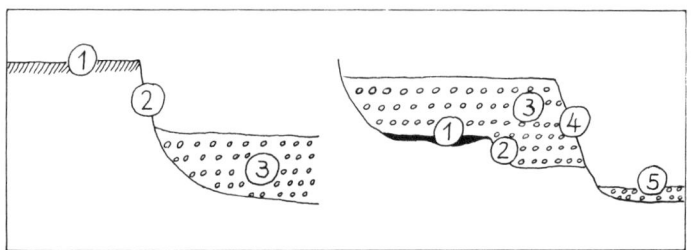

Abb. 56. Erosion und Akkumulation. Links: einfacher Ablauf: 1) interglaziale Ruhe (Verwitterung), 2) starke frühglaziale Erosion, 3) hochglaziale Akkumulation.
Rechts: komplizierter Ablauf: 1) interglaziale Ruhe, geringe Sedimentation, 2) geringe frühglaziale Erosion, 3) hochglaziale Akkumulation, 4) starke spätglaziale Erosion, 5) spätglaziale Akkumulation.

Erosionsphase im Spätglazial und durch Abschwächung der frühglazialen Erosion blieben interglaziale Schichten erhalten. Sie liegen zwischen den spätglazialen Schottern der vorangehenden und den hochglazialen Schottern der folgenden Kaltzeit (Abb. 56). Die Ursache für den Erosions-Akkumulations-Ablauf wie am Niederrhein ist in einem anderen, im einzelnen noch nicht erkannten Abflußverhalten im Unterlauf großer Flüsse zu sehen. BRUNNACKER (1978: 49) sieht die Ursache im spätglazialen Auftauen des Dauerfrostbodens. Die Beobachtungen mehrerer weichselkaltzeitlicher Eiskeilgenerationen übereinander (ROHDENBURG 1979: 111, MANIA 1969: 194) weisen jedoch darauf hin, daß der Dauerfrostboden im Verlauf der Weichselkaltzeit mehrfach aufgetaut ist.

Weitere Ausführungen über fluviale und glazifluviale Bildungen und deren Untersuchung sind auf den Seiten 41 bis 56, 108 bis 111, 124 bis 145 und 213 bis 221 enthalten.

D. Ablagerungen und Bildungen zwischen den Zeiten der Vergletscherung

Zur Zeitdauer und zum Klima

Die folgenden Ausführungen sollen nur eine grobe Orientierung geben. Die zeitlichen und klimatischen Abläufe des Eiszeitalters sind noch keineswegs vollständig bekannt, denn die terrestrischen Ablagerungen sind meist lückenhaft, z. T. mehrdeutig und nur in Einzelfällen direkt zu datieren. Vorwiegend aufgrund der Ermittlung der früheren Vegetation und mit Hilfe fossiler Frostbodenstrukturen versucht man das Klima während der verschiedenen Abschnitte des Pleistozäns zu erschließen, worüber die Arbeiten von KAISER (1960, 1967) und FRENZEL (1967, 1980) genauere Ausführungen enthalten. Die Vegetation, aus der das Klima ermittelt wird, ist vorwiegend von der Januar- und Julitemperatur und von den Niederschlägen abhängig. Nur zum Vergleich werden im folgenden Jahresmitteltemperaturen angegeben.

Das Pleistozän wird in Eiszeiten (Glaziale oder Kaltzeiten) und in Warmzeiten (Thermale oder Interglaziale) gegliedert. Nimmt man für die Dauer einer Warmzeit-Kaltzeit-Folge rund 100 ka an, dann fällt die *Warmzeit* in die ersten 10 bis 20 ka. In den Warmzeiten waren in Mitteleuropa wärmebedürftige Laubwälder verbreitet; es war so warm oder etwas wärmer als heute (mittl. Jahrestemp. 8 bis 11 °C). Durch Zählung der Jahresschichten in warmzeitlichen Seesedimenten wurde die Zeitdauer von 3 Thermalen in Norddeutschland ermittelt (MÜLLER 1965, 1974a, 1974b, MEYER 1974):

      Eem (zwischen Saale und Weichsel)   11 500 a
      Holstein (zwischen Elster und Saale)   17 000 a
      Rhume (älteres Thermal im Cromer)   27 900 a

Das derzeitige Thermal, das Holozän, dauert mit etwa 10 000 a (^{14}C-Jahre) nach den Ausführungen von LÜTTIG (1988) schon zu lange.

Auf die Warmzeit folgte das *Glazial oder die Kaltzeit*, die nach dem am besten bekannten Beispiel der Letzten Kaltzeit zunächst eine rund 70 ka lange *Übergangszeit* mit meist kühlem Klima war. In ihren etwas wärmeren Abschnitten, die als *Interstadiale* bezeichnet werden, breiteten sich Kiefern-Birkenwälder aus (mittl. Jahrestemperatur um + 2 bis + 6°). In den kälteren Abschnitten, den *Stadialen*, kam es meist zur Entwaldung, jedoch nicht zu großer Ausbreitung der Gletscher.

Die letzten 10 bis 20 ka waren das *Hochglazial* mit der größten Kälte, mit völliger Entwaldung und mit der Ausbreitung der nordischen Eisschilde und der Vorlandgletscher nördlich der Alpen. Nach KAISER (1967: Taf. 3) sank die Jahresmitteltemperatur 15° tiefer als heute, also auf -4 bis $-7\,°C$. FRENZEL 1980: 57) kommt hingegen durch Vegetations- und Klimavergleich mit der heutigen Nordmongolei für das nördliche Alpenvorland auf eine Jahresmitteltemperatur von $-1,8\,°C$, bei $-18,7\,°C$ Januar- und $+14°$ Julitemperatur und 116 mm jährlichem Niederschlag.

Die glazialen Ablagerungen (Moränen, Schotter, glazilakustrine Sedimente), die bei der Ausbreitung der Gletscher im Hochglazial entstanden sind, dokumentieren also nur einen relativ kurzen Zeitraum, nur etwa $^1/_5$ der Kaltzeit. Unter Ablagerungen *zwischen den Zeiten der Vergletscherung*, also zwischen den Hochglazialen, werden daher sowohl warmzeitliche Sedimente als auch Ablagerungen aus der langen Übergangszeit zwischen der Warmzeit und dem Hochglazial verstanden.

1. Warmzeitliche Ablagerungen

Flußablagerungen

In Gebieten tektonischer Absenkung haben Flüsse auch in Warmzeiten Sedimente abgelagert. Beispiele dafür sind die 20 m mächtigen Sande in der ehemaligen Neckarschlinge von *Mauer* se' Heidelberg und die Schotter bei *Steinheim* an der Murr (Abb. 57). Die warmzeitliche Natur beider Vorkommen wurde durch darin enthaltene Säugetierreste erwiesen, unter denen Waldelefant, Säbelzahnkatze und Biber bezeichnend für Waldvegetation und warmzeitliches Klima sind (ADAM 1961; 1977: 76; MÜLLER-BECK 1967: 313) (Säugetiere vgl. S. 155). In beiden Fällen wird die warmzeitliche Ablagerung von periglazialen Schichten überdeckt, deren Säugetierfaunen durch das Auftreten des Steppenelefanten bzw. des Mammuts den Übergang in die folgende Kaltzeit anzeigen. Aus der Entwicklungshöhe der Waldelefanten geht hervor, daß der Steinheimer Schotter jünger ist als die Sande von Mauer (ADAM 1961: 5). Die Waldzeit von Mauer wird in das Mittlere Altpleistozän (Cromer?) und die Waldzeit von Steinheim in das Mindel/Riß-Interglazial gestellt (MÜLLER-BECK 1967: 317). In den Sanden von Mauer wurde der Unterkiefer des *Homo heidelbergensis* und in Schottern von Steinheim ein Schädel des *Homo steinheimensis* gefunden.

In der *Oberrheinebene*, in der es infolge tektonischer Senkung zur Überlagerung von älteren durch jüngere Schotter kam, liegen Schotter, die sich durch eingelagerte Eichenstämme und Reste wärmebedürftiger Säugetie-

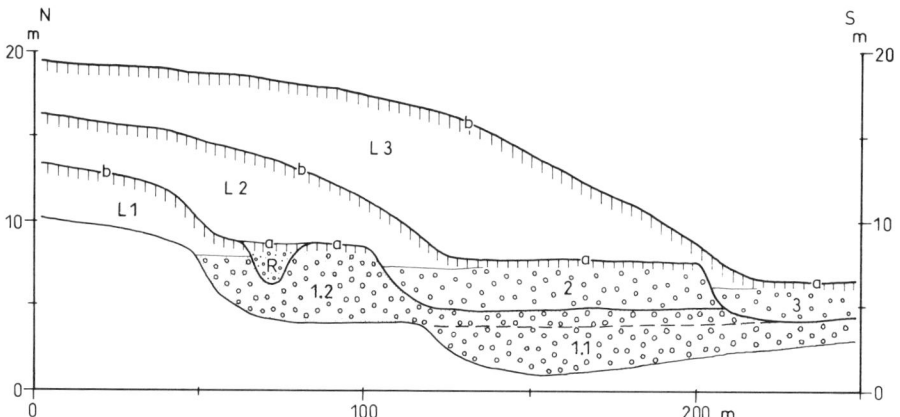

Abb. 57. Schematischer Schnitt durch das Quartär von Steinheim/Murr. Nach BLOOS 1977 u. briefliche Mitteilung 1990, vereinfacht.
L 1–3 – Löß und Fließerde, L1 – Riß, L2 – jüngeres Riß, L3 – Würm
1.1 Waldelefantenschotter (Holstein-Interglazial), darin *Homo steinheimensis*. Unten: Älterer Steppenelefanten-Schotter.
1.2 Jüngerer Steppenelefanten-Schotter (Riß-Kalteiszeit). R – Rinnenfüllung mit Waldelefant (älteres/jüngeres Riß).
2 u. 3 – Schotter, Würm und Holozän, a – Auelehm, b – Waldboden auf Löß.

re als warmzeitlich (= Eem) erweisen, unter Schottern, die nach ^{14}C-Datierungen meistens in das mittlere Würm (25 bis 54 ha vor heute) gehören (LÖSCHER 1988, KOENIGSWALD 1988). Darüber folgen Schotter des Würm-Hoch- und Spätglazials.

Auch im nördlichen Alpenvorland gibt es Abweichungen von der üblichen Einschachtelung jüngerer Schotter in ältere, indem sich infolge tektonischer Senkung oder anderer Ursachen interglaziale Sedimente zwischen kaltzeitlichen Schottern erhalten haben. In der *Hochterrasse im Isartal* nordöstlich von *München* kommen Einlagerungen von Feinsedimenten mit warmzeitlichen Schnecken teilweise an der Schotterbasis und teilweise innerhalb von Schottern vor. (M.BRUNNACKER & K.BRUNNACKER 1962). Daraus wird geschlossen, daß die Mindel/Riß-Interglaziale Schneckenfauna in einen hangenden, rißzeitlichen und einen liegenden, mindelzeitlichen Schotter trennt. Der Überlagerungsvorgang ist mit tektonischer Senkung südwestlich des Landshut-Neuöttinger Hochs (LEMCKE 1988: 58) zu erklären. Im Bereich der Mündung des Lechtales in das Donautal wurde in der *Rainer Hochterrasse* ein Übereinander von Würm-Periglazialschotter auf Riß-Fluvioglazialschotter mit zwischengelagerten Mergelschollen mit warmzeitlicher Schneckenfauna und mit Bodenbildungen des Eem gefunden (TILLMANNS et al. 1982).

In den *Unteren Deckschottern* (LÖSCHER 1976), die der Donau-Kaltzeitgruppe angehören, kommen zwischen Iller und Mindel schneckenführende Zwischenlagerungen aus Auemergel und Feinsand vor. Die Schneckenfaunen erwiesen sich bei verschiedenen Untersuchungen (zuletzt MÜNZING 1974) als warmzeitlich, woraus eine Aufteilung des Schotterkörpers in zwei getrennte, kaltzeitliche Ablagerungen hervorgeht (S. 217). Die Zweiteilung ergibt sich auch aus der Geröllzusammensetzung. Der liegende, kristallinreiche und dolomitfreie Schotter wird als periglaziale Schüttung von Flüssen aus der Adelegg mit ihren OSM-Konglomeraten hergeleitet (SINN 1972: 44). Der hangende, kristallinarme aber dolomitreiche Schotter ist hingegen eine glazifluviale Schüttung der Iller. Als Erklärung für den Vorgang der Überlagerung in den Unteren Deckschottern wird eine zeitweilige tektonische Absenkung angenommen (ELLWANGER 1990, nicht veröffentl.).

Fluviale Ablagerungen des *Holozäns*, das vielleicht mit einem Interglazial gleichgesetzt werden kann, sind unter der Talaue großer Flüsse weit verbreitet. Es handelt sich meistens um Kiese und Sande, die aus älteren Schottern umgelagert wurden.

In der *Oberrheinebene* am Kaiserstuhl ist der holozäne Schotter, der durch eine Anreicherung von Geröllen kieseliger Gesteine und durch Holzreste gekennzeichnet ist, 4 bis 7 m mächtig (SCHREINER 1959: 87). In dem 8 km breiten *Tullner Feld* im Donautal bei Wien sind um 10 m mächtige holozäne Schotter abgelagert worden. Deren älterer Teil ist nach ^{14}C-Datierungen an Baumstämmen um 9500 Jahre alt (Praeboral), während der jüngere, näher am heutigen Fluß gelegene Teil, ^{14}C-Alter von 3200 bis 395 a vor heute (Subatlantikum) aufweist (PIFFL 1976: 97). Bei Linz fand KOHL (1968) bis in 17 m Tiefe Eichenstämme in holozänen Schottern der Donau.

Im *Maintal* hat SCHIRMER eine Folge von 8 kiesig-sandigen Aufschüttungskörpern in der Talaue festgestellt. Die Aufschüttungskörper liegen bei geringen Höhenunterschieden *nebeneinander* (Abb. 58). 2 der Aufschüttungen fallen ins Würm-Spätglazial, 6 ins Holozän. Im Unterschied zu meist horizontaler Schichtung kaltzeitlicher Schüttungen, weisen die holozän-warmzeitlichen Schüttungen schräge Anlagerungsschichtung auf. Der Aufbau zeigt, daß nach jeder Aufschüttung zunächst erodiert und dann wieder aufgeschüttet wurde.

Am Unterlauf der Iller und an deren Mündung in die Donau ist nach vorheriger (spätglazialer?) Erosion ein bis 6 m mächtiger, in die Niederterrasse eingetiefter, holozäner Schwemmkegel aus umgelagerten Schottern der Niederterrassen der Iller aufgeschüttet worden (GRAUL & GROSCHOPF 1952). In den Schottern des Schwemmkegels liegen Baumstämme, darunter Eichen, die nach ^{14}C-Datierung und Dendrochronologie praeboreales bis subboreales Alter (9700 bis 3200 a vor heute) aufweisen, das auch der Aufschüttung des Schwemmkegels zukommt (BECKER 1978: 121).

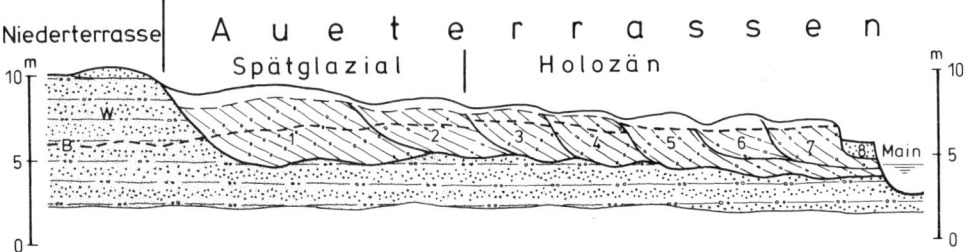

Abb. 58. Schematische Übersicht der würmzeitlichen und der holozänen Terrassen am Obermain, oberen Mittelmain und an der Regnitz. Nach SCHIRMER 1983: 16 u. 22, vereinfacht.
W – würmzeitliche Kiese und Sande, B – Untergrenze der Bodenbildung.
Alter der Aueterrassen 1–8, in Jahren vor heute:
1 Ältere Dryas u. älter, 12000 u. älter; 2 Jüngere Dryas, 10300–11000; 3 Atlantikum, 5100–7500; 4 Subboreal, 2500–5100; 5 Subatlantikum, Eisenzeit – Römerzeit, 2000; 6 Mittelalter, 1000; 7 Neuzeit, 15.–17. Jh.; 8 Neuzeit, 19. Jh.

Es wird angenommen, daß die warmzeitlichen Ablagerungen des Holozäns in einer vielleicht folgenden Kaltzeit durch die starke frühglaziale Erosion in der Regel weggeräumt würden.

Ablagerungen von Quellen

Aus Quellen mit kalkreichem Wasser entweicht CO_2 und Kalk fällt aus, wobei der CO_2-Verbrauch durch Pflanzen, an denen sich der Kalk absetzt, mitwirkt. Aus gewöhnlichem Wasser abgesetzter Kalk wird als Kalktuff oder besser als *Quellkalk* bezeichnet. In den Tälern unterhalb der Quellen, z. B. in der Schwäbischen Alb, wechseln Barren aus festem Quellkalk mit längeren Abschnitten aus lockerem Quellkalksand miteinander ab. Aus Sauerquellen, die besonders viel CO_2 und gelösten Kalk enthalten (mehr als 1 g/l), wird besonders viel Kalk – als *Travertin* oder Sauerwasserkalk bezeichnet – abgelagert. Quellkalk und Travertin werden in Warmzeiten gebildet. Beispiele sind die interglazialen Quellkalke von Hausen/Donau (MÜNZING 1970), von Ehringsdorf/Thüringen und die Travertine von Cannstatt und Stuttgart aus dem Holozän und mindestens 2 Warmzeiten (REIFF 1965).

Warmzeitliche Seesedimente

Im Bereich eines Deltas, das stellenweise den ganzen See einnimmt, wurden auch in der Warmzeit klastische Sedimente wie Ton, Silt, Sand und sogar Kies abgelagert, die sich von kaltzeitlichen Sedimenten nicht oder kaum unterscheiden (Abb. 59). Ob ein klastisches Sediment mit Sicherheit in einer Warmzeit abgelagert worden ist, kann nur aufgrund von Funden warmzeitli-

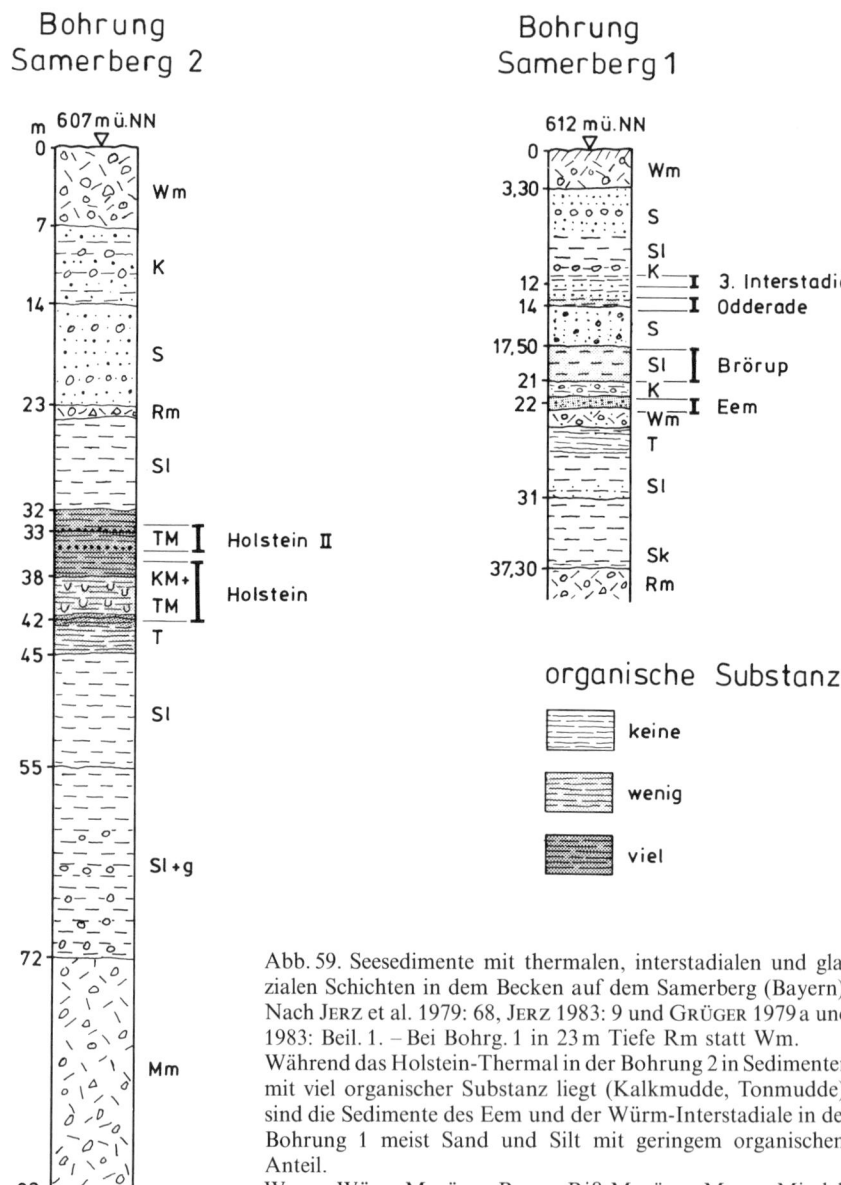

Abb. 59. Seesedimente mit thermalen, interstadialen und glazialen Schichten in dem Becken auf dem Samerberg (Bayern). Nach JERZ et al. 1979: 68, JERZ 1983: 9 und GRÜGER 1979a und 1983: Beil. 1. – Bei Bohrg. 1 in 23 m Tiefe Rm statt Wm.
Während das Holstein-Thermal in der Bohrung 2 in Sedimenten mit viel organischer Substanz liegt (Kalkmudde, Tonmudde), sind die Sedimente des Eem und der Würm-Interstadiale in der Bohrung 1 meist Sand und Silt mit geringem organischem Anteil.
Wm – Würm-Moräne, Rm – Riß-Moräne, Mm – Mindel-Moräne, TK – Triaskalkstein, KM – Kalkmudde, TM – Tonmudde, K – Kies, G – Geröll, S – Sand, Sl – Silt, T – Ton.

cher Fauna oder Flora festgestellt werden. Weiter im Seeinnern werden Sedimente abgelagert, die aufgrund ihrer Ausbildung mehr oder weniger typisch für eine Warmzeit sind. Die folgenden Sedimentbezeichnungen folgen den Ausführungen von HINZE et al. (1989: 169).

Bezeichnend für warmzeitliche Sedimente sind solche, die reichlich Kalk ($CaCO_3$) enthalten, der *neugebildet* und vorwiegend biogen gefällt worden ist: Die weiße, z. T. feingeschichtete *Seekreide* mit über 90 % Kalk und die hellgraue bis braune *Kalkmudde* mit mehr organischer Substanz und 20 bis 90 % seekreideartigem Kalk. Seekreide besteht aus einem Gemenge aus mikroskopisch sichtbaren Calzitkristallen sowie krümelig-krustigen Kalkpartikeln. Sie enthält z. T. Schalen von Wasserschnecken. Die organische Substanz besteht aus Resten von Algen (z. T. viel Diatomeen-Schalen) und anderen Pflanzen und Tieren. Seekreide wird in Polstern vorwiegend an den Uferhängen von Seen mit kalkreichem Wasser abgesetzt und unterliegt raschen Mächtigkeitsschwankungen. Kalkmudde liegt vorwiegend auf dem Seeboden.

Detritusmudde, meist braun, vorwiegend aus organischem Detritus, mit geringem oder fehlendem Kalkgehalt und *Algenmudde* oder Lebermudde, braun bis grünlich und fast nur aus Resten von Algen bestehend, sind ebenfalls vorwiegend warmzeitliche Seeablagerungen. Sie treten jedoch schon in kühleren Zeiten, z. B. im Würm-Spätglazial auf und sind auch in Interstadialen gebildet worden. Wenn der Anteil an minerogener Substanz überwiegt, handelt es sich um *Ton-, Silt- oder Sandmudde*.

Mit weiterer Zunahme von Ton, Silt, und Sand zeigt sich der Übergang zu kaltzeitlichen Seesedimenten, die einen beträchtlichen Kalkgehalt, der *nicht* organischer Natur ist, aufweisen können (S. 61). Voraussetzung dafür ist, wie z. B. im nördlichen Alpenvorland, daß im Einzugsgebiet Karbonatgesteine verbreitet sind.

Kieselgur ist eine graue bis braune Mudde, die einen hohen Anteil an Schalen von Kieselalgen (Diatomeen) hat. Sie ist ein warmzeitliches Seesediment, das in Norddeutschland in bis zu 15 m Mächtigkeit in Warmzeiten abgelagert worden ist. Im nördlichen Alpenvorland ist im Wurzacher Becken Eem-Kieselgur gefunden worden (GERMAN et al. 1968: 38). Sie ist unter 95 m Überdeckung mit Schotter und Seesedimenten auf 30 cm zusammengepreßt worden.

Warmzeitliche Meeressedimente

Hier sollen nur die in Holland, Norddeutschland und Dänemark vorkommenden und stratigraphisch bedeutsamen, marinen Ablagerungen der Eem- und Holstein-Warmzeit erwähnt werden. In den Warmzeiten des Eem und des Holstein griff das Meer in Buchten z. T. weit in das heutige Landesinnere und hinterließ bis 50 m mächtige, marine, sandig-tonige Sedimente, die aufgrund ihrer Mollusken- und Foraminiferen-Fauna sowie ihrer Pollenführung in die genannten Warmzeiten eingestuft werden. Das marine Eem liegt auf Moränen der Saale-Eiszeit. Das marine Holstein wird von Moränen der Saaleeiszeit überlagert und z. T. von Moränen der Elster-Eiszeit unterlagert.

Moorbildungen

Im Gegensatz zu den in Seen unter Wasser sedimentierten Mudden sind Moorbildungen *Sedentate*, die durch Übereinanderwachsen von Pflanzen entstehen, was auch über Wasser geschehen kann. Wesentlich für die Torfbildung ist Wasserüberschuß und daher Sauerstoffmangel im Bereich der abgestorbenen Pflanzen, was zu deren unvollständiger Zersetzung führt.

Torflagen, die zwischen glazialen Ablagerungen (Moränen, Schotter, Beckensedimente) in Bohrungen und seltener in Aufschlüssen angetroffen werden, sind keineswegs immer in einer Warmzeit entstanden, denn Moore wachsen auch unter borealem Klima, z. B. in Interstadialen. So handelt es sich bei dem größten Teil der Torflagen, die im nördlichen Alpenvorland in Becken, die innerhalb der Rißmoränen liegen, nicht um thermale Ablagerungen des Eem, sondern um Bildungen eines wesentlich kühleren Klimas (FRENZEL 1978: 103), wahrscheinlich aus der Übergangszeit zwischen dem Eem und dem Würm-Hochglazial.

Niedermoortorf oder Flachmoortorf wird aus Pflanzen gebildet, die in flachen Gewässern und auf vernäßten Flächen mit nährstoffreichem Wasser wachsen und in abgestorbenem Zustand übereinander gelagert werden. Vorherrschend sind Schilf, Moose und Seggen. Schilf wächst in Seen bei weniger als 2 m Wassertiefe. Bei reichlichem Vorkommen von Holzresten von Weide, Birke, Fichte und Kiefer entsteht ein Bruchwaldtorf. Dem Niedermoortorf können Seekreide und Mudde, die bei Überflutung und damit bei größerer Wassertiefe abgelagert wurden, zwischengeschaltet sein. Bei Niedermoortorf, der mächtiger ist als 2 m (im Wurzacher Ried bis 5,5 m), hat ein langsamer Anstieg des Wasserspiegels, wahrscheinlich infolge pflanzlicher Verlandung, stattgefunden.

Niedermoortorf ist meistens an den auffälligen, plattgedrückten Rhizomen des Schilfs und an dem faserigen Filz der Seggen zu erkennen. stark zersetzter Moostorf und Detritusmudde sind schwer zu unterscheiden. Das muß der mikroskopischen Untersuchung durch einen Fachmann überlassen werden. Die Oberfläche von Niedermoortorf ist eben. Es gibt aber auch Niedermoortorf, der als Hangmoor entstanden ist und schräg am Hang liegt. Flachmoortorf kann durch Einschwemmung Ton, Silt, Sand und Kies enthalten.

Hochmoortorf entsteht, wenn der Torf über den Wasserspiegel emporwächst. Dann werden die Pflanzen nicht mit nährstoffreichem Wasser, sondern nur noch mit nährstoffarmem Regenwasser versorgt. Es wachsen dann nur noch wenige Pflanzenarten, besonders Torfmoose der Gattung Sphagnum, Heidekraut u.a. Sie wachsen im Inneren des Moores höher als am Rand, wo noch nährstoffreiches Wasser ist, und bilden so die schildförmige Aufwölbung des Hochmoors.

Wird ein Torflager durch einen Fluß erodiert und der Torf in einen See geschwemmt, bildet sich *Torfmudde* als Seesediment. Sie ist an der Mischung der Reste von Torfpflanzen und Wasserpflanzen und an der Vermischung des Polleninhaltes zu erkennen.

Zu Wiederholungen der Schichtenfolge kommt es, wenn Torf als Schwimmrasen vom Ufer in den See hineinwächst, oder wenn Torf infolge Überflutung aufschwimmt und als Scholle an anderer Stelle anlandet.

2. Böden

Die in der kurzen Zeit der Vergletscherung abgelagerten Moränen und Schotter unterliegen in der langen Zeit bis zur nächsten Überdeckung der *Verwitterung* durch die Einwirkung von Luftsauerstoff, Wasser, Kohlendioxid, Kälte, Wärme und Bodenorganismen. So entwickeln sich auf quartären Ablagerungen *Böden* in manigfaltiger Ausbildung. Hier sei nur eine stark vereinfachte Beschreibung des im nördlichen Alpenvorland besonders häufigen Bodentyps der *Parabraunerde* auf karbonatreichen Moränen und Schottern wiedergegeben. Zum genaueren Studium wird auf das Lehrbuch der Bodenkunde (SCHEFFER & SCHACHTSCHABEL 1989) und auf die Bodenkundliche Kartieranleitung (AG Bodenkunde 1982) verwiesen.

Parabraunerde

Der *A-Horizont* oder Oberboden ist der etwa 10 bis 40 cm mächtige, durch Organismentätigkeit und Durchwurzelung geprägte obere Horizont des Bodens. Durch Humusanreicherung und Durchwachsung erscheint er meist grau (Ah). Weit verbreitet kommt äolisch zugeführter Silt und Feinsand vor.

Der *B-Horizont* oder Unterboden kann je nach Dauer der Bodenbildung 0,2 bis einige Meter mächtig sein. Er ist durch Verwitterung des Ausgangsgesteins entstanden, wobei alle Karbonate gelöst und weggeführt und durch Oxidation von Fe braune bis braunrote Farben gebildet worden sind. So entsteht aus einem karbonatreichen, gelbgrauen Schotter oder einer Moräne ein brauner bis braunroter Verwitterungslehm (= karbonatfreies Gemenge aus Ton, Silt und Sand) mit Geröllen oder Geschieben aus nichtkarbonatischen Gesteinen (Quarz, Quarzit, Hornstein, Gneise, Granit und Resten von kieseligen Kalken und Kalksandsteinen = Kieselskelette. Als karbonatfrei wird hier ein Boden bezeichnet, der mit verdünnter Salzsäure nicht braust; bei der chemischen Analyse können einige % Karbonat festgestellt werden.

Ein Teil des B-Horizontes ist meist stärker tonig, wobei angenommen wird, daß der Ton durch Auswaschung des A-Horizontes und Einwaschung in den B-Horizont angereichert worden ist (Lessivierung). Es ist dann ein Bt-Horizont, der als Merkmal eines in einer Warmzeit gebildeten Bodens gilt, wogegen Böden ohne Bt-Horizont und von geringerer Mächtigkeit auch in kühlem Klima entstehen.

In Böden auf altpleistozänen Schottern und Moränen in niederschlagsreichen Gebieten in Annäherung an die Alpen ist der obere Teil des 5 bis 9 m mächtigen B-Horizontes ganz oder fleckenweise und besonders an Bodenklüften grau gefärbt, was als Vergleyung bezeichnet wird.

Die Untergrenze des B-Horizontes ist meist scharf und sowohl durch den Farbwechsel von braun zu grau als auch durch den fehlenden Kalkgehalt im B-Horizont und hohen Kalkgehalt im *C-Horizont* zu erkennen. Die Grenze verläuft meist horizontal-wellig, greift aber in Verwitterungschlotten eng-keilförmig nach unten. Die Verwitterungsschlotten bilden sich an bevorzugten Wegsamkeiten für Sickerwasser, die z. B. durch Eiskeile entstehen können. Es gibt aber auch unscharfe Übergänge, wobei das Feinkorn entkalkt ist, die Geröllle aber im Kern noch kalkig sind und z.T. eine korrodierte Oberfläche aufweisen.

Der C-Horizont besteht aus dem nach oben zunehmend aufgelockerten

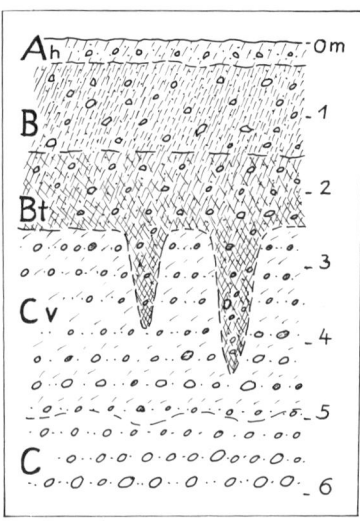

Abb. 60. Boden auf einem rißeiszeitlichen Schotter im Rheingletschergebiet.
Ah – A-Horizont, humos, B – B-Horizont, braun, Bt – B-Horizont, rotbraun, tonig, kalkfrei, Cv – C-Horizont, graugelb, kalkig, mit Tiefenverwitterung (z.B. Dolomite verwittert), C – C-Horizont, Ausgangsgestein, nicht verwittert. Durch Ausbildung eines 2. Bt-Horizontes kann der Eem-Boden angezeigt sein.

Ausgangsgestein. In den oberen 2 bis 6 m des C-Horizontes läuft ein Teil der Verwitterungsvorgänge schon ab, z. B. die Zersetzung von Feldspat und Glimmer und die Verwitterung von Dolomitgeröllen (Tiefenverwitterung, FEZER 1969). Der Kalkgehalt ist in der Regel noch vorhanden und die Farbe ist noch nicht braun, sondern hellgrau bis gelbgrau im Gegensatz zum Dunkelgrau tiefer liegender Teile von Moränen und Schottern. Diese Anzeichen beginnender Verwitterung werden als Cv bezeichnet (Abb. 60).

In großen Aufschlüssen in Schottern der Mindel- und Haslacheiszeit im östlichen Rheingletschergebiet greift die Verwitterung in Form von Entkalkung unter Geländemulden, die viel Sickerwasser zuführen konnten, bis 20 m tief. Der verwitterte Schotter ist frei von Karbonat, aber noch von grauer Farbe und locker, aber nicht lehmig. Häufig sind Bänder und Flecken von braunroten und schwarzen Eisen- und Manganoxydausfällungen (Go-Horizong). Neben den tiefen Verwitterungsmulden steht kalkreicher, z. T. zu Nagelfluh verfestigter Schotter mit nur 5 bis 6 m Verwitterungstiefe an. Diese, noch nicht näher untersuchte Verwitterungsart, ist als eine Art von Cv-Horizont zu betrachten.

Verwitterungstiefe (Entkalkungstiefe)

Die geologisch wichtigste Grenze in Böden auf kalkhaltigen Ablagerungen ist die B/C-Grenze, also die Grenze zwischen entkalktem B-Horizont und kalkigem C-Horizont. Ihre Tiefenlage unter Gelände ist die *Verwitterungstiefe* oder *Entkalkungstiefe*. Sie ist leicht erkennbar, auch in Bohrungen mit kleinem Durchmesser (2–3 cm).

Mit zunehmendem Alter einer freiliegenden Ablagerung nimmt die Verwitterungstiefe zu, falls keine Reduzierung durch Abtragung, besonders durch kaltzeitliches Bodenfließen, stattfindet. Im pleistozänen Rheingletschervorland sind in verschiedenen Gebieten folgende Verwitterungstiefen auf nahezu horizontalem Gelände (z. B. Terrassenflächen) festgestellt worden.

Würm	0,7 bis 1,5 m	
Riß	2 bis 3,5 m	
Mindel	5 bis 8 m	in Verwitterungsmulden bis 20 m
Haslach	7 bis 10 m	in Verwitterungsmulden bis 20 m
Günz	8 m und mehr, freiliegende Schotter meist durchverwittert.	

Im Moränengebiet ist die Verwitterungstiefe *nur auf der Hochfläche von flachen Kuppen* durch Bohrung festzustellen. An Hängen ist die Verwitterungsschicht durch Abtragung reduziert; in Mulden ist sie durch Ablagerung abgetragener Bodenmassen und durch verstärkte Wasserzufuhr erhöht. Unter Ackerland und auf morphologisch exponierten Lagen hat eine stärkere

Bodenabtragung stattgefunden, so daß man z. B. auf mindeleiszeitlichen Schotterriedeln z. T. nur noch 3 m Verwitterungstiefe findet. Die angegebenen Verwitterungstiefen beziehen sich auf Moränen und Schotter mit hohem Karbonatgehalt (40-60%). In Ablagerungen mit großem Anteil an Quarzsand und daher geringem Karbonatgehalt, wie z. B. in den Kiesen und Sanden des Mains, beträgt die Verwitterungstiefe sogar in holozänen Sedimenten 2,5 m und mehr (SCHIRMER 1983: 23).

Bodensummation. Auf den Hochflächen des Rheingletschergebietes gibt es bis 30 m mächtige Verwitterungsbildungen, die sich vorwiegend aus 3 bis 4 übereinanderliegenden Böden zusammensetzen, wie sich aus benachbarten Bohrungen, in denen die unverwitterten Ablagerungen z. T. noch erhalten sind, erkennen läßt (Abb. 62). Als letzter Rest der kalkigen Schichten sind zuweilen an deren Basis Kalkkonkretionen erhalten (Cc-Horizont). Die obersten 2 bis 3 m der verwitterten Schotter und Moränen bestehen weithin aus Fließerde und Decklehm (S. 82 u. 98).

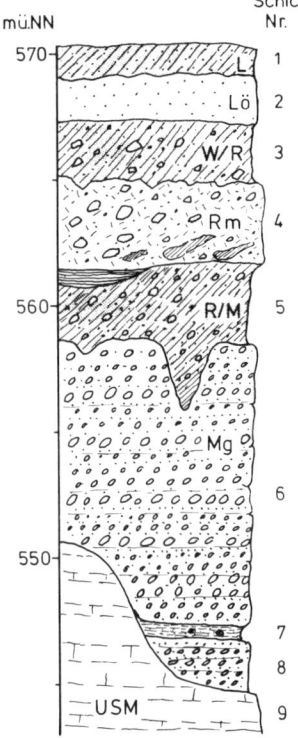

Abb. 61. Kiesgrube Neufra. 2 Paläoböden. Nach SCHÄDEL & WERNER 1963: 9, SCHREINER 1980: 17 und HEIZMANN 1987: 48.
1) 1 m Lößlehm, braun (holozäne Verwitterung)
2) 1,6 m Löß, graugelb, kalkig (Würm)
3) 2,3 m Verwitterungslehm aus Moräne, braun, kiesig (Paläoboden Riß/Würm)
4) 3 m Grundmoräne, grau, kalkig, gekritzte Geschiebe, 15% Kristallin, mit Schollen und Schlieren aus 5), (Riß)
5) 3 m, in Schlotten 6 m, Kiesverwitterungslehm, rotbraun, kiesig (Paläoboden Mindel/Riß), oben eine Muldenfüllung, Silt u. Sand, kalkfrei, mit humoser Lage
6) 10-12 m Schotter, grau, kalkig, alpine Gerölle bis 25 cm, 15-19% Kristallin (Mindel)
7) 0,5 m Auelehm, mit Lößschnecken
8) 2 m Schotter der Donau, Gerölle aus dem Jura, Schwarzwald und den Alpen (Periglaziale Basisfazies, Mindel)
9) USM Untere Süßwassermolasse, Tertiär.

Paläoböden (fossile Böden)

Wird ein Boden von Sedimenten einer folgenden Kaltzeit überlagert, dann liegt ein begrabener oder Paläoboden vor. Im Periglazialgebiet sind Paläoböden im Löß weit verbreitet. Selten ist der ganze Boden erhalten. Der A-Horizont fehlt meistens und manchmal ist nur noch ein Teil des

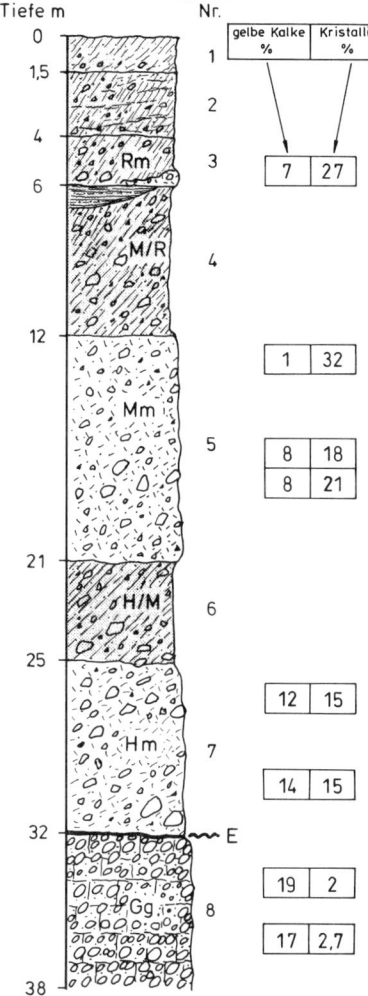

Abb. 62. Bohrung Seibranz 1981, Meißelbohrung. SCHREINER 1982: 127. 4 Glaziale, 2 Paläoböden, 1 Erosionsdiskordanz E.
1) 1,5 m Decklehm (Löß + Fließerde + Verwitterungslehm)
2) 2,5 m Fließerde u. Verwitterungslehm (nach Riß)
3) 2 m Rm – Rißmoräne, kiesig, z. T. kalkig
4) 6 m M/R – Paläoboden (Mindel/Riß), oben Silt und Feinsand, kalkfrei, feingeschichtet
5) 9 m Mm – Mindelmoräne, kalkig
6) 4 m H/M – Paläoboden (Haslach/Mindel)
7) 7 m Hm – Haslachmoräne, kalkig, E Erosionsdiskordanz
8) 6 m Gg – Schotter der Günzeiszeit (Nagelfluh), Untergrenze nicht erreicht.
Rechts sind aus dem Geröll- und Geschiebeinhalt die Anteile an gelben Kalken und an Kristallingesteinen (Gneise, -Granite, Amphibolite) eingetragen. Gg, Hm und Mm unterscheiden sich in der Geröllzusammensetzung. Die Erosionsdiskordanz Hm/Gg ist an der Geröllzusammensetzung und der scharfen Grenze zu der festen Nagelfluh von Gg erkennbar.

B-Horizontes in einer Verwitterungsschlotte erhalten. In der Regel ist der fossile Boden, abgesehen von Verdichtung infolge Überlagerung, nicht verändert, sondern braun bis rotbraun, kalkfrei und mehr oder weniger tonig. Der fossile Boden ist horizontbeständig. Er bleibt in der Schicht, aus der er gebildet wurde und greift nicht in die hangende, jüngere Schicht hinein. Bei Überfahrung durch den Gletscher werden jedoch Brocken und Schollen des Bodens, die in Schlieren ausgezogen werden, in die überlagernde Grundmoräne aufgenommen.

Stellenweise kommt es zu sekundärer Kalkausfällung in fossilen Böden, die an weißen, kalkigen Füllungen von Poren und Klüften zu erkennen ist. Unter reduzierenden Bedingungen, z. B. unter dichter Überdeckung, ändert sich die braune Bodenfarbe in graugrün.

Paläoböden zwischen Moränen und zwischen Schottern sind selten, aber besonders wichtig für die Stratigraphie, da sie eine sonst nicht erkennbare Trennung in verschiedene Eiszeiten anzeigen (Abb. 61 und 62). So hat z. B. die Entdeckung der Paläoböden von Neufra bei Riedlingen und von Rottum bei Biberach zu einer Revision der Quartärstratigraphie im Rheingletschervorland geführt (GRAUL 1962: 24, SCHÄDEL & WERNER 1963: 8 und 22). Große Gebiete von Moränen und Schottern, die vorher in das „Altriß" gestellt wurden, erwiesen sich nun als mindeleiszeitlich.

Pseudo-Paläoböden

Pseudo-Paläoböden sind Bildungen, die eine gewisse Ähnlichkeit mit echten Böden haben, jedoch ganz anderer Entstehung sind. *Go-Horizonte* (G Grundwasser, oxidiert) sind auffällig rostrote und schwarze Bänder von 0,1 bis mehrere Meter Mächtigkeit, die horizontal, schräg und in großen Flecken Schotter durchziehen. Es sind Ausfällungen von Eisen- und Manganoxid in den Poren des Schotters. Kalksteingerölle sind dabei nicht oder nur gering angelöst worden. Das in sauerstoffarmem Grundwasser gelöste Eisen und Mangan wurde im Bereich der Grundwasseroberfläche durch Kontakt mit Sauerstoff oxidiert und ausgefällt. Go-Horizonte werden deshalb auch als Grundwasserstandmarken bezeichnet. Go-Horizonte sind also keine an der Erdoberfläche entstandenen Bodenbildungen sondern intrasedimentäre Ausfällungen.

Bodendurchgriffe. Es gibt Verwitterungsbildungen innerhalb von Schottern oder zwischen Moräne und Schotter, die als brauner, ganz oder teilweise entkalkter, kiesiger Lehm vorliegen und einem echten fossilen Boden täuschend ähnlich sehen. Beim Nachgraben stellt sich jedoch heraus, daß die an der Wand eines Tobels oder einer Kiesgrube ausstreichende Verwitterungsbildung nach der Seite aufhört (Abb. 63). Es handelt sich um nicht

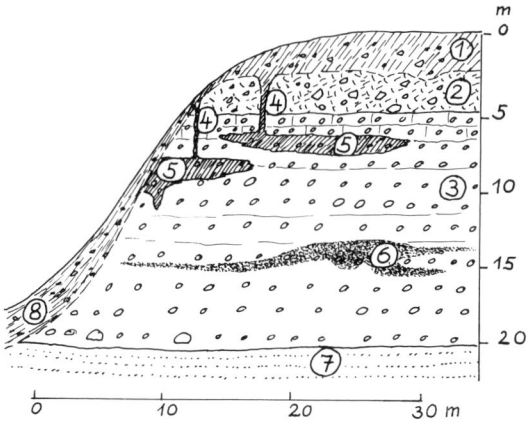

Abb. 63. Bodendurchgriffe (5) und Go-Horizont (6), z. T. nach HAAG (1979: 300).
1) Verwitterungslehm auf Rißmoräne, 2) Grundmoräne, graugelb, kalkig (Riß), 3) glazifluvialer Schotter, z. T. Nagelfluh (Riß), 4) Verbindung, 5) lehmig verwitterter Schotter, z. T. entkalkt (Bodendurchgriff), 6) Go Horizont, Fe- u. Mn-Oxydausfällung, rot u. schwarz, 7) Molasse-Untergrund, 8) Hangschutt.

durchgehende Linsen, die in verschiedenen Lagen des Schotters vorkommen können. Manchmal ist eine Verbindung zur Oberfläche zu sehen (HAAG 1979), die anzeigt, daß die Verwitterung an wasserdurchgängigen Klüften oder Gerinnen von der Oberfläche her in den Schotter „durchgegriffen" und sich über Flächen geringerer Durchlässigkeit seitlich ausgebreitet hat.

Die Verwitterung kann zur Entkalkung führen, meistens sind aber Kalksteingerölle im Kern noch kalkig. Das Wesentliche ist, daß die als Bodendurchgriffe bezeichneten Verwitterungsbildungen nicht wie an der Erdoberfläche gebildete Böden horizontbeständig sind, sondern in verschiedenen Lagen auftreten und seitlich auskeilen. Ein weiters Mittel zur Unterscheidung zwischen echten Paläoböden und Bodendurchgriffen ist die Geröllzusammensetzung der Schotter. Sie ist bei echten Paläoböden über und unter dem Boden in vielen Fällen deutlich verschieden (Abb. 62), was bei Bodendurchgriffen nicht der Fall ist.

Liegt ein kalkiger Schotter auf kalkfreiem Untergrund (z. B. Gneis), kann es durch weiches Grundwasser zur Entkalkung von unten her kommen. Auch durch seitlichen Zutritt von weichem Wasser aus einem Fluß kann ein kalkiger Schotter lagen- und linsenförmig entkalkt werden.

E. Untersuchungsmethoden

I. Geomorphologie

Die Untersuchung und Beachtung der Oberflächenformen ist für das Erkennen der Entstehung und der Zusammenhänge pleistozäner Ablagerungen nicht nur hilfreich, sondern unerläßlich, weil die Seltenheit von Aufschlüssen die Zuhilfenahme geomorphologischer Kriterien erfordert. Andererseits ist es notwendig, die geomorphologischen Befunde durch sedimentologische Untersuchungen zu kontrollieren.

Grundlage der geomorphologischen Untersuchungen ist die *topographische Karte*, wenn vorhanden im Maßstab 1:25000 mit Höhenlinien. Zur Ergänzung dienen entzerrte Luftbilder, die einen neueren Stand des Wegenetzes, der Siedlungen und der Aufschlüsse zeigen. Karte und Luftbild werden zu Beginn einer quartärgeologischen Untersuchung zum Studium des Gebietes herangezogen, und sie sind bei der Arbeit im Gelände und bei der Auswertung der Ergebnisse das unerläßliche Mittel zur Orientierung, Information und Dokumentation. Bei Eintragungen in die Karte 1:25000 ist zu beachten, daß ein 1 mm breiter Strich auf der Karte in der Natur 25 m entspricht. Zum Eintragen von Beobachtungspunkten, von Abkürzungen und Zeichen für Beobachtungen aller Art sind Vergrößerungen der 25000-Karte auf 1 : 10000 zweckmäßig.

1. Geomorphologische Merkmale pleistozäner Bildungen

Moränen

Grundmoräne ist meistens durch eine unregelmäßig flachwellige bis leicht hügelige Oberfläche gekennzeichnet. Sie weist kein einheitliches Gefälle auf. Eine Ausnahme bilden geringmächtige Decken aus Grundmoränen (bis 2 m), die einem Schotter aufliegen und auf einige 100 m Länge und Breite die Schotterfläche nachzeichnen. Ansonsten geht die Grundmoräne wie der praequartäre Untergrund bergauf und bergab, Eine besondere Form sind die stromlinienförmig in der Richtung der Eisströmung langgestreckten Drumlins (S. 18).

Flachwellig-hügelige Grundmoräne ist in den Gebieten, die von den pleistozänen Gletschern bedeckt waren, weit verbreitet. Sie ist allerdings an vielen Stellen von kiesig-sandigen Schmelzwasserablagerungen und von Seesedimenten überdeckt worden (Abb. 34).

Endmoräne und Seitenmoräne sind Wälle und Reihen von Hügeln, die den ehemaligen Gletscherrand nachzeichnen und aus glazigenem Schutt aufgebaut sind. Die Mächtigkeit einer Endmoräne kann primär durch mangelnde Schuttzufuhr oder durch starken Schmelzwasserabfluß im Bereich der Zunge gering sein. Wo Schmelzwasserströme am Eisrand entlangfließen und erodieren, wie z. B. am NW-Rand des pleistozänen Rheingletschers, kann die Endmoräne auf längere Strecke fehlen. Bei Talgletschern sind die Endmoränen früherer Gletscherstände meist auf kurze Erosionsreste am Talrand beschränkt, während Seitenmoränen, die an den Talflanken hochziehen, besser erhalten sind. An steilen Berghängen sind Seitenmoränen durch Abrutschen und Erosion meist beseitigt worden. Seitenmoränen und auf Hochflächen liegende Endmoränengabelungen sind besonders mächtig ausgebildet, wie z. B. die würm- und rißzeitliche Gabelung zwischen der Schussen- und Argenzunge des Rheingletschers. Wo die Endmoräne nach außen in einen Sander übergeht, liegt der Außenrand der Endmoräne höher als der Innenrand, der steil in das Zungenbecken abfällt (Abb. 34).

Endmoränen der Weichsel- oder Würmeiszeit sind gut erhalten. Besonders auffallend ist das durch zahlreiche Toteislöcher entstandene Gewirr von Hügeln und Löchern (Toteisrelief). Geringfügige, spätglaziale Frostbodenbewegungen und meist anthropogen bedingtes Hangabwärtswandern von Boden (Kolluvium) haben die durch den Gletscher und durch ausschmelzendes Toteis entstandenen Formen kaum verändert. In der Saale- und Rißeiszeit bilden Stauchendmoränen des Warthe-Stadiums und des Mittleren Riß (Doppelwallendmoräne) die deutlichsten Endmoränen. Steil geböscht sind sie dort, wo sie aus gestauchten und z. T. verfestigten Schottern bestehen, wie streckenweise zwischen Leutkirch und Biberach. Im allgemeinen sind die Saale- und Rißendmoränen durch nivellierende Frostbodenbewegungen, durch fehlendes Toteisrelief und auch durch primäre Formung bedeutend flacher als die Endmoränen der Weichsel- und Würmeiszeit.

Die genannten Endmoränen sind meistens auf der Karte und im Luftbild zu erkennen und zu verfolgen. Schwierigkeiten mit der Verbindung von Endmoränen treten bei größeren Lücken, bei Zusammendrängungen und bei Überfahrungen auf. Mit Hilfe von Schotterterrassen, die von Endmoränen ausgehen und bei Gleichzeitigkeit talabwärts zusammenlaufen, kann eine Klärung erreicht werden. In manchen Gebieten liegt an Stelle von Endmoränen ein regelloses Gewirr von Hügeln und Senken vor, ohne daß eine Gliederung mittels durchziehender Wälle, Abflußrinnen oder Schotterfelder erkennbar ist. Es handelt sich um Eiszerfallslandschaften, deren Formung auf Verfüllung und Ausschmelzen stagnierenden Gletschereises beruht.

Endmoränen der Mindeleiszeit sind ganz flache Wälle, die nur bei günstigen Erhaltungsbedingungen, wie z. B. am Ostrand des Rheingletschers zwischen Leutkirch und Biberach, zu erkennen sind (SCHREINER & EBEL 1981: Taf. 1, FESSELER & GOOS: Geol. Karte).

Schotter

Schotter sind durch ebene, in Fließrichtung leicht geneigte (0,5 bis 10‰) **Schotteroberflächen** oder Terrassenflächen (= Niveaus) gekennzeichnet (Abb. 34). Im kleinen betrachtet, kann die Terrassenfläche primäre Unebenheiten, flache Mulden und Erhebungen aufweisen. Sie sind durch stellenweise starke Strömung, z. B. in der Nähe des Eisrandes, zu erklären. Dort können auch Toteislöcher, die von überschotterten und später ausgeschmolzenen Eisblöcken einer vorherigen Gletscherzunge herrühren, vorkommen. (Abb. 28). Zahlreich sind die späteren Veränderungen einer Schotteroberfläche. Durch Auflösung von Salz, Gips und Kalkstein im Untergrund des Schotters können Dolinen einbrechen und Absenkungen von Schottern eintreten, was im Hochrheingebiet an einigen Stellen vorkommt.

Erosion durch Oberflächengewässer und Solifluktion verändern die Schotteroberfläche, indem auf der Fläche Dellen (Mulden) und am Rand Schluchten und schließlich Tälchen entstehen. Je älter der Schotter, desto höher liegt er in der Regel und desto stärker ist seine Zertalung (Abb. 64). Die quantitative Ermittlung des Ausräumungswertes nach OECHSLE (1955) ergibt deutliche Unterschiede zwischen den Schotterflächen der verschiedenen Eiszeiten des Riß-Iller-Gebietes (Abb. 64).

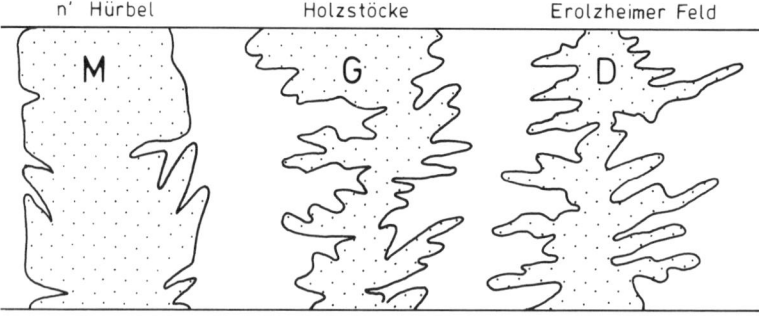

Abb. 64. Zerschneidung von Schotterkörpern, östliches Rheingletschergebiet. M – Schotter der Mindeleiszeit n' Hürbel, G – Schotter der Günzeiszeit, Holzstöcke, D – Schotter der Donaukaltzeit nw' Erolzheim.

Durch Aufwehung von Löß kann die Oberflächenform eines Schotters verhüllt werden, so z. B. im Hochrheintal, wo mindeleiszeitliche Schotter von bis 20 m mächtige Kissen aus Lößlehm bedeckt werden. Weitere Veränderungen der Schotteroberfläche treten bei Überfahrung durch den Gletscher ein. Der obere Teil eines Schotters kann dabei durch Gletschererosion entfernt und in Moränen eingearbeitet werden. Bei langsamem Vorrücken in einem Tal kann sich der Gletscher auf die vor ihm mächtiger werdenden Schotter legen (Abb. 65). Glazifluvialer Schotter geht dann ohne scharfe Grenze in Moräne über.

Schotter, die sich über die Talsohle erheben, sind am Rand von einer Terrassenstufe begrenzt, die in der Karte, im Luftbild und im Gelände, als Steilstufe hervortritt. Die Gefällslinie der Schotteroberfläche ist in der Regel flach konkav, da das Gefälle flußabwärts kleiner wird. In Talengen kommt es zu flachkonvexen Gefällsstrecken (GRAUL 1962: 45).

Die **Untergrenze von Schottern** wird von Veränderungen durch Abtragung und Überdeckung nicht betroffen. Deshalb werden Verbindungen von Schottervorkommen, die durch Erosion getrennt, oder die überdeckt sind, mit Hilfe der Gefällslinie der Schotteruntergrenze im Rinnentiefsten vorgenommen. Die Höhepunkte der Schotteruntergrenze im Rinnentiefsten gleichalter Schottervorkommen eines Tales liegen, im Schotterlängsschnitt aufge-

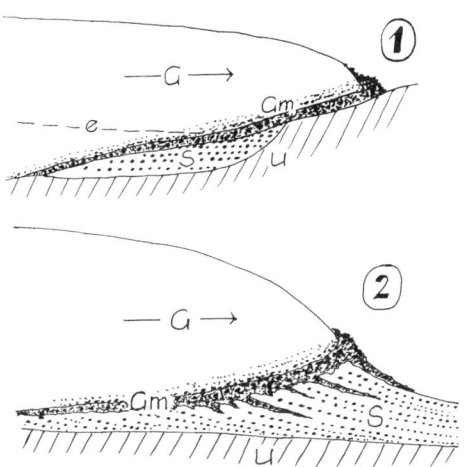

Abb. 65. Veränderung der Schotteroberfläche durch den Gletscher.
1) Erosion des oberen Teils des Schotterkörpers, 2) Überlagerung des Schotters durch den Gletscher, Verzahnung von Schotter mit Moräne. G – Gletscher, Gm – Grundmoräne und Fließmoräne in 2, S – Schotter, U – Untergrund, e – ehemalige Schotteroberfläche.

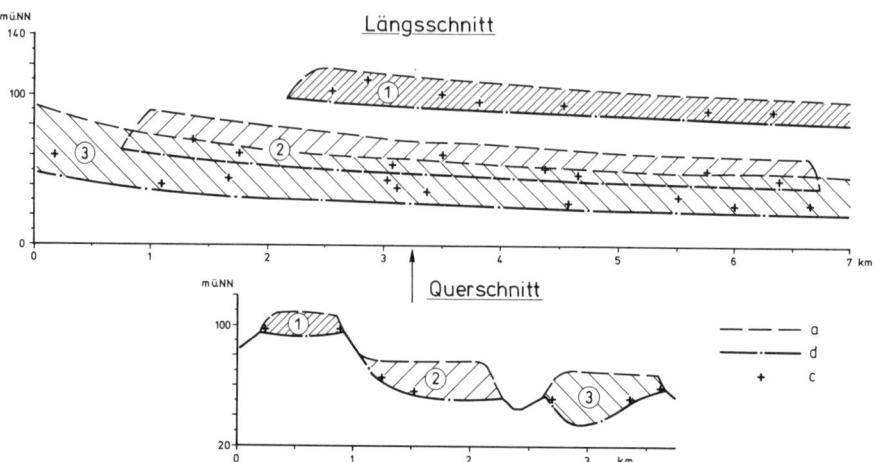

Abb. 66. Quartärgeologischer Längs- und Querschnitt 12,5 × überhöht. Im Längsschnitt werden die nebeneinander liegenden Schotterkörper auf eine Konstruktionslinie projiziert, es werden Gefällslinien der Schotteruntergrenze im Rinnentiefsten dargestellt.
1) ältester Schotter, 2) mittlerer Schotter, 3) jüngster Schotter.
a) Schotterobergrenze, b) Schotteruntergrenze im Rinnentiefsten, c) Schotteruntergrenze am Rand.

zeichnet, mit geringen Schwankungen auf *einer Gefällslinie* (Abb. 66). Am Rand des Schotterkörpers gelegene Punkte liegen über der Gefällslinie, aber nicht über der Schotterobergrenze. Die Höhen der Untergrenze älterer Schotter liegen meist soviel höher, daß in der Regel keine Verwechslung entsteht. In Zweifelsfällen dienen Geröllzusammensetzung, Verwitterungstiefe und Deckschichten zur Unterscheidung. Wichtig ist das Beachten des Gefälles. Bei 4‰ Gefälle liegt ein Schotter in 10 km Entfernung 40 m tiefer!

Die Untergrenzen-Gefällslinie ist geradezu das „Leitfossil" der Schotterstratigraphie. Das Verfahren, das Pleistozän aufgrund der verschiedenen Höhenlage glazifluvialer Schotter zu gliedern und in Längsschnitten darzustellen, geht auf PENCK & BRÜCKNER 1909: Taf. 1 zurück und wird auch als Morphostratigraphie bezeichnet.

Das *Auffinden der Schotteruntergrenze* ist in Schottergebieten ein wesentlicher Teil der quartärgeologischen Geländearbeit. Selten ist die Schotteruntergrenze aufgeschlossen, indem Schotter sichtbar auf Molasse oder sonstigem älteren Untergrund liegt. Meist ist die Grenze durch kiesigen Hangschutt verhüllt, so daß Grabungen mit Pickel und Spaten notwendig werden. In vielen Fällen, besonders in der Sohle von Kiesgruben und bei ausdünnender Schotterdecke kann die Grenze durch Handbohrungen aufgefunden werden. Graben und Bohren sind anstrengende und zeitraubende Tätigkeiten. Es wird daher dringend geraten, das Untersuchungsgebiet zuerst nach vorhandenen Aufschlüssen abzusuchen, um die Zahl der Bohrungen einzuschränken. Geländebegehungen zum Aufnehmen von Aufschlüssen sind am besten in der vegetationsfreien Zeit, also besonders in den schneefreien Wintermonaten vorzunehmen, da viele kleine Aufschlüsse im Sommer von Laub und Kraut verdeckt werden. In Kiesgruben findet sich nicht selten ein Baggerloch, in dem der Untergrund und damit die Untergrenze des Schotters zum Vorschein kommt. Quellen sind oft ein guter Hinweis für die Untergrenze im Rinnentiefsten. Das Wasser kann jedoch einige Meter tiefer aus Klüften des Untergrundes oder aus Hangschutt austreten.

Bei größerer Überdeckung sind maschinelle Bohrungen erforderlich. Zunächst wird man vorhandene Bohrergebnisse heranziehen, wobei jedoch die Schichtenverzeichnisse, die nicht von einem Geologen aufgenommen worden sind, nicht selten fragwürdige Angaben enthalten, die nicht immer richtig zu deuten sind. Besonders bei Spülbohrungen, wie sie für seismische Sprenglöcher ausgeführt werden, ist die Schotteruntergrenze infolge von Nachfall von Schotter oft zu tief angegeben. Auch kommt es vor, daß Beckenton für Tertiär-Tonmergel angesehen wird, was zur Annahme einer zu hohen Quartäruntergrenze führt.

Die Schotteruntergrenze kann auch mit geophysikalischen Messungen erkundet werden (Geoelektrik, Seismik, HOMILIUS 1973). Es ist jedoch notwendig, die Meßergebnisse an einer oder mehreren Bohrungen zu kontrollieren.

Der nächste Schritt ist die *Bestimmung der Höhe* über NN (Normal Null) der aufgefundenen Schotteruntergrenze. Die Höhenlinien der Karte 1:25 000 sind dafür nicht ausreichend. Man mißt die Höhe mit einem barometrischen Höhenmeßgerät, das auf 1 bis 2 m genau ablesbar sein sollte. Man stellt das Gerät an einem Höhenfestpunkt ein und liest dann die Höhe an dem fraglichen Punkt ab. Danach ist an dem Höhenfestpunkt zu kontrollieren, ob sich die Anzeige des Gerätes infolge Luftdruckschwankung verändert hat. Es ist zu empfehlen, barometrische Höhenmessungen nur bei stabilem Hochdruckwetter vorzunehmen, da sonst Fehlmessungen kaum zu vermeiden sind. Auf älteren Karten können auch die Höhenpunkte fehlerhaft sein. Bei den Vermessungsämtern kann man neu eingemessene, zuverlässige Höhenfestpunkte erfragen.

Zur *Konstruktion der Gefällslinien* in einem Längsschnitt werden die Punkte der Untergrenze aller Schottervorkommen senkrecht auf eine Projektionslinie gebracht und nach der aus der Karte entnommenen Entfernung in den Längsschnitt eingetragen (Abb. 66 und 67). Die Projektionslinie sollte möglichst ohne Krümmungen in der Mitte der Rinne oder des Abflußgebietes verlaufen. Es ist also notwendig, den Verlauf der Rinne, die heute als vielfach

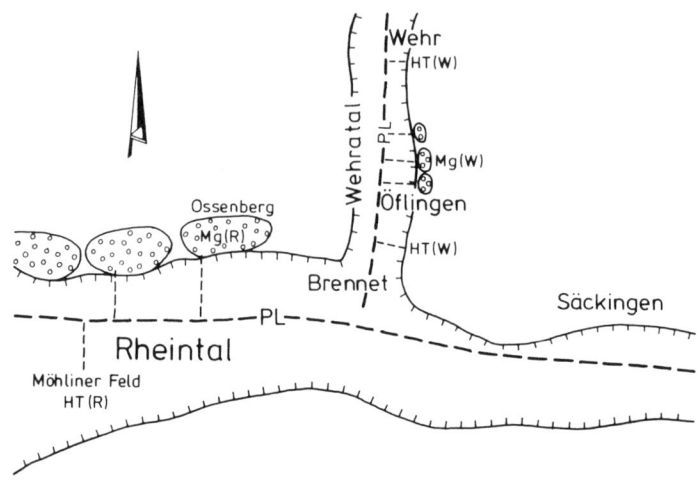

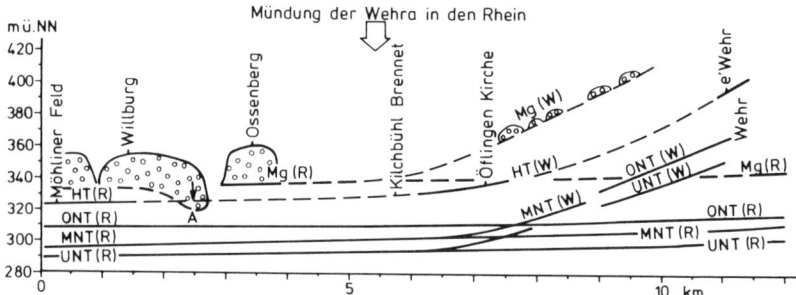

Abb. 67. Konstruktion von Gefällslinien im Rhein- und Wehratal. Oben: Vereinfachte Karte. Unten: Gefällslinien. Für Mg *Schotteruntergrenzen*. Für HT und NT *Schotteroberflächen* (Untergrenzen zu wenig bekannt).
Niederterrassen im Rheintal nach GRAUL (1962, Fig. 12). A – Absenkung infolge Auflösung von Gips im Untergrund. Pl – Projektionslinien, Mg – Schotter der Mindeleiszeit, (W), Wehratal, (R) Rheintal, HT – Hochterrasse (Riß), ONT – Obere Niederterrasse (Würm), MNT – Mittlere Niederterrasse (Würm), UNT – Untere Niederterrasse (Würm).

unterbrochener oder mächtig überdeckter Schotterstrang vorliegt und durchaus nicht immer mit dem heutigen Tal übereinstimmt, zu kennen. Der Verlauf eines zusammengehörenden, also gleichaltrigen Schotterstranges kann mit Hilfe von Punkten der Schotteruntergrenze, die auf einer Gefällslinie liegen, erkundet werden. Zur Kontrolle dienen übereinstimmende Ausbildung und Geröllzusammensetzung, Verwitterungstiefe und Deckschichten. Für die donau- und biber-kaltzeitlichen Schotter des Iller-Lech-Gebietes ist eine von der Nordrichtung der heutigen Täler abweichende Abflußrichtung nach Nordosten ermittelt worden (HABBE & RÖGNER 1989: 314).

Die Schotter von Nebentälern können ab der Mündung in das Haupttal in *einen* Längsschnitt eingetragen werden. Sie sind durch höheres Gefälle gekennzeichnet. Wegen der Unebenheit der Schottersohle und wegen der Ungenauigkeit der Höhenbestimmung ist bei der Konstruktion von Gefällslinien eine Toleranz von $\pm$ 2 m angebracht. Unterhalb von Felsschwellen kommt es zur Auskolkung (unterhalb der Laufenburger Schwelle im Hochrhein um 25 m, HALDIMANN et al. 1984: 61). Wie bei der Schotteroberfläche ist auch die Gefällslinie der Schotteruntergrenze in der Regel flach konkav, wobei das Gefälle im Oberlauf deutlich größer ist.

Im Bereich des Gletscherrandes können getrennte Abflußrinnen und ihre Schotterfüllung verschieden hoch liegen und erst nach längerer Laufstrecke eine gemeinsame Höhenlage erreichen. Wenn der Zusammenhang mit der gemeinsamen Endmoräne nicht mehr erkennbar ist, entsteht die Gefahr, zeitlich getrennte Schotter und damit zu viele Eiszeiten anzunehmen. Ein Beispiel dafür ist die Verdoppelung der Mindel- und Günzzeit im Illergebiet durch EBERL (1930), die aufgrund der Untersuchungen von SINN (1972) wieder rückgängig gemacht wurde.

Durch strenge Anwendung der Vorstellung, Schotterkörper hätten einen kastenförmigen Querschnitt mit nahezu ebener Sohle, kommt SCHAEFER (1973, 1979, 1980) zu dem Ergebnis, daß die von ihm untersuchten Schotterfelder aufgrund z. T. geringer Unterschiede in der Höhe der Schotteruntergrenze in mehrere, durch Erosionsphasen voneinander getrennte, meist schmale Schotterkörper zu gliedern sind – das Grönenbacher Feld z. B. in 10 Aufschüttungen (SCHAEFER, 1973: 198). Hingegen zeigt Abb. 68 vier Beispiele mit unregelmäßig muldenförmiger Schottersohle. Die Einheitlichkeit der einzelnen Schotterkörper in Abb. 68 geht aus übereinstimmender Geröllzusammensetzung und gleichartigen Deckschichten hervor. Weitere Beispiele für schräge Schottersohlen geben SINN (1972: 69, 96) und LÖSCHER (1976: 11, 26, 76).

Störungen der Gefällslinie. Höhenpunkte der Schotteruntergrenze, die über der Gefällslinie liegen, weisen auf eine Lage am ansteigenden Rand des Schotterkörpers hin, falls ein älterer Schotter ausgeschlossen werden kann. Liegen Höhenpunkte zu tief, dann handelt es sich in der Regel um einen jüngeren und daher tiefer liegenden Schotter, was sich durch weitere Punkte, die auf der tieferen Gefällslinie liegen, erweisen muß. Ist diese Möglichkeit auszuschließen, weil z. B. der jüngere Schotter anders ausgebildet ist oder wesentlich tiefer reicht, dann liegt eine Störung infolge Absenkung vor. Dabei kann es sich um eine Abrutschung am Hang handeln, was durch Verkippung

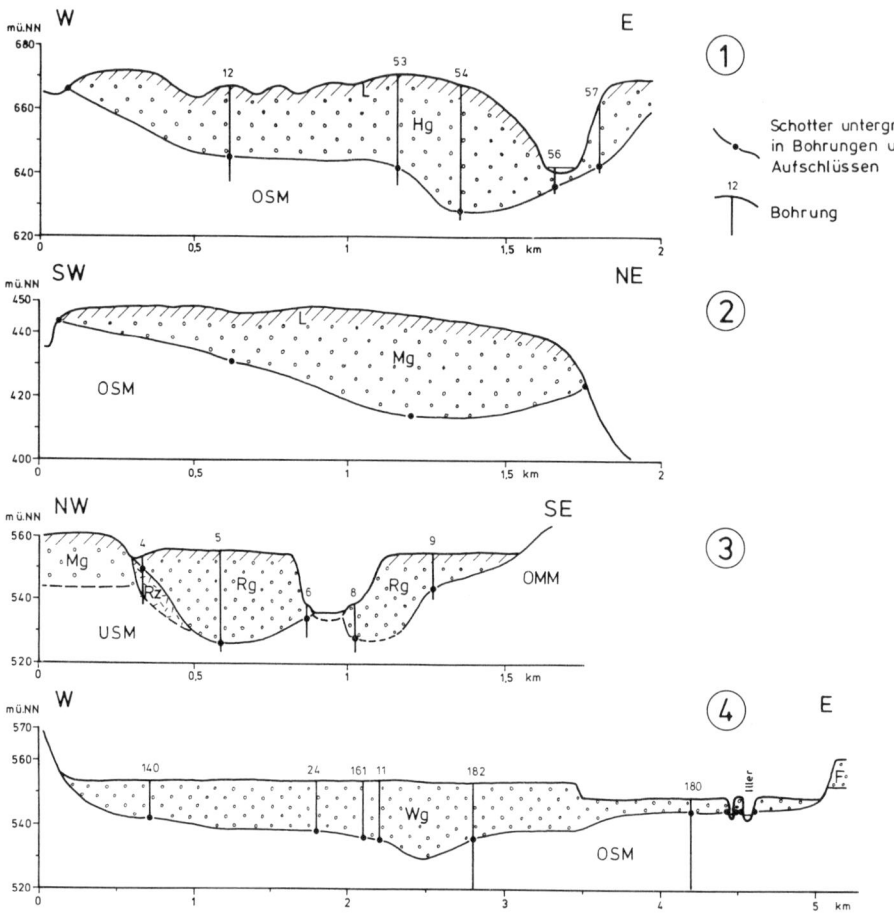

Abb. 68. Querschnitte durch Schotterkörper (östliches Rheingletschergebiet), 10 × überhöht, 4) 20 × überhöht.
1) Schotter der Haslacheiszeit (Hg), 1,5 km s' Haslach. Nach FESSLER & GOOS 1988: Beil. 3,
2) Schotter der Mindeleiszeit (Mg), Tannheimer Schotter sw' Tannheim, 3) Schotter der Rißeiszeit, Mittleres Riß (Rg) bei Alberweiler 6 km nnw' Biberach, 4) Schotter der Würmeiszeit (Wg), Illertal s' Erolzheim. Nach KUPSCH & WILLIBALD 1982.
L – Decklehm u. Verwitterungslehm, Rz – Moräne des Älteren Riß, F – Schotter des Fellheimer Feldes (Würm).

der Schotterschichten und durch weitere Hinweise auf Rutschung, wie z. B. eine Abrißnische, erkannt werden kann. Über verkarstetem Kalkstein (Oberer Jura, Oberer Muschelkalk) und über Gips (Keuper, Mittlerer Muschelkalk) kann es zu dolinenförmigen Einbrüchen und Absenkungen kommen (Abb. 67).

Auf den Einfluß tektonischer Hebung auf den Vorgang der Erosion und die Entstehung von Terrassentreppen sowie auf die Übereinanderlagerung von Schottern infolge tektonischer Absenkung wurde mehrfach hingewiesen (S. 51). Auch tektonische Absenkung abgelagerter Schotter in Grabenstrukturen sind bekannt. Beispiele sind die gegenüber der Gefällslinie um 30 m abgesenkten mindeleiszeitlichen Schotter des Friedinger Schloßberges bei Singen (FREI 1912: 67) und des Heilsberges im Absenkungsgebiet des Hegaus (SCHREINER 1983: 64). Das Mitspiel der Tektonik kann die Schotterstratigraphie aufgrund der Schotteruntergrenzen erheblich stören, wenn nicht genügend Punkte für die Konstruktion der ungestörten Gefällslinie vorliegen. Andererseits ist die Gefällslinie der Schotteruntergrenze ein empfindlicher Anzeiger für tektonische Störungen. Abgesehen von der Absenkung der Münchener Ebene und im Hegau zeigen die Schotterkörper des nördlichen Alpenvorlandes keine tektonischen Störungen an, wenn man von der gesamten Hebungstendenz, die zur Ausbildung der Terrassentreppe führte, absieht. Früher angenommene Absenkungen von Schottern in der Nähe des Alpenrandes (PENCK & BRÜCKNER 1969: 40) haben sich als falsche Schotterverbindungen erwiesen (EBERL 1930: 269).

II. Untersuchungen im Aufschluß und im Labor

Aufschlüsse sind natürlich (Wände von Schluchten und Steilhängen, Uferprallhänge, Kliffs von Seen und Meeren, Abrisse von Rutschungen, Erosionsrinnen) oder künstlich (Baugruben, Anschnitte, Grabungen, Bohrungen). Auch Kleinigkeiten wie Wurzellöcher gestürzter Bäume, Ackerfurchen und Maulwurfhaufen können wichtige Aufschlüsse sein. Besonders zu erwähnen sind Dachs- und Fuchsbauten, die zum Auffinden der Obergrenze sandiger Molasse gute Dienste leisten.

In jedem Fall ist es unerläßlich, das Gelände (die Morphologie) auch in der Umgebung des Aufschlusses zu beachten, um die daraus möglichen Schlüsse zu ziehen. In der Regel ist es notwendig, den Aufschluß mit Spaten und Hacke zu säubern und zu erweitern. Feinstrukturen werden mit Messer, Spachtel, Besen und Pinsel besser sichtbar gemacht. Wenn notwendig, wird das Liegende mit einer Handbohrung erkundet.

Die *Aufschlußbeschreibung* im Feldbuch soll auf jeden Fall folgende wichtige Angaben enthalten: Mächtigkeit, Gesteinsart, Farbe, Schichtung, Partikelgröße, Kalkgehalt, Obergrenze, Untergrenze. Dafür sind neben der topographischen Karte folgende Geräte notwendig: Hammerhacke, Meterstab, Salzsäure, Höhenmeßgerät (Barometer), Bohrgeräte. Die fortlaufende Numerierung der Aufschlußpunkte in der Karte wird auch für die Beschreibung im Feldbuch und für die Proben, die zur weiteren Untersuchung genommen werden, verwendet.

Beispiel der Beschreibung eines Aufschlusses (Deutung in Klammern):

Nr. 125, Kiesgrube 1,2 km s' Hinterweiler
  Gelände eben, leicht nach N geneigt (Terrassenfläche)
1) 2,2 m Lehm, braun, sandig-kiesig, kalkfrei (Verwitterungslehm)
2) 6,5 m Schotter, grau, horizontal geschichtet, alpine Gerölle bis 15 cm, gerundet. Probe. Einzelne Blöcke aus Weißjurakalkstein, kantig; kalkig (fluvial, Riß?)
3) 0,3–0,5 m Schotter, rot und schwarz, Gerölle wie oben, z. T. angelöst (Fe-Mn-Oxydausfällung)
4) 5 m Schotter, grau und weiß, stark sandig, horizontal und schräg geschichtet, Fallen der Schrägschichtung 10–30° nach N und NE; alpine und viel Weißjura-Gerölle, einzelne Gerölle aus Granit und Buntsandstein. Probe. (fluvial, Riß?).

zusammen 14 m
5) Baggerloch an W-Rand (Weißjuramassenkalk)
Obergrenze 532 m (n. Barometer), Untergrenze des Schotters 532 − 14 = 518 m.

Die endgültige genetische und stratigraphische Deutung ist erst nach Abschluß der Untersuchung eines größeren Gebietes, nach Vorliegen der Untersuchungsergebnisse der entnommenen Proben und nach der Konstruktion von Gefällslinien in Längsschnitten möglich. Bei Schichtstörungen (Stauchung, Sackung, Kryoturbation) und bei komplexen Schichtfolgen sind *Skizzen* erforderlich, die sowohl zum Festhalten der Beobachtung als auch zur späteren Darstellung der Ergebnisse dienen. Auch photographische Aufnahmen sind zweckmäßig. Zeitsparend sind Bilder mit einer Polaroidkamera, auf denen man sogleich Bemerkungen und Meßergebnisse eintragen kann. Die Messung einer möglichst großen Zahl von Schrägschichtungsflächen gibt Auskunft über die Strömungsrichtung des Gewässers, das die Schotter oder Sande abgelagert hat.

1. Situmetrie

Messungen im Aufschluß. Neben der in der Geologie üblichen Messung von Schrägschichtung, Schichtflächen und Faltenachsen, z. B. in Stauchmoränen, spielt im Quartär die Messung der Lage von Geschieben und Geröllen eine besondere Rolle.

Längsachseneinregelung (long axis orientation). Hierbei wird die Längsachse (a-Achse) länglicher Geschiebe, deren Länge mindestens doppelt so groß ist wie die Breite, gemessen. Auf RICHTER (1932), KRUMBEIN (1939) und HOLMES (1941) zurückgehend, kann aus der vorwiegenden Richtung der Längsachsen von Geschieben und Geröllen auf die Fließrichtung des Gletschers oder des Flusses, der sie transportiert hat, geschlossen werden. Geeignete Sedimente sind Grundmoränen, in denen infolge gleitender Bewegung längliche Geschiebe mit ihren Längsachsen vorwiegend *in der Richtung der ehemaligen Eisströmung* liegen. In fluviatilen Ablagerungen liegen längliche Gerölle infolge rollender Bewegung mit ihrer Längsachsen vorwiegend *quer zur Fließrichtung des Flusses* (Abb. 69). Es wird also nicht das Streichen und Fallen der Fläche eines Geschiebes gemessen, sondern die *Richtung seiner Längsachse* und zwar in der Richtung des Fallens. Es ergeben sich Werte zwischen $0°$ und $360°$.

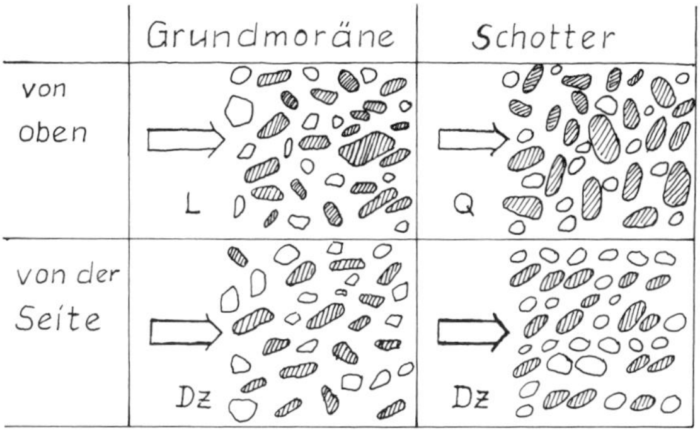

Abb. 69. Längsachseneinregelung von Geschieben und Geröllen. Schematische Darstellung. L – vorwiegende Längseinregelung, Q – vorherrschende Quereinregelung, Dz – Dachziegellagerung (imbricating), schraffiert: zur Messung der Einregelung geeignete Geschiebe u. Gerölle.

Bei *Grundmoräne* wird zunächst eine 1 bis 2 m breite und 0,3 bis 0,5 m in den Berg hineingehende Fläche freigelegt. Dann werden von oben her Geschiebe herausgelöst. Zur Messung geeignete, längliche Geschiebe werden wieder in ihre Höhlung gelegt und ihre Längsachse wird mit einem in den Geschiebemergel gesteckten Holzstäbchen festgehalten und dann mit dem Kompass gemessen. Bei freiliegenden Geschieben kann die Längsachse auch direkt gemessen werden. Neben der Fallrichtung der Längsachse wird auch der Fallwinkel gemessen, z. B. Fallrichtung $330°$, Fallwinkel $5° = 330/5$. Geschiebe, die steiler als $60°$ fallen, sind für die Messung nicht geeignet. Es sind mindestens 50 Messungen erforderlich. An Stelle von Geschieben, die in manchen Grundmoränen sehr selten sind, können auch längliche Sandkörner in Dünnschliffen von orientiert entnommenen und künstlich verfestigten Proben gemessen werden (SITLER & CHAPMAN 1955). Auch in Fließmoränen herrscht Einregelung der Geschiebelängsachsen in Fließrichtung vor.

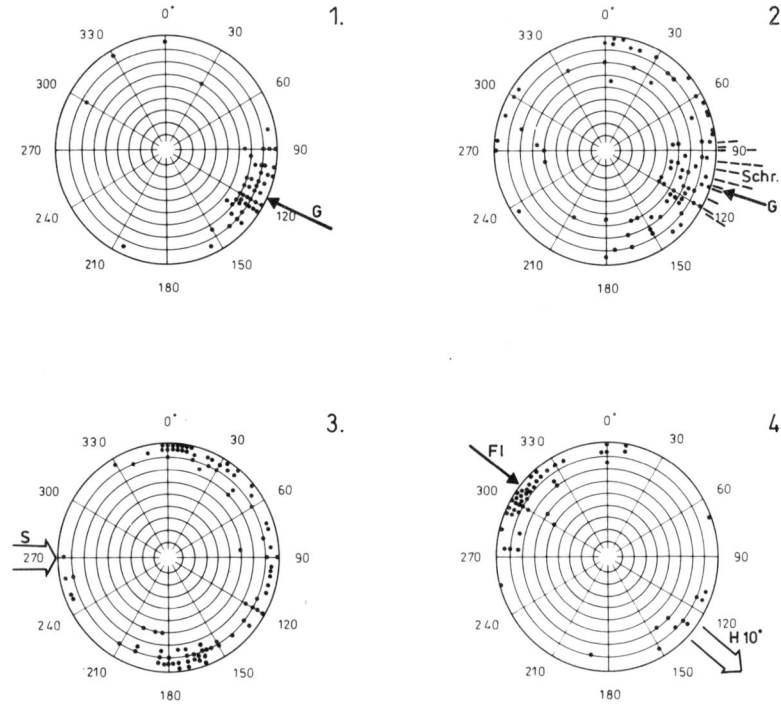

Abb. 70. Auswertung und Darstellung von Längsachseneinregelung.
1) gute Einregelung, Grundmoräne bei Gottmadingen, 2) mäßige Einregelung, Grundmoräne bei Thayngen, 3) gut eingeregelter fluviatiler Schotter, Wutachtal, Reiselfingen, 4) gut eingeregelte Fließerde bei Bad Wurzach.
G mit Pfeil: aus den Messungen ermittelte Richtung der Gletscherströmung, Schr – Gletscherschrammen auf benachbarten Jurakalken, S – Richtung des Schmelzwasserstroms aufgrund der Messungen, Fl – Fließerde, Bewegungsrichtung, H – Richtung des Hanggefälles.

Die Geschiebelängsachsen in Grund- und Fließmoränen sind meistens *gegen die Fließrichtung* geneigt (in der Art von Dachziegelschichtung) (Abb. 69). Bei der Darstellung der Meßpunkte im Kreis ergibt sich dann eine Häufung der Punkte in dem Bereich, aus dem der Gletscher herkam (Abb. 70-1 u. 2). Nicht selten sind die Längsachsen auch *in Fließrichtung geneigt*. Zuweilen gibt es ein oder zwei Nebenmaxima quer zum Hauptmaximum. In seltenen Fällen kommen Störungen der Einregelung vor, z. B. durch erneute Überfahrung einer Grundmoräne. Daraus entstehen stark zerstreute oder abweichende Einregelungen.

Bei *Schottern* ist die bekannte Dachziegelschichtung (imbricating) schon an der Aufschlußwand sichtbar, wenn die Wand ungefähr in der Fließrichtung des ehemaligen Flusses verläuft. Dann sieht man bei länglichen Geröllen auf die schräg liegenden Querachsen (Abb. 69), während die Längsachsen in die Wand hineingehen. Zunächst ist es möglich, die Fallrichtung der in Dachziegelschichtung liegenden Gerölle zu messen. Die Fallrichtung zeigt *gegen* die Fließrichtung. Dachziegelschichtung ist aber nur stellenweise sichtbar, da längst nicht alle Gerölle in Dachziegelschichtung liegen. Beim Graben und Messen an Schotterwänden Vorsicht vor Steinschlag, Helm aufsetzen!

Bei der Messung der Längsachsen in Schottern löst man die länglichen Gerölle vorsichtig aus der Wand und mißt die Richtung der Längsachse und deren Neigung, die meist um die Horizontale pendelt. Bei der Darstellung der Meßpunkte im Kreis ergeben sich bei Einregelung quer zur Strömung zwei gegenüberliegende Punkthäufungen (Abb. 70-3). Die Fließrichtung verläuft quer zur Verbindungslinie der Punkthäufungen. Bei Einregelung *in* Fließrichtung infolge hoher Fließgeschwindigkeit (RICHTER 1936:28) handelt es sich um seltene Ausnahmen.

Die Ermittlung der Fließrichtung durch Messung der Längsachsen, der Dachziegelschichtung und der Schrägschichtung hat ihren Sinn besonders bei von der Erosion zerschnittenen und isolierten Schottervorkommen. Bei zusammenhängenden Schotterfeldern ergibt sich die Fließrichtung am einfachsten aus dem Gefälle der Schotteroberfläche, das auf der Karte zu ersehen ist.

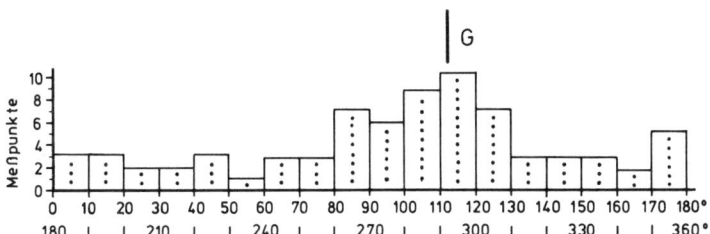

Abb. 71. Darstellung der Längsachseneinregelung im Histogramm, Grundmoräne bei Thayngen (vgl. 2 in Abb. 70).
G – Richtung der Gletscherströmung 110° oder 290°.

2. Rundung von Geröllen und Geschieben

Die Untersuchung der Rundung von Geröllen usw. in pleistozänen Ablagerungen führt zu Aussagen über die Genese der Ablagerung. Nach CAILLEUX (1952:12) wird die Rundung nach der Formel $R = \frac{2r1}{L} \times 1000$ bestimmt. L ist die größte Länge des Gerölls, r1 ist der kleinste Krümmungsradius des Gerölls, der an aus einem Karton ausgeschnittenen Halbkreisen verschiedener Radien gemessen wird. Wie VALETON (1955) ausgeführt hat, ist die Messung kleiner Radien ungenau, weshalb die von KRUMBEIN (1941) vorgeschlagene visuelle Bestimmung der Rundung in 5 Gruppen vorzuziehen ist. Die von REICHELT (1955, 1961) vorgenommene visuelle Bestimmung der Rundung in 4 Gruppen hat sich als Feldmethode eingeführt. Die 4 Rundungsgruppen, die an 100 Geröllen von 1–6 cm Durchmesser bestimmt werden, sind: gut gerundet (gg), gerundet (g), kantengerundet (kg), kantig (kt). Zum Vergleich der Ergebnisse eignet sich der Rundungsgrad R°, der sich folgendermaßen errechnet: gg × 4 + g × 3 + kg × 2 + kt × 1. So kommen Rundungsgrade von 100 (nur kantiger Schutt) bis 400 (alles gut gerundete Gerölle) zustande.

Tabelle 7. Beispiele von Rundungsanalysen.

	gg (%)	g (%)	kg (%)	kt (%)	R° (%)
Frostschutt aus Gneis	0	0	5	95	105
Grundmoräne, alpine Gesteine	2	30	50	18	216
Fließerde aus Moräne	2	25	40	33	196
glazifluv. Schotter, mäßig gerundet	5	70	15	0	260
glazifluv. Schotter, gut gerundet	25	70	5	0	320

Um subjektive Schwankungen bei der visuellen Rundungsanalyse auszuschalten, ist eine Einübung und Selbstkontrolle anhand von Standardproben erforderlich. Dann wird eine hinreichende Übereinstimmung auch bei verschiedenen Bearbeitern erreicht.

Die Rundung wird auch von der Gesteinsart beeinflußt. So sind z. B. in *einer* Schotterprobe Gerölle aus Buntsandstein besser gerundet als Gerölle aus Gneis. Es empfiehlt sich daher, die Rundungsanalyse mit der gleichen Gesteinsart auszuführen, z. B. nur mit alpinen Kalksteingeröllen oder nur mit Gneisgeröllen. In der Hauptsache hängt die Rundung aber von der Transportart ab (Tab. 7): Frostschutt ist überwiegend kantig, Moränen sind meist durch kantengerundete Geschiebe gekennzeichnet, Schotter, ob fluvial oder glazifluvial, enthalten überwiegend gerundete und gut gerundete Gerölle.

Abb. 72. 4 Rundungsgruppen: gg – gut gerundet, g – gerundet, kg – kantengerundet, kt – kantig.

Es ist zu beachten, daß die Ergebnisse von Rundungsanalysen nur innerhalb *eines* Einzugsgebietes untereinander vergleichbar sind. So unterscheiden sich die Rundungsgrade zwischen den Moränen und Schottern des Wutachtales im Schwarzwald ganz erheblich von denen des Hochrheingebietes (Tab. 8). Es ist aber sehr gut möglich, Moränen und Schotter in dem jeweiligen Gebiet voneinander zu unterscheiden.

Tabelle 8. Verschiedene Rundungsgrade in verschiedenen Gebieten.

	glazifluviatile Schotter	Grundmoräne
Wutachtal/Schwarzwald. Gneise	R° 205-270	R° 160-190
Hochrheingebiet. Alpine Kalksteine	R° 260-360	R° 180-250

Bei Schottern nimmt der Rundungsgrad mit zunehmendem Transportweg zu. Zum Beispiel im Wutachtal/Schwarzwald: 0 km (nahe der Endmoräne) R° 205, nach 8 km R° 244, nach 15 km R° 268.

Grundmoränen, die infolge Gletschererosion und Aufarbeitung Gerölle aus einem Schotterkörper aufgenommen haben, weisen einen erhöhten Rundungsgrad auf, der an den von Schotter herankommt.

Fließerde, die aus meist verwitterter Moräne hervorgegangen ist, hat einen kleineren Rundungsgrad als die Moräne, da ein Teil der Geschiebe und Gerölle durch Verwitterung und Frost zu kantigen Bruchstücken zerfallen ist. Bei der Fließerdebewegung wurden die Bruchstücke zum größten Teil voneinander getrennt (Abb. 46). Neben der Rundungsanalyse ist es bei Fließerden angebracht, den Anteil an *isolierten, kantigen Bruchstücken* von Geschieben und Geröllen an der Aufschlußwand zu bestimmen. Dazu werden mit einem Messer oder Spachtel Geschiebe und deren Bruchstücke aus der Aufschlußwand entnommen, wobei sorgfältig darauf zu achten ist, ob isolierte, also bewegte, oder in situ zerfallene und ganze Geschiebe und Gerölle vorliegen. Ein Anteil von 20–30 % an isolierten Bruchstücken sind kennzeichnend für Fließerden aus Moränen im Gebiet des pleistozänen Rheinvorlandgletschers (SCHREINER 1988: 470). Bei Moränen, die infolge reichlich Schutt aus Obermoräne viel kantige Geschiebe enthalten, ist in den daraus entstandenen Fließerden der Anteil an kantigen Geschieben + kantigen Bruchstücken, die dann nicht zu trennen sind, besonders hoch (56 % bei Bergerhausen, Tab. 9).

Bei Bohrproben, in denen es durch die mechanische Beanspruchung beim Bohren zu zusätzlichem Zerbrechen von Geschieben kam, erhält man einen besonders hohen Anteil an kantigen Bruchstücken, der in Fließerden über 70 % liegen kann und damit deutlich höher ist als in Bohrproben von Grundmoräne. In den Beispielen von Tabelle 9 ist der Anteil an kantigen

Geschieben und Bruchstücken von Geschieben in den Fließerden um 21 bis 43 % größer, als in den Moränen, aus denen sie hervorgegangen sind.

Tabelle 9. Anteil an kantigen Geschieben und Bruchstücken von Geschieben und Geröllen in % (pleistozäner Rheinvorlandgletscher).

	Moräne der Rißeiszeit	Fließerde
Ertingen, Kiesgrube	1	22
Bergerhausen, Baugrube	26	56
Krumbach bei Saulgau		
Bohrung IX	16	59
Bohrung X	23	44
Bohrung XI	15	55

3. Petrographische Geröllzusammensetzung (Geröllanalyse)

Die Zusammensetzung des Geschiebe- und Geröllbestandes von Moränen und Schottern gibt Auskunft über das Einzugsgebiet, über frühere Fließrichtungen und in manchen Fällen über das relative Alter der Ablagerung.

Die petrographische Geröllanalyse kann bei guter Kenntnis der Gesteinsarten an gewaschenen Proben im Gelände durchgeführt werden. Zweckmäßiger ist jedoch die Untersuchung im Labor, wo eine genauere Betrachtung fraglicher Gerölle unter dem Binokular und der Vergleich mehrerer Proben möglich ist. Welche Gesteinsarten man unterscheidet, hängt von dem jeweiligen Angebot und von der Fragestellung ab. Nach einigen Untersuchungen stellt sich heraus, auf welche Gesteinsarten es besonders ankommt. Am Mittel- und Niederrhein hat sich z. B. der Anteil an Quarzgeröllen für die Unterscheidung von Terrassensedimenten des Pliozäns und Pleistozäns als geeignet herausgestellt (BRUNNACKER & BOENICK 1983: 68). Im Wutachtal war es der Anteil an Buntsandsteingeröllen, der im Laufe des Pleistozäns die größte Veränderung erfuhr (SCHREINER 1986: 227). Im Gebiet des pleistozänen Rheingletschers ist es der Anteil an Gneisen, Granit und Amphibolit („Kristallingehalt"), der in vielen Fällen die deutlichsten Unterschiede zeigt.

Für das Rheingletschergebiet wurde eine einfache Bestimmungsmethode entwickelt, die es auch ohne genaue Kenntnis der alpinen Gesteine möglich macht, die Analyse auszuführen. Es wird nach Farbe, Kalkgehalt, Ritzhärte und Gefüge mit dem Auge, mit der Lupe, mit Ritznadel und mit verdünnter Salzsäure unterschieden. Zur genauen Bestimmung der Gesteinsart von Leitgeschieben ist in Einzelfällen die mikroskopische Untersuchung von Dünnschliffen erforderlich (DREESBACH 1985: 5).

Bei vielen Untersuchungen, besonders bei solchen im Gelände, wurden Korngrößen von 2 bis 6 cm untersucht (SINN 1972, LÖSCHER 1976, HAAG 1982). Da man aus Bohrproben nicht genügend Gerölle dieser Größe erhält, und um das Gewicht der für die Untersuchung im Labor mitzunehmenden Proben klein zu halten, wurde im Rheingletschergebiet die Korngröße 1–2 cm gewählt. Es wurde festgestellt, daß dadurch keine Änderung in der Zusammensetzung gegenüber 2–6 cm auftritt (SCHREINER 1980: 10). Dort wo sich bei langem Transport resistente Gesteinsarten in den kleinen Korngrößen anreichern, ist diese Gleichstellung nicht möglich.

Die Probe für die Geröllanalyse wird aus einer eng begrenzten Stelle der Aufschlußwand ausgegraben oder aus einer 20 bis 40 cm langen Bohrstrecke entnommen. Das zu Feine und zu Grobe wird abgetrennt. Die für die Analyse erforderliche Zahl von 200 bis 300 Geröllen geht dann in einen mittelgroßen Kunststoffbeutel und wiegt etwa 2 kg (bei 2–6 cm wiegt die Probe 10 kg und mehr). Nach dem Waschen der Probe kann die Trennung in verschiedene Gesteinsarten beginnen. Viele der Gerölle müssen aufgeschlagen werden, da häufig nur die frische Bruchfläche zur Bestimmung der Gesteinsart geeignet ist. Im Gebiet des pleistozänen Rheingletschers werden folgende Gesteinsarten unterschieden (SCHREINER 1980: 9).

1) Gruppe der kalkigen Gesteine: reagieren stark mit HCl, Bruchfläche ritzbar

dK dunkelgraue bis schwarze Kalke, z. T. kieselig (meist aus dem Helvetikum), auch Marmore (geschiefert, kalkig)
hK helle Kalke, hellgrau bis weiß
gK gelbe Kalke, auch rote Kalke, Farbe der Bruchfläche ist entscheidend
kS kalkige Sandsteine, grau bis braun, körnig, polymikt (meist aus dem Flysch)

2) Gruppe der kieseligen Gesteine: reagieren nicht mit HCl, Bruchfläche nicht ritzbar, manchmal kommen calciterfüllte Klüfte vor

Q Quarze, Milchquarze, Quarzbrekzien
Qt Quarzite, dichte und körnige Quarzite, kalkfreie Sandsteine, Glaukonitquarzite
Ho Hornsteine, ohne sichtbares Korn, schwarz, rot, z. T. schwach kalkig oder dolomitisch

3) Gruppe des „Kristallin": kalkfrei, Gneis- oder Granitgefüge, nicht ritzbar

Gn Gneise, Granite. Gneise zeigen Schieferung, Granite sind massig-körnig (Feldspäte, Glimmer, Quarze)
A Amphibolite, geschiefert, alpine A weisen weiße und grüne Lagen aus Feldspat und Hornblende auf
O Ophiolithe, Grünsteine (Serpentinite usw.), meist grün, massig oder schlierig, in angewittertem Zustand hellgrün bis weiß, dann ritzbar und manchmal schwach kalkig.
 Zusammen 100 %

Der „Kristallin"-Gehalt ist im Rheingletschergebiet am besten geeignet zur Unterscheidung von Schottern. Eine weitere Unterscheidung in Muskowitgneise, blaugrünen Juliergranit, weißen Aaregranit und meist rote Granite und Porphyre aus Molassenagelfuh ist zweckmäßig und gibt Hinweise auf die Herkunft.

4) **Do** *Dolomite,* reagieren mit HCl langsam und schwach, meist mehlig-sandig angewittert. Do werden außerhalb von 100 % gezählt, da sie mit zunehmendem Alter des Schotters der Tiefenverwitterung unterliegen und damit eine Veränderung der primären Geröllzusammensetzung vortäuschen.

Am genauesten ist die Darstellung der Ergebnisse der Geröllanalysen in Tabellen. Bei vielen Proben übereinander ist das Diagramm wie in Abb. 73 üblich, wobei die wichtigste Gruppe, z. B. der Kristallingehalt, am Rand stehen sollte. Bei vielen Analysen ist die Gegeneinanderstellung der 2 wichtigsten Komponenten zweckmäßig, wobei sich die im Alter zusammengehörenden Schotter in bestimmten Feldern häufen können (Abb. 74).

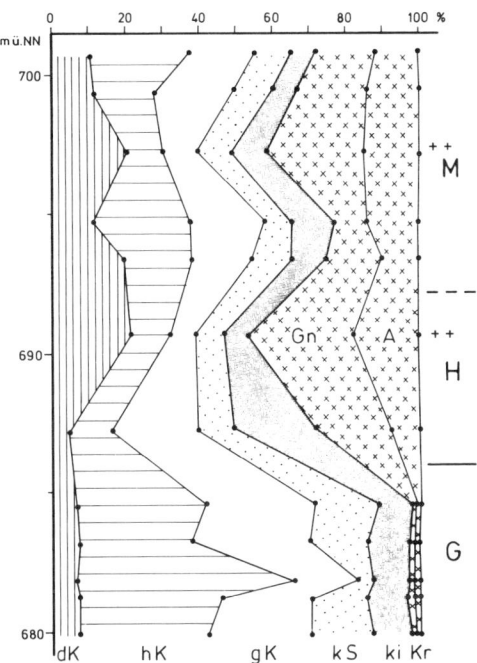

Abb. 73. Petrographische Geröllzusammensetzung, Kiesgrube Hauerz, östliches Rheingletschergebiet.
M – Mindeleiszeit, moränennahe Schotter, H – Haslacheiszeit, moränennahe Schotter, G – Günzeiszeit, Schotter, + + gekritzte Geschiebe, dK dunkelgraue Kalke, hK helle Kalke, gK gelbe Kalke, kS kalkige Sandsteine, ki kieselige Gesteine (Quarz, Quarzit, Hornstein), Kr – „Kristallin" (Gn Gneis + A Amphibolit).

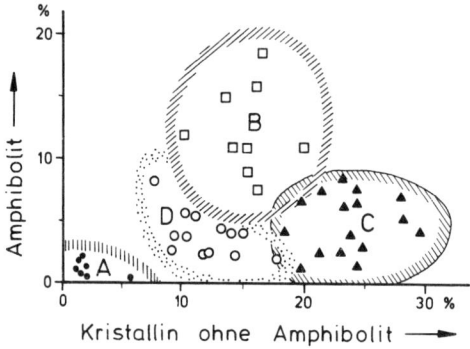

Abb. 74. Darstellung des Kristallingehalts ohne Amphibolit gegen den Amphibolitanteil. Nach EICHLER 1970: 106.
A – Günz, B – Haslach, C – Mindel, D – Riß. Einstufung z. T. nach SCHREINER & EBEL (1981: 23).

GEIGER (1961, 1969) hat eine Differenzierung in 46 alpine Gesteinsarten an großen Geröllen im Rheingletschergebiet vorgenommen. Die Zählergebnisse wurden in 7 Herkunftsgebiete und schließlich in 3 Gruppen zusammengefaßt und im Dreieck dargestellt. Im westlichen Rheingletschergebiet um Schaffhausen zeigt der Kristallingehalt nach GEIGER (1961: 134) folgende Änderung: Günz 1,6–2%, Mindel 9–12%, Riß 13–25%, Würm 22–30%. Darin spiegelt sich die zunehmende Zufuhr aus zentralalpinen Kristallinvorkommen wieder. Am Ostrand des Rheingletschergebietes (Leutkirch – Wurzach) nimmt der Kristallingehalt vom Günz bis zum Riß zu, was vorwiegend mit der zunehmenden Aufzehrung von OSM-Konglomeraten, deren Kristallinanteil bei Verwitterung und Umlagerung zum Teil verlorengeht, zu erklären ist: Günz 0–2%, Haslach 2,2–5,1%, Mindel 7,7–12,4%, Riß 20–55%, Würm 21–30%. Ein Beispiel zur Darstellung des wichtigsten Teils von Geröllanalysen (gelbe Kalke und Kristallin) enthält Abb. 62. Gegen die Mitte des Rheingletschergebietes (Biberach) tritt im Riß eine Abnahme des Kristallingehaltes ein, wodurch die Unterscheidung vom Mindel hinfällig wird (SCHREINER 1985: 38).

Ein Beispiel, wie die Änderung der Geröllzusammensetzung eines Schotters eine Änderung des Einzugsgebietes anzeigt, ist der würmeiszeitliche Schotter des Loisachgletschers (Oberbayern). Er führt in seinen unteren Lagen nur bis 2% Kristallin, das nach oben auf 35–40% zunimmt (DREESBACH 1985: 73), was durch das hochglaziale Überströmen von Eis aus dem Inntal mit seinen Kristallingesteinen zustande kommt.

Erosionsdiskordanzen, Hiaten. Wie in der sonstigen Geologie werden Diskordanzen an diskordant abgeschnittenen Schichten erkannt. Ein Hiatus zwischen Schottern oder Moränen verschiedenen Alters kann beim Fehlen von Paläoböden, die erodiert worden sind, an einer starken Änderung in der Geröllzusammensetzung erkannt werden, besonders wenn noch ein Wechsel in der Gesteinsausbildung, z. B. lockerer Schotter auf fester Nagelfluh hinzukommt (Abb. 62). Besonders deutlich, aber selten zu sehen, ist der Hiatus über einer durch den Gletscher abgeschliffenen und geschrammten Nagelfluh, wie z. B. in Ertingen bei Riedlingen/Donau, wo Rißmoräne auf geschliffener Mindelnagelfluh liegt (Photo 2; SCHÄDEL & WERNER 1963: 21). In Seesedimenten kann ein Hiatus durch einen starken Sprung im Pollendiagramm angezeigt werden.

4. Korngrößenverteilung

Pleistozäne Ablagerungen unterscheiden sich aufgrund ihrer verschiedenartigen Entstehungsweise (Gletscher, Fluß, See, Wind) meist auch in der Korngrößenverteilung. Deren Untersuchung und Darstellung ist daher ein notwendiger Bestandteil quartärgeologischer Arbeiten. Zur Untersuchung dient die *Siebung* und die *Sedimentation* oder Schlämmanalyse meist nach DIN 18123. Für die Siebung, die für Sand und Kies in Betracht kommt, sind Proben von mindestens 2 kg erforderlich, wenn man bis zu 20 mm Korngröße untersuchen will. In der Regel ist Naßsiebung erforderlich, um aneinanderhaftende Körper zu lösen. Die Sedimentation kommt für tonig-siltige Proben in Betracht. Bei Mischungen aus Ton, Silt, Sand und Kies sind Siebung und Sedimentation zu kombinieren und die jeweils gewonnenen Ergebnisse sind auf 100 % der Gesamtmasse der Probe umzurechnen. Die Bestimmung der Korngrößen durch Sedimentation beruht auf dem Gesetz von Stokes, wonach verschieden große Körner im stehenden Wasser mit unterschiedlicher Geschwindigkeit absinken. Die Probe wird mit einem Dispergierungsmittel (Natriumpyrophosphat) zu einer Suspension aufgerührt und in einen Meßzylinder gefüllt. Durch das unterschiedlich rasche Absinken der Körner verringert sich mit der Zeit die Dichte der Suspension. Aus der Messung dieser Dichteabnahme mit einem Aräometer (Tauchspindel) werden die Massenanteile der verschiedenen Korngrößen errechnet (Aräometer-Verfahren nach DIN 18123). Andere Verfahren sind das Pipettverfahren nach Köhn, Durchlaufverfahren und Sedimentwaagen (GUENTHER 1961: 6, MÜLLER 1964: 57). Das Wiegen der Gesamtmasse und der einzelnen Anteile (Fraktionen) erfolgt nach Trocknung bei 105°. Die Ergebnisse werden in Körnungslinien (= Summenlinien, Abb. 75) oder als Histogramme dargestellt. Im angelsächsischen Schrifttum wird anstelle der in Deutschland meist gebräuchlichen Aufteilung des Korndurchmessers d in mm oder μ die Aufteilung nach der Wentworth-Skala in Phi-Grad (Φ) angewandt. $\Phi = -\log_2$ von d. Für d = 1 mm ist $\Phi = 0$, d < 1 mm sind positive Φ-Grade, d > 1 mm sind negative Φ-Grade. In Abb. 75 wurde die Φ-Skala unter der mm-Skala dargestellt.

Körnungslinien entstehen durch Addition der Teilmassen der gewogenen Fraktionen, daher auch Summenlinie. Für das Histogramm sind für die

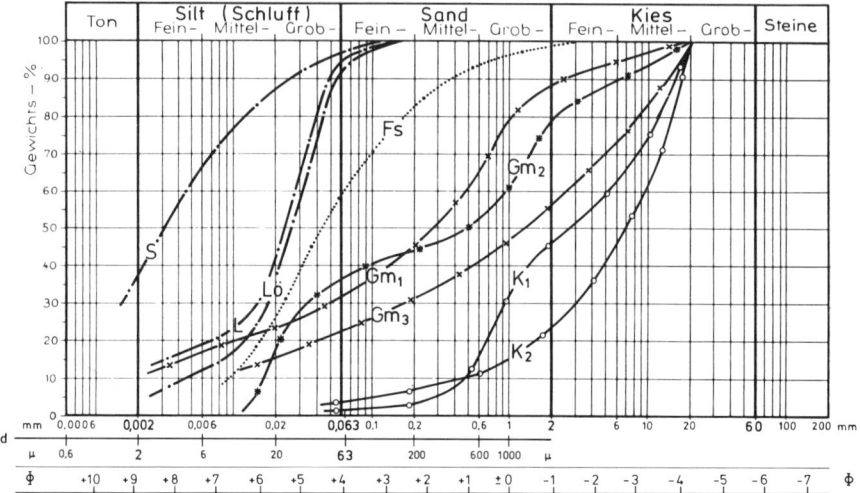

Abb. 75. Körnungslinien (Summenlinien) pleistozäner Sedimente bis 20 mm. Korndurchmesser d in mm und μ (logarithmische Teilung) und in Phi-Grad (Φ).
S – Seesediment, tonig-siltig, L – Lößlehm, Lö – Löß, Fs – Flugsand, Gm 1–3 – Grundmoränen, K 1–2 – sandige Kiese.

Grenzen der Korngrößen in logarithmischem Maßstab Intervalle von gleicher Größe erforderlich, wofür die Phi-Skala besser geeignet ist (MÜLLER 1964: 101).

Die Begrenzung der Siebung bei 20 mm, wie in Abb. 75, hat den Zweck, die Körnungslinien in den Korngrößen unter 20 mm besser vergleichen zu können, da selbst wenige Gerölle von z. B. 15 cm Größe die Körnungslinie von Schotter oder Moräne stark beeinflussen.

Die Körnungslinie von tonig-siltigen Seesedimenten liegt bei höherem Tongehalt noch weiter links oben als in Abb. 75. Bei höherem Anteil an Grobsilt rückt die Linie in die Nähe der Linien von Löß, ohne jedoch deren Steilheit (= gute Sortierung) zu erreichen. Zwischen den Körnungslinien von Löß und Flugsand gibt es Übergänge (Sandlöß). Grundmoränen enthalten 20 bis 60 % Silt und Ton. Sie sind durch eine diagonal gestreckte Körnungslinie gekennzeichnet. Sie ist das Ergebnis des nicht sortierenden, sondern mahlenden Transportvorgangs an der Basis des Gletschers. Kiese sind fast immer sandig. Ihre Körnungslinien sind in der Regel nach rechts unten konvex.

Zwischen den Körnungslinien von Moränen mit erhöhtem Kies-Sand-Anteil und siltig-sandigen Kiesen gibt es Überdeckungen, so daß allein mit Hilfe der Kornverteilung eine Unterscheidung nicht möglich ist.

Aus der Körnungslinie sind die Werte für die Ermittlung von Sedimentparametern zu entnehmen (ENGELHARDT 1973: 132): Q1 = bei 25%, Q2 = 50%, Q3 = 75%.

Mittlerer Korndurchmesser Md = Q2
Sortierung   So = Q3/Q1
Schiefe $Sk = \dfrac{Q1 \cdot Q3}{Md^2}$

Anwendungsbeispiele und Formeln zur Errechnung der Sedimentparameter aus den Phi-Graden geben GERMAN et al. (1978: 130).

5. Schwerminerale

Die Untersuchungen des Gehaltes an Schwermineralen dienen auch in pleistozänen Sedimenten zur Klärung von Fragen der Herkunft und unter besonderen Voraussetzungen des Alters der Sedimente. Methoden zur Aufbereitung und zur Bestimmung von Schwermineralen beschrieben GRIMM (1965) und BOENIGK (1983).

Aus den Proben wird die Feinsandfraktion (0,06–0,2 mm naß herausgesiebt und nötigenfalls durch Behandlung mit Ultraschall von Ton und Eisenoxydüberzügen gereinigt. Die Abtrennung der Schwerminerale erfolgt mit Tetrabromäthan (Dichte 2,94 g/mcm^3) in Scheidetrichtern. Die Streupräparate werden mit Piperin (Brechungsindex 1,682) eingebettet und die Minerale unter dem Polarisationsmikroskop bestimmt und ausgezählt. Folgende durchsichtige Schwerminerale sind in pleistozänen Sedimenten verbreitet:

äußerst stabil	Turmalin, Zirkon, Rutil-Anatas
sehr stabil	Disthen, Sillimanit, Andalusit
stabil	Epidot, Staurolith, Titanit
instabil	Hornblende, Granat, Klinopyroxen
sehr instabil	Apatit

Durch Verwitterung werden die instabilen Schwerminerale aufgelöst (Apatit) oder mehr oder weniger angeätzt (Granat u. a.).

Als Probemenge genügen um 200 g, so daß von der Fraktion 0,06–0,2 mm mindestens 5 g zur Schweretrennung vorliegen.

Im Niederrhein- und im Oberrheingebiet wurde im jüngsten Pliozän ein rascher Wechsel von vorwiegend stabilen Schwermineralen (Zirkon, Rutil, Turmalin) zu weniger stabilen Schwermineralen alpiner Herkunft (Epidot, Granat, Hornblende) gefunden (Abb. 76), (BOENIGK et al. 1974, BOENIGK 1978, 1987). Dieser auffällige Wechsel kam durch die Umlenkung der Aare

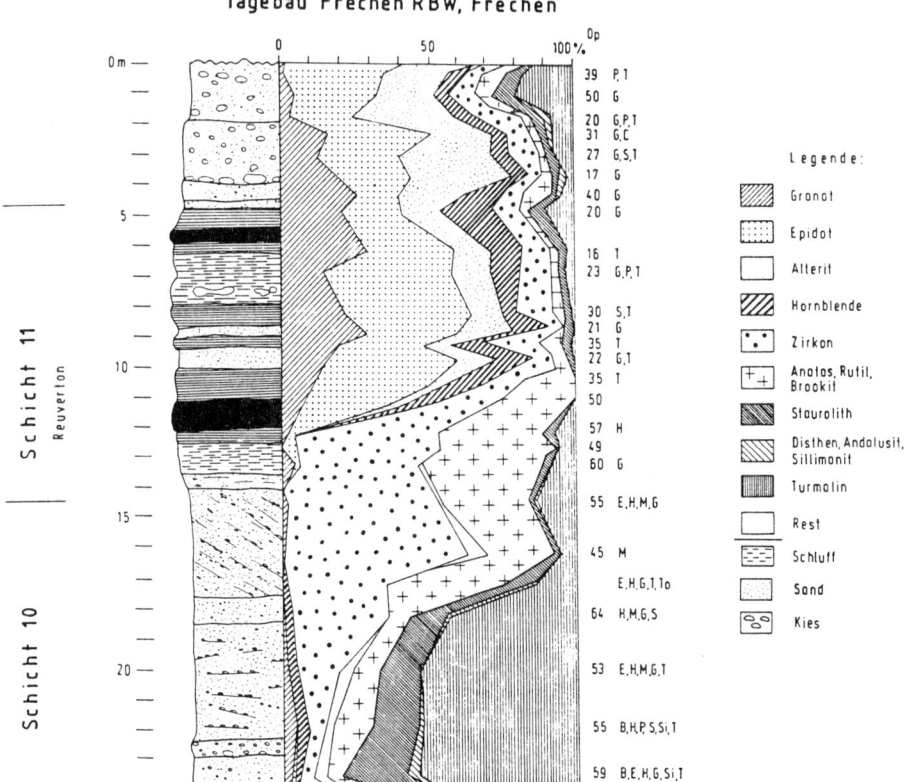

Abb. 76. Säulenprofil aus dem Tagebau Frechen (Niederrheingebiet) und Schwermineraldiagramm. BOENIGK 1982: 172. Sprunghafte Zunahme von Granat, Epidot und Staurolith im Reuverton.

von ihrem Lauf durch den Sundgau nach SW in ihren heutigen Lauf nach N durch die Oberrheinebene und zum Niederrhein zustande. Wo solch bedeutende Flußumlenkungen mit der Zufuhr neuer Schwermineralassoziationen nicht vorkamen, weist die Schwermineralzusammensetzung im Laufe des Pleistozäns keine große primäre Änderung auf. So verändert sich z. B. in der Bohrung Urfedersee 2 (MÜLLER in GERMAN et al. 1967: 93) in den 140 m mächtigen, Würm-, Riß- und vielleicht noch älteren Seesedimenten und sandigen Kiesen die vorherrschende, zentralalpine Granat-Epidot-Staurolith-Kombination nicht. Die Zunahme des Anteils an Geröllen zentralalpiner Gesteine von 2 auf 40% im Loisachgletschergebiet führt zwar zu einer

Zunahme der Gesamtmenge an Schwermineralen, nicht aber zu einer Zunahme des Anteils der zentralalpinen Schwerminerale (DREESBACH 1985: 73, 107). Die Geröllzusammensetzung reagiert also deutlicher als die der Schwerminerale. Auch im Gebiet des pleistozänen Iller- und Wertachgletschers zeigt die Schwermineralführung in den Ablagerungen des Günz, Mindel, Riß und Würm keine stratigraphisch verwertbaren Unterschiede (ROPPELT 1988: 94).

6. Chemische Untersuchungen

Chemische Gesamtanalysen von quartären Sedimenten werden kaum durchgeführt, weil die möglichen Aussagen über die Herkunft von Moränen usw. durch die petrographische Geröllanalyse einfacher zu erreichen sind. Versuche, das relative Alter von Paläoböden aufgrund der Steighöhe und Adsorption von Chloroform ($CHCl_3$) in Bodensäulen zu bestimmen, wurden von METZGER (1968) und FRITZ (1968) durchgeführt. EICHLER (1970: 109) fand, daß die $CHCl_3$-Steighöhen beim Vorliegen von Eichproben zu Ergebnissen führen, die mit den Geländebefunden übereinstimmen, was jedoch bei den Adsorptionswerten nicht der Fall sei.

An Böden werden die in der Bodenkunde üblichen Bestimmungen des Karbonatgehaltes, von K, P, Fe, Mn und organischer Substanz durchgeführt.

Karbonatgehalt. Sowohl der Gesamtkarbonatgehalt als auch die Anteile Calzit ($CaCO_3$) und Dolomit ($CaMg(CO_3)_2$) sind wichtig zur Kennzeichnung quartärer Sedimente und ihrer Verwitterungsbildungen. Im Gelände wird der Karbonatgehalt mit Salzsäure festgestellt. Karbonatische Gesteine brausen beim Betropfen mit HCl unter CO_2-Entwicklung. Die meist angegebene Verdünnung von konzentrierter Salzsäure mit 3 Teilen Wasser erzeugt bei niedriger Temperatur und bei nassen Proben eine zu geringe Reaktion, weshalb geringere Verdünnung zweckmäßig ist (1:2 bis 1:1). Die Abschätzung des Karbonatgehaltes aufgrund der Stärke der Reaktion mit HCl ist ein unsicheres Verfahren. Es ist aber möglich, geringe Gehalte von etwa 2 % zu erkennen. Außerdem ist es möglich, Dolomit aufgrund der langsameren und schwächeren Reaktion von Calzit zu unterscheiden.

Die quantitative Bestimmung des Karbonatgehaltes ist nach verschiedenen Verfahren, die von MÜLLER (1964: 181) beschrieben wurden, möglich.

1) Die Bestimmung von Ca und Mg durch *komplexometrische Titration* (Bindung von Ca und Mg an organische Komplexe) ist für Sedimente mit geringem Tongehalt geeignet. Das Verfahren hat den Nachteil, daß Ca und Mg auch aus Tonmineralen und Silikaten zum Teil in Lösung gehen und mitbestimmt werden.

2) Der genannte Fehler wird durch *gasometrische Verfahren* ausgeschlossen, da bei ihnen der Karbonatgehalt über die CO_2-Entwicklung nach Behandlung der Probe mit verdünnter Salzsäure bestimmt wird. Das dafür verwendete Gerät nach *Scheibler* ermöglicht die Bestimmung des Gesamtkarbonatgehaltes auf ± 0,5 % genau. Moderner und genauer ist das von HÄDRICH (1975: 98) beschriebene Verfahren, bei dem Gasometrie nach *Wösthoff* und Messung von Ca und Mg mit dem Atomadsorptionspektrometer (AAS) kombiniert werden. Lösungsmittel für die Gasometrie ist Orthophosphorsäure. Die CO_2-Menge wird durch Leitfähigkeitsmessung bestimmt und ergibt den Gesamtkarbonatgehalt. Ca und Mg werden im HCl-Extrakt mit dem AAS gemessen und auf Calcit und Dolomit umgerechnet. Kontrolle durch den Gesamtkarbonatgehalt aus der Wösthoff-Messung.

7. Quarzkornoberflächen

Die Oberfläche von Quarzkörnern weist Texturen auf, die durch die mechanische Beanspruchung beim Transport der Quarzkörner entstanden sind. CAILLEUX (1942: 24) hat dargelegt, daß Quarzkörner von 0,2–1,2 mm Durchmesser bei längerem Windtransport eine gute Rundung und eine mattierte Oberfläche aufweisen, wogegen bei Transport im Wasser vorwiegend eine geringere Rundung und eine glänzende Oberfläche der Quarzkörner bezeichnend ist (bei Betrachtung unter dem Binokular mit Auflicht). Anhand dieser Merkmale hat CAILLEUX (1942) die Verbreitung weichselzeitlicher Flugsande in Europa festgestellt und GUENTHER (1961, 1968) hat damit zwischen äolisch und fluvial transportierten Sanden unterschieden.

Eine Verfeinerung der Untersuchung von Quarzkornoberflächen wird durch Betrachtung und Photographie mit dem *Rasterelektronenmikroskop* (REM) erreicht KRINSLEY & DOORNKAMP (1973). Die gereinigte, aber bei der Aufbereitung möglichst wenig beanspruchte Sandprobe, wird auf einen Objekttisch geklebt und zur optischen Verstärkung der Skulpturen mit Gold bedampft. Untersucht wird der Korngrößenbereich von 0,06 bis 2 mm.

Äolisch transportierte Quarzkörner sind meist gut gerundet und zeigen eine glatt polierte Oberfläche und abgerundete, geglättete Kanten.
Fluviatil transportierte Quarzkörner sind schlecht gerundet. Ihre Oberfläche weist viele kleine Kanten, Schuppen und Gruben auf.
Strandsande (litoral), die durch Wellenschlag stark beansprucht werden, sind meist gut gerundet und zeigen auf der Oberfläche kleine, muschelförmige Schlagnarben.
Glazigen transportierte Quarzkörner aus Grundmoränen sind extrem eckig, scharfkantig mit z. T. großen, ebenflächigen und muschelförmigen Bruchflächen und bogigen Druckspuren. Bei Verwitterung werden die scharfen Kanten angegriffen, angerundet und es kommt bei der Bodenbildung zum Aufwachsen neugebildeter Minerale. Quarzkörner mit glazi-

gener Oberflächentextur, die in Meeressedimenten in der Umgebung der Antarktis gefunden wurden, weisen darauf hin, daß die Antarktis schon im Eozän, Oligozän und Pliozän vereist war (MARGOLIS & KENETT 1971: 32).

GROMOLL (1990) unterscheidet an Quarzkörnern aus Sedimenten der Ostsee 6 Formenkomplexe.

Eine wichtige Rolle bei der Beurteilung der texturbildenden Transportvorgänge spielt die „Vererbung" älterer Merkmale. Gut gerundete Quarzkörner aus Flugsanden erhalten sich in fluviatilem Milieu für längere Zeit und selbst in Moränen sind äolische Oberflächentexturen noch teilweise erhalten (FRENZEL 1981: Abb. 21, 25, 26).

Quarzkörner in *Fließerden*, die aus Moräne hervorgegangen sind, zeigen nach FRENZEL (1981: 92) glazigene Oberflächentexturen, die an den Kanten zusätzliche kleine Scharten und Absplitterungen aufweisen. Durch Auszählen einer großen Zahl von Quarzkörnern je Probe wird die Unterscheidung zwischen Moräne oder Fließerde getroffen, je nach dem Überwiegen der glazigenen oder der Fließerde-Texturen. Nach Untersuchungen von NÄGELE (1987, nicht veröffentlicher Bericht) soll jedoch das Unterscheiden von Moräne und Fließerde aufgrund der Oberflächentexturen an Quarzkörnern nicht mit Sicherheit möglich sein, da die glazigenen Merkmale auch in Fließerden und die Fließerden-Merkmale in Moränen vorkommen. Auch nach FRENZEL (1981: 99) ist die Aussagekraft der Oberflächentexturen bei kurzem Umlagerungsweg in Frage zu stellen.

III. Bohrungen

In zunehmendem Umfang dienen Bohrungen zur Erkundung pleistozäner Schichtfolgen. Tiefere Bohrungen erfordern in der Regel eine sorgfältige Voruntersuchung des Geländes zur Auswahl des Bohrpunktes. Sie sind erst am Ende einer Untersuchung nach weitgehender Klärung der Lagerungsverhältnisse auszuführen. In vielen Fällen sind geophysikalische Messungen notwendig, um einen Bohrpunkt, z. B. in das Beckentiefste, ausfindig zu machen.

Handbohrungen

Handbohrungen werden ausgeführt, um Gesteine, die unter Verwitterungsbildungen oder Deckschichten verhüllt sind, zu erkennen. Handbohrungen und Grabungen sind zeitraubend und anstrengend. Sie sollten auf eine geringe, unbedingt notwendige Anzahl eingeschränkt und erst nach der Begehung des Geländes und der Suche nach Aufschlüssen angesetzt werden.

In vielen Fällen genügt ein leichter Bohrstock mit Nut oder mit Schappe für Bohrtiefen bis 1 m in lehmig-tonigem, sandigem bis schwach steinigem Boden. Für Bohrtiefen bis zu 8 m sind Geräte aus aufeinandergeschraubten 1 m-Stahlstangen mit einer Nutstange zur Aufnahme der Bohrproben geeignet. Die Stangen werden von m zu m in den Untergrund geschlagen – entweder mit einem schweren Kunststoffhammer oder mit einem Motorhammer –, mehrfach gedreht und mit einem Ziehgerät gezogen. Die Bohrproben werden soweit wie möglich an Ort und Stelle untersucht und die Befunde werden aufgeschrieben. Es ist möglich, Verwitterungslehm, Löß, Flugsand, tonig-siltig-sandige Seesedimente mit Feinschichtung, torfige Sedimente, Mudden, geschiebearme Grundmoräne und tonig-sandigen älteren Untergrund zu erbohren und zu erkennen. Wichtig ist die Prüfung mit Salzsäure zur Feststellung der Entkalkungstiefe und des Wechsels zwischen karbonathaltigen und karbonatfreien Sedimenten. Nach dem Auswaschen der Proben ist es möglich, kleine gekritzte Geschiebe zu erkennen, wodurch die Ansprache einer Grundmoräne gesichert wird. Von lockerem Sand und Kies sind keine Proben zu gewinnen, da sie aus der Nut herausfallen.

Beispiel des Ergebnisses einer Handbohrung (Deutung in Klammern):

Aufschlußpunkt 92. Hochfläche eines flachen Hügels, Acker.

1) 0–0,3 m Lehm, graubraun, humos, kalkfrei (Ackerboden)
2) –1,0 m Silt, gelbbraun, feinsandig, kalkfrei (Lößlehm)
3) –1,6 m Silt, graugelb, feinsandig, *kalkig* (Löß, Würm)
4) –3,4 m Lehm, braun, sandig-kiesig, kalkfrei (Verwitterungslehm, Paläoboden Würm/Riß)
5) –3,8 m Silt, hellgrau, sandig-kiesig, *kalkig*, alpine Geschiebe, Kalke und Kristallin, festgelagert (Grundmoräne, Riß)
6) –4,0 m Feinsand, grau, mergelig, mit Glaukonit, sehr fest (Obere Meeresmolasse)

Bohrungen mit größeren Geräten

Für Bohrungen in größere Tiefen und in schwer zu bohrendem Gestein wie Schotter sind schwere Bohrmaschinen von Bohrfirmen zweckmäßig. Die hohen Kosten solcher Bohrungen erfordern eine gut begründete Fragestellung und eine sorgfältige Auswahl der Bohrpunkte. Es ist die Erlaubnis des Grundstückeigentümers einzuholen und die Frage zu klären, ob keine Leitungen von Strom, Telefon, Wasser oder Gas getroffen werden. Bei Bohrungen von mehr als 100 m Tiefe ist die Genehmigung vom Landesbergamt einzuholen. Den Bohrfirmen, die zur Abgabe von Angeboten angeschrieben werden, sind Angaben über Bohrtiefe und zu erwartende Gesteinsschichten zu machen, wobei auf mögliche Erschwernisse durch harte Schichten, Gerölle über 20 cm, Klüfte, Hohlräume, Schwimmsand und ähnliches hinzuweisen ist, da bei deren unerwartetem Auftreten, im Angebot nicht vorgesehene, erhöhte Kosten entstehen.

Meißelbohrung. Die Wahl des Bohrverfahrens richtet sich nach den zu erwartenden Schichten und nach dem Zweck der Bohrung. Zur Erkundung der Schichtenfolge ohne besondere Ansprüche an die Bohrproben genügen *Meißelbohrungen* mit Spülbohrgeräten (Meißel-Spülbohrung), wie sie auch für das Einsetzen von Grundwasserbeobachtungsrohren und für seismische Sprenglöcher ausgeführt werden. Es wird fortlaufend gebohrt, wobei die Bohrproben mit der umlaufenden Spülung gefördert, in einem Sieb aufgefangen und meterweise ausgelegt oder abgefüllt werden. Lockere Schichten im oberen Bereich werden in der Regel verrohrt. Es empfiehlt sich, Einzelheiten des Bohrverfahrens, der Verrohrung und der Probenahme mit der Bohrfirma vorher zu besprechen.

Unter günstigen Umständen, wobei eine erfahrene Bohrmannschaft besonders wichtig ist, gelingt es, mit einer Genauigkeit von ± 0,5 m Proben aus Moränen, Schottern, Seesedimenten, Paläoböden, Torflagen und aus dem Liegenden des Pleistozäns zu gewinnen. Auch geringmächtige Schichten wie z.B. 0,5 m Seekreide oder 0,2 m Bentonit in der Molasse können erfaßt werden, wenn der Geologe selbst am Sieb steht oder entsprechende Informationen über das Aussehen solcher Schichten gegeben hat. Bei Bohrtiefen über 30 m nehmen Störungen infolge Nachfall zu. Besonders schlecht sind Sande zu gewinnen; sie sind oft nur an fehlenden oder geringen Proben zu erkennen. Es ist zu beachten, daß die Proben mit mehr oder weniger Nachfall belastet sind, daß Silt und Sand teilweise ausgespült werden und daß Korngrößenunterschiede in Kiesproben vorwiegend durch das Verdicken oder Verdünnen der Bohrspülung zustande kommen.

Die Vorteile der Meißel-Spülbohrung sind die geringeren Kosten — etwa ½ der Kernbohrung – und das schnelle Bohren (30 bis 50 m/Tag). Die Proben sind aber stark gestört und es erfordert Erfahrung und gute Kenntnis der Gesteinsausbildung, um z.B. aus kleinen Bröckchen von Sandstein mit Glaukonitkörnchen und einzelnen Schalensplittern einen Sandstein der Oberen Meeresmolasse oder aus einigen weißen, kalkigen Flocken eine Seekreidelage zu erkennen. Die Gerölle von Schottern werden großenteils zerbrochen. Für petrographische Geröllanalysen aus solchen Proben liest man ganze Gerölle und Bruchstücke, die größer sind als eine Geröllhälfte, aus. Meist stark mit Gesteinen aus dem Hangenden verunreinigte Proben von Torf oder Seekreide sucht man mit der Messerspitze heraus, um sie zur Pollenanalyse zu geben. Auf diese Art und Weise sind einige Thermalvorkommen erkannt worden, auf die später Kernbohrungen zur genauen Untersuchung angesetzt wurden. Abb. 62 zeigt das Ergebnis einer Meißel-Spülbohrung, Abb. 77 ist ein geologischer Schnitt aufgrund von Meißel-Spülbohrungen.

Infolge starken Nachfalls nur unzureichend zu ermittelnde Schichtfolgen können durch geophysikalische Bohrlochmessungen korrigiert werden.

152 Bohrungen

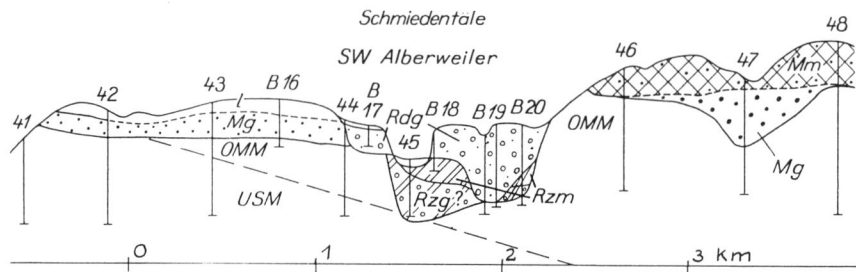

Abb. 77. Geologischer Schnitt nach Meißel-Spülbohrungen (B 19 ist eine Greiferbohrung für einen Brunnen). Aus SCHREINER 1985: Beil. 4.
OMM – Obere Meeresmolasse, USM – Untere Süßwassermolasse, Mg – Schotter Mindel, Rzg – Schotter Älteres Riß (Zungen-Riß), Rzm – Moräne Älteres Riß, Rdg – Schotter Mittleres Riß (Doppelwall-Riß), l – Lehm.

Dazu muß das Bohrloch in der Regel verrohrt werden, da die Gefahr besteht, daß wertvolle Meßgeräte infolge von Nachfall im Bohrloch hängen bleiben. Als Beispiel sei das Gamma-Log genannt, mit dem die natürliche Gamma-Strahlung der Gesteinsschichten gemessen wird. Es ist geeignet, tonige Schichten mit starker Strahlung von sandigen und kiesigen Schichten mit geringer Strahlung zu unterscheiden. Weiteres über Bohrlochgeophysik bei BENDER (1985: 610 und KRESSER et al. 1987). Bohrproben ohne Nachfall liefert das *Wasserhebebohren*, bei dem der Spülstrom mit dem Bohrgut *im* Bohrrohr nach oben gedrückt wird. Dafür sind hochstehendes Grundwasser und reichliche Wasserführung erforderlich.

Kernbohrung. Bei der Rotationskernbohrung mit doppeltem Kernrohr und mindestens 10 cm Kerndurchmesser wird unter günstigen Umständen eine Folge vollständiger Kerne, die nur eine randliche Störung aufweisen, geliefert. Beim Vorkommen von lockerem Schotter, großen Geschieben, wasserführendem Sand und ähnlichem kann es jedoch zum Abreißen des Kerns und zu Kernverlust kommen. Beim Nachschieben der Verrohrung kann loses Gestein in den noch nicht gebohrten, weichen Untergrund gedrückt werden und zu Störungen führen. Schotter wird beim Bohren stark beansprucht; Gerölle werden z. T. verdreht und zerbrochen. Es entstehen Kritzer, die sich von echten, glazigenen Kritzern durch ihre Unregelmäßigkeit, durch Kurven und weißes Gesteinsmehl meist unterscheiden lassen. Durch die entstehende Kornzerkleinerung entsteht bei Schotterkernen der Eindruck, es liege ein stark siltiger Schotter oder gar eine Grundmoräne vor. An feingeschichteten tonig-siltigen Sedimenten ist zu erkennen, daß die Schichten am Außenrand des Kerns gestört, meist verbogen sind. Besonders schwierig zu kernen sind Wechselfolgen aus Grobgeröll und weichen Schichten. Die Bohrkerne werden in Kisten oder in Kunststoffschalen gelegt und beschriftet, wobei sehr darauf zu achten ist, daß es nicht zu Verwechslungen von oben und unten kommt. Kerne können auch in Kunststoffrohren so verschlossen werden, daß sie nicht austrocknen. Die Untersuchung zur Aufnahme des Schichtenverzeichnisses sollte an noch bergfeuchten Kernen erfolgen, da ausgetrocknete Kerne sehr schwer zu bearbeiten sind. Zuerst ist der Kern mit einem Messer von der äußeren Schmierschicht soweit zu befreien, daß die verschiedenen Schichten gut sichtbar sind. Die Untersuchung der Kerne erfolgt zunächst mit dem Auge, mit Maßstab, Lupe, Salzsäure und einem Eimer mit Wasser zum Waschen von einzelnen Geschieben.

Das Schichtenverzeichnis muß folgende Angaben enthalten:

1) Name und Ort der Bohrung (Koordinaten), Bohrfirma, Bohrverfahren, geologischer Bearbeiter, Datum.
2) Bohrtiefen (z. B. 50,27–51,65 cm), Hauptgesteinsart, Nebengemengteile, Farbe
3) Korngröße, Anordnung und ungefähre Zusammensetzung klastischer Komponenten
4) Karbonatgehalt, Schichtungsmerkmale, Festigkeit.
5) Besonderheiten wie Fossilführung, Minerale, Zersetzungserscheinungen, Geruch.
6) Genetische und stratigraphische Deutung soweit möglich; bei tiefen Bohrungen zusammengefaßt am Ende des Verzeichnisses.

Kernverluststrecken sind anzugeben; sie sind wichtig für die Deutung von Schichtfolgen. Bei tonig-siltigen Schichten kommt es vor, daß die Kerne länger sind als die Bohrstrecken. Die Kernlänge ist dann rechnerisch auf die wahre Bohrstrecke zu reduzieren.

Nun wird der Kern für die vorgesehenen Untersuchungen aufgeteilt. Er wird der Länge nach zerschnitten, was nur in feuchtem Zustand möglich ist. Danach ist eine Ergänzung des Schichtenverzeichnisses aufgrund des gut sichtbaren Kernlängsschnittes möglich. Die Aufteilung des Kernes kann folgendermaßen erfolgen:

½ für paläomagnetische Messungen, wobei allerdings wegen der Rotation des Kerns nur die Inklination gemessen werden kann. Paläomagnetische Messungen sind an tonig-siltigen Sedimenten, auch an tonig-siltigen Moränen möglich (nicht an Kies und Sand). Proben sind aus dem ungestörten Zentrum des Kerns zu entnehmen, der Rest kann für Sedimentuntersuchungen abgezweigt werden.

¼ für palynologische Untersuchungen, die nicht nur an Torf, Mudde, Seekreide und Seesedimenten, sondern auch an Moränen und Schottern sinnvoll sind, um Abtragungs- und Umlagerungsvorgänge erkennen zu können (Proben aus dem Zentrum des Kerns).

¼ für sedimentologische Untersuchungen, wofür z. T. auch die für die Paläomagnetik und die Palynologie nicht brauchbaren Anteile genommen werden können (Kornverteilung, petrographische Analysen, chemische Untersuchungen).

Andere Bohrverfahren. Aus der Vielzahl verschiedener Bohrgeräte seien die kleinen Kernbohrgeräte erwähnt, wie sie z. B. von Instituten eingesetzt werden, um bis in etwa 30 m Tiefe zu bohren. Die Geräte sind entweder an einem Kleinlastwagen fest montiert oder sie werden in Einzelteilen in einem Kleinbus transportiert und an der Bohrstelle aufgebaut. Solche Geräte sind besonders geeignet für Bohrungen in tonig-siltig-sandigen Seesedimenten und Deckschichten sowie in Torflagen, wobei es auf vollständigen Kerngewinn für palynologische und chemische Untersuchungen ankommt. Erwähnt sei das modifizierte Livingston-Stechbohrgerät (MERKT & STREIF 1970). Das Durchbohren harter Gesteinsbänke oder von Grobkies ist auch mit Rotationsgeräten dieser Art nur begrenzt möglich.

Bei den *Rammbohrverfahren* wird nicht rotiert, weshalb die Kerne orientiert entnommen werden können und für paläomagnetische Untersuchungen mit Messung der Inklination *und* der Deklination geeignet sind. Die Nordrichtung wird am Rammkernrohr angezeichnet und beim Auspressen des Kerns der Länge nach in diesen eingeritzt. Es ist ein möglichst dünnwandiges Kernrohr zu verwenden, damit die Kerne wenig gestört werden. Bei dickwandigen Rohren kommt es in weichen bis plastischen Schichten zu intensiven Verwürgungen der Kerne, was erst beim Aufschneiden der Kerne sichtbar wird.

IV. Quartär-Paläontologie

Das umfangreiche und in jedem seiner Zweige stark spezialisierte Fach der Quartärpaläontologie kann hier nur in stark gekürzter Form behandelt werden. Das Besondere der Quartärpaläontologie in Mitteleuropa liegt in dem vorwiegend klimatisch bedingten Wechsel zwischen Steppenfaunen in den Kaltzeiten und Waldfaunen in den wärmeren Zeitabschnitten (Abb. 78). Die Steppenfaunen sind in den Kaltzeiten in der Regel aus dem Osten (z. T. aus Zentralasien) eingewandert, während sich die Waldfaunen soweit es möglich war nach Süden zurückgezogen haben oder ausgestorben sind. Neben diesem vorwiegend klimatisch bedingten Faunenwechsel fand in den jeweiligen Rückzugsgebieten auch eine phylogenetische Entwicklung statt, so daß bei einer neuen Kalt- oder Warmzeit weiterentwickelte oder neue Arten nach Mitteleuropa eingewandert sind. Als Beispiel sei die Entwicklung der Steppenelefanten von den altpleistozänen meridionalis-trogotherii-Übergangsformen zur jungpleistozänen primigenius-Typusform (Mammut) genannt (ADAM 1961: 5).

Fossilfunde aus quartären Schichten sind zur Bearbeitung und Auswertung an Fachleute zu übergeben. Der Geländegeologe sollte aber wissen, welche Bedeutung die Funde für die Quartärstratigrapie haben, wie sie zu erkennen und zu behandeln sind.

1. Großsäugetiere

Funde von Zähnen und Knochen von Großsäugetieren sind meistens selten. Sie bedürfen einer sorgfältigen Bergung (Schutz vor Austrocknung) und einer möglichst genauen Dokumentation des Fundortes mit Angabe der Fundschicht innerhalb der Schichtenfolge. In vielen Fällen werden die Funde erst am Fuß einer Abbauwand oder auf dem Grobsieb des Kieswerkes bemerkt, so daß die genaue Fundschicht, besonders bei Unterwasserabbau, fraglich bleibt. Bei eingehender, mehrjähriger Beobachtung des Baggerbetriebs ist es jedoch unter günstigen Bedingungen möglich, die Lage von Unterwasserfunden mit hinreichender Genauigkeit einzugrenzen (z. B. in der nördlichen Oberrheinebene, LÖSCHER 1988). Damit Funde von Großsäugetieren in die Hände von Fachleuten und damit zur Auswertung und Aufbewahrung in Museen gelangen, ist es notwendig, ein gutes Einvernehmen mit Bürgermeistern und Betriebsleitern von Kieswerken, Lehmgruben und Baufirmen zu unterhalten, mit dem Ziel, daß Funde gemeldet werden. Wenn irgendwie möglich, sollte vor der Imprägnierung mit Kunststoffen ein Teil des Fundgutes (250 g) für physikalische Altersbestimmungen (S. 169) abgezweigt werden, wofür auch kleine Bruchstücke geeignet sind.

Reste von Großsäugern finden sich in warmzeitlichen Schottern (z. B. Oberrheinebene) und in Quellkalken (z. B. Cannstatter Travertin), seltener sind sie im Löß und in kaltzeitlichen Schottern, manchmal bis nahe an den Gletscherrand. Leicht zu erkennen sind die großen, weißen Stoßzähne von Elefanten und andere, weiße oder braune Knochen, Hörner und Geweihe. Molaren (Backenzähne) von Elefanten fallen durch ihre Größe (20–30 cm) und Lamellenstruktur auf, während Zähne anderer Großsäuger oft schwarzglänzend sind.

Die folgende Zusammenstellung enthält eine Auswahl von Großsäugern des mitteleuropäischen Quartärs mit Angaben ihres zeitlichen Vorkommens (einiger Hauptfundorte) und kennzeichnender Merkmale (nach ADAM 1961, TOEPFER 1963, KAHLKE 1981, KOENIGSWALD 1988).

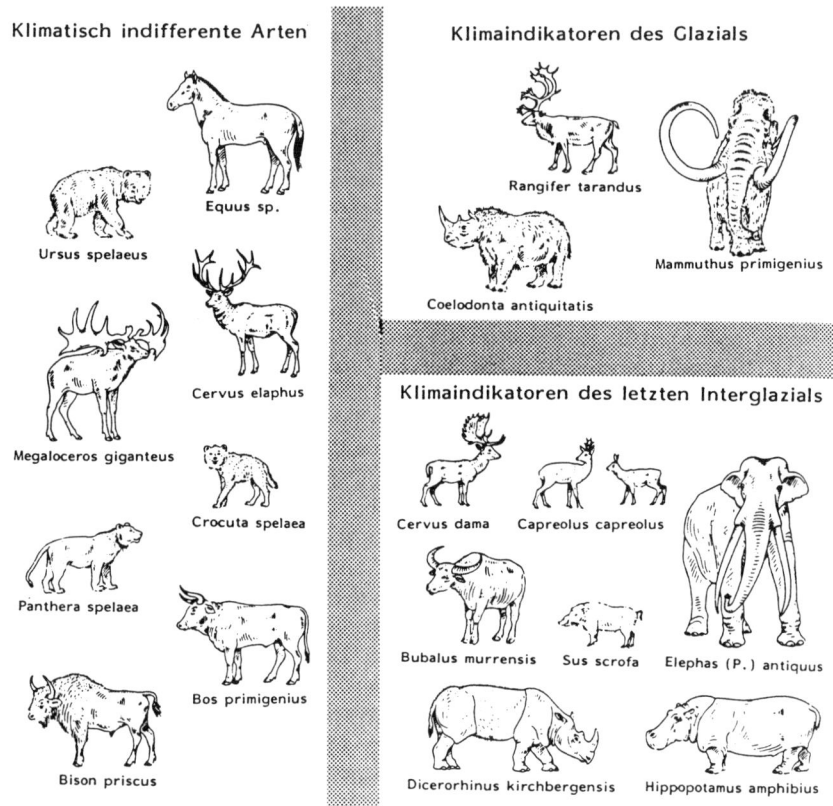

Abb. 78. Großsäugetiere aus den jungpleistozänen Kies-Sanden der nördlichen Oberrheinebene. Nach v. KÖNIGSWALD 1988: 210. Im vorliegenden Text nicht aufgeführte Tiere: *Equus sp.* (Pferd), *Ursus spelaeus* (Höhlenbär), *Crocuta spelaea* (Höhlenhyäne), *Panthera spelaea* (Leopard), *Cervus dama* (Damhirsch), *Capreolus capreolus* (Reh), *Sus scofra* (Wildschwein).

Elefanten

Archidiskodon meridionalis (Südelefant), Leitform des Villafranchium, im Norden selten.
– Molaren niedrig, breit, wenig Lamellen

Mammuthus trogontherii (Altmammut) Steppenelefant altpleistozäner Kaltzeiten, z. B. Elster (Moosbach, Steinheim). – variabel zwischen A. merid. und M. primigenius

Elephas (Palaeloxodon) antiquus (Waldelefant), Typusform im Holstein (Steinheim/Murr), Frühform im Cromer (Mauer), Spätform in Eem (Taubach). – Molaren hoch, schmal mehr Lamellen als *A. merid.*

Mammuthus primigenius (Mammut), Typusform im Jungpleistozän, Kaltsteppe (viele Fundorte). – Molaren hoch, viele Lamellen.

Nashörner

Dicerorhinus etruscus (etruskisches Nashorn), Altpleistozän, Steppe und Wald (Mauer, Moosbach, Süßenborn). – relativ zierlich

Dicerorhinus kirchbergensis (Waldnashorn = Merckii'sches N.), warmzeitlich, Holstein und Eem (Steinheim, Ehringsdorf, Oberrheinebene)

Coelodonta (Tichorhinus) antiquitatis (Fellnashorn), Kaltsteppen-Leitform des Jungpleistozäns, zusammen mit Mammut.

Rinder

Bison priscus (Steppenwisent), aber auch in warmzeitlichen Ablagerungen, Holstein, Eem (Steinheim, Taubach)

Bos primigenius (Ur, Auerochse), klimatisch indifferent, Holstein, Eem (Steinheim, Oberrhein)

Bubalus murrensis (Wasserbüffel), warmzeitlich, Holstein, Eem (Steinheim, Oberrheinebene), sehr selten

Ovibus moschatus (Moschusochse), Kaltsteppe Jungpleistozän (wie Mammut)

Hirsche

Megaloceras giganteus (Riesenhirsch), Holstein, Eem, Weichsel, klimatisch indifferent (Steinheim, Oberrheinebene, Irland). – Großes plattiges Geweih

Rangifer tarandus (Ren), Kaltsteppe Jungpleistozän (wie Mammut). – Heute in der Subarktis.

Außerdem sei als typisch warmzeitliches Tier das Flußpferd (*Hippopotamus amphibius*) erwähnt, das im Altpleistozän in Moosbach und Mauer und im Eem in England und in der Oberrheinebene gefunden wurde (LÖSCHER 1981: 196, KOENIGSWALD 1988: 249).

Säugetierfunde ermöglichen bei ausreichendem Fundgut, besonders beim Vorliegen von Elefanten-Molaren, sowohl eine klimatische Kennzeichnung als auch eine stratigraphische Einstufung der Fundschicht. Von besonderer Bedeutung ist das seltene Vorkommen von Resten des Menschen und seiner Geräte zusammen mit Säugerfaunen (Abb. 79 und S. 108). Die Möglichkeit der Parallelisierung von Säugetiervorkommen in Schottern des Periglazialgebietes mit glazifluvialen Schottern des nördlichen Voralpenlandes ist begrenzt, weil die Funde im Voralpenland zu spärlich sind. Mehrere Funde von Mammut, Fellnashorn und Ren an verschiedenen Orten in glazifluvialen Schottern bestätigen immerhin deren Würm-Alter.

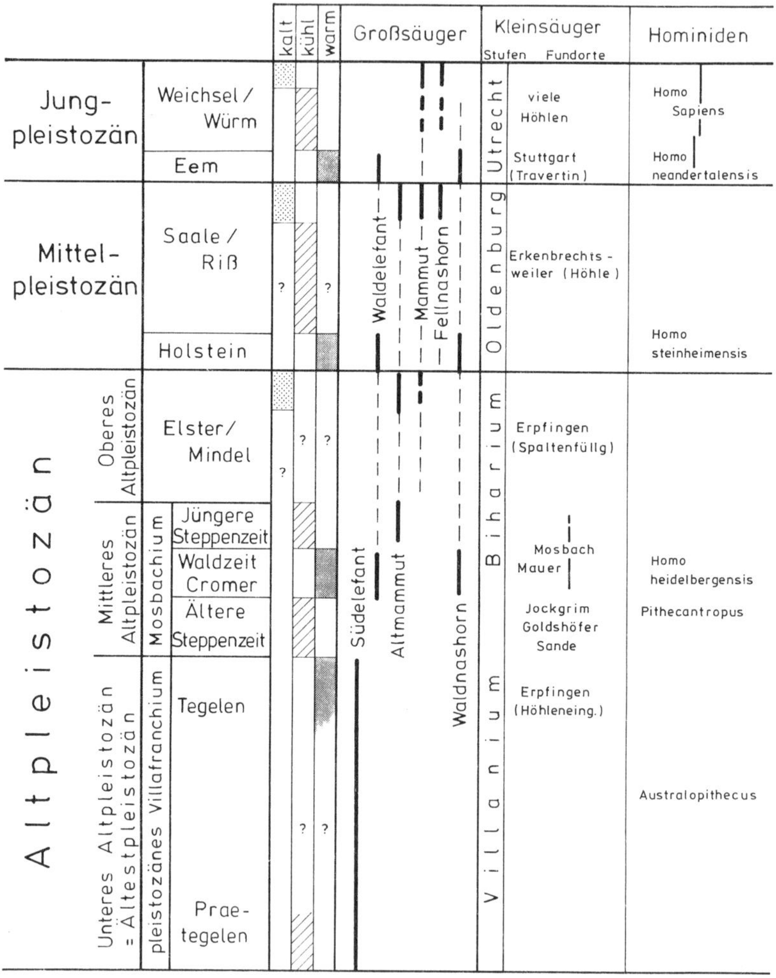

158 Quartär-Paläontologie

			kalt / kühl / warm	Großsäuger	Kleinsäuger Stufen Fundorte	Hominiden
Jungpleistozän		Weichsel / Würm			Utrecht — viele Höhlen	Homo Sapiens
		Eem			Stuttgart (Travertin)	Homo neandertalensis
Mittelpleistozän		Saale / Riß	? ?	Waldelefant — Mammut — Fellnashorn	Oldenburg — Erkenbrechts-weiler (Höhle)	
		Holstein				Homo steinheimensis
Altpleistozän	Oberes Altpleistozän	Elster / Mindel	? ? ?		Bihar — Erpfingen (Spaltenfüllg)	
	Mittleres Altpleistozän / Mosbachium	Jüngere Steppenzeit		Südelefant / Altmammut / Waldnashorn	Mosbach Mauer	Homo heidelbergensis
		Waldzeit Cromer				
		Ältere Steppenzeit			Jockgrim Goldshöfer Sande	Pithecantropus
	Unteres Altpleistozän = Ältestpleistozänes Villafranchium	Tegelen	? ?		Villanium — Erpfingen (Höhleneing.)	Australopithecus
		Praetegelen				

Abb. 79. Pleistozängliederung nach Säugetieren. Gliederung, Klimaschema und Großsäuger nach ADAM (1964) und MÜLLER-BECK (1967). Kleinsäuger-Fundorte nach v. KOENIGSWALD (1983), Hominiden nach CZARNETZKI (1983). Vgl. Gliederung des Pleistozäns Tab. 14.

2. Kleinsäuger

Reste von Kleinsäugern, besonders Zähne, Kiefer und Knochen von Mäusen, Spitzmäusen, Wühlmäusen, Hamstern, Ratten, Lemmingen, Bibern, Hasen u. a. kommen an einzelnen Fundstellen, besonders in Höhlen, selten in Schottern und Sanden und auch im Löß in großer Zahl vor. Es handelt sich um lokale Zusammenschwemmungen, wobei Funde in Höhlen zum Teil aus Gewöllen von Raubvögeln stammen. Es werden große Mengen des fundhöffigen Sediments, z. B. Höhlenlehm, ausgeschlämmt und die Kleinsäugerreste ausgelesen. Die Bestimmung und Auswertung der Funde ist nur von erfahrenen Fachleuten auszuführen.

Die große Zahl der Zähne usw. und die relativ rasche phylogenetische Entwicklung der Kleinsäuger ermöglichen bei ausreichendem Fundgut eine statistische Auswertung einzelner Merkmale, eine genaue Erfassung der Arten und des phylogenetischen Entwicklungsstandes, woraus eine fein abgestufte, relative Altersfolge der Fundstellen abzuleiten ist (Abb. 79). Dieser Möglichkeit einer Feingliederung steht als Nachteil die Seltenheit der Fundstellen gegenüber. Nur wenige Fundstellen, wie z. B. in den Sanden von Mauer, stehen in Zusammenhang mit pleistozänen Schottern, die weitere Verbreitung haben.

Aus den glazifluvialen Schottern des nördlichen Alpenvorlandes sind bislang keine Kleinsäugerfunde bekannt geworden. So ist es nach wie vor fraglich, wo z. B. das Günz in das Gliederungsschema nach Säugetieren einzufügen ist. Die Gliederung der Kleinsäugerfunde weist aber nach v. KOENIGSWALD (1983: 189) darauf hin, daß die Quartärgliederung weit komplizierter ist als z. B. in Abb. 79. So ist die Kleinsäugerfauna von Mauer jünger als das Cromer s. str. und entspricht vielleicht einem jüngeren Teil des Cromer-Komplexes oder einer zusätzlichen Warmzeit. Außerdem zeigt die Kleinsäugerfauna von Erkenbrechtsweiler eine weitere Warmzeit zwischen dem Holstein und Eem an.

3. Mollusken

Auf Mollusken wurde im Abschnitt Löß eingegangen. Sie kommen auch in Seesedimenten, in Auelehm und in Sandlagen in pleistozänen Schotterkörpern vor. Klimatisch und z. T. stratigraphisch aussagekräftig sind vor allem Landschnecken (Abb. 80). Als Beispiel sei die Molluskenfauna in einer Sandlage in 113,5 m Tiefe in der Bohrung Ur-Federsee 2 genannt (DEHM in GERMAN et al. 1967: 86). Darin waren 8 Arten von Landschnecken erhalten, die ein „eher älteres Interglazial" anzeigen. Zum Teil interglaziale Molluskenfaunen aus pleistozänen Schottern des nördlichen Alpenvorlandes und

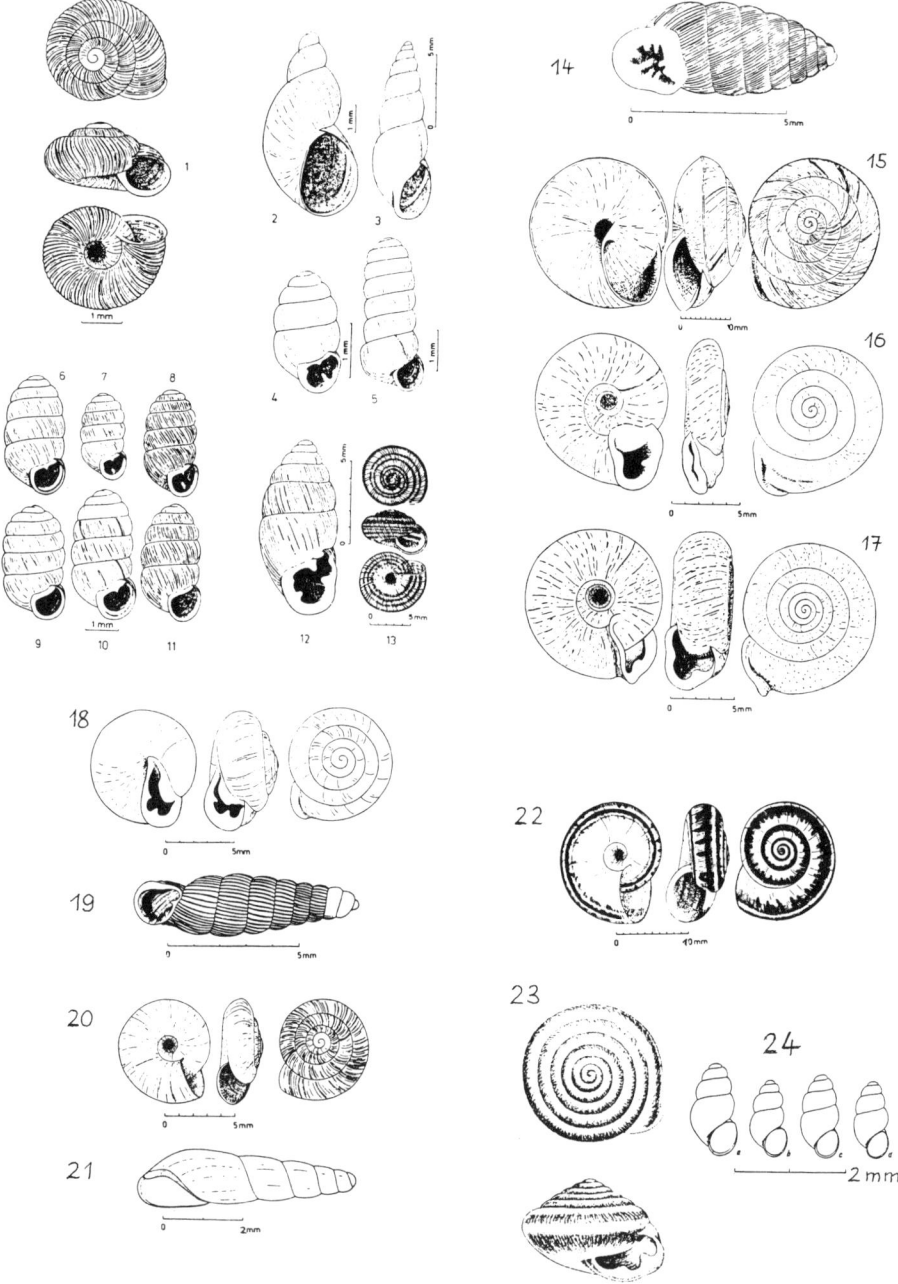

des Neckar-Rheingebietes, sowie aus Quellkalken (z. B. Cannstatter Sauerwasserkalk) beschrieben DEHM (1951) und MÜNZING (1961, 1968, 1970, 1974, 1986). Es ist zu erwarten, daß mit der Verfeinerung der Systematik der Mollusken der stratigraphische Aussagewert von Molluskenfaunen verbessert wird, wofür die Neubearbeitung der Gattung Clausilia (NORDSIECK 1990) ein Beispiel darstellt.

4. Mikrofauna

Die marinen Sedimente des Eem und Holstein in Norddeutschland und Dänemark enthalten boreale bis boreal-lusitanische Faunen von *Foraminiferen*, die sich von der arktischen Fauna der Kaltzeiten unterscheiden. Die Faunen der Warmzeiten des Holstein und Eem sind der holozänen Fauna recht ähnlich, weisen aber doch einige stratigraphisch auswertbare Unterschiede auf (KNUDSEN 1988).

Die *Ostracoden* des marinen Holstein unterscheiden sich in der Regel nicht von der heutigen Fauna. Süßwasser-Ostracoden sind in kalt- und warmzeitlichen Seesedimenten teilweise häufig. (Interglazial von Elze, LÜTTIG 1955; Bohrung Urfedersee 2 (WITT in GERMAN et al. 1967: 88). OHMERT (1979: 127) fand in Beckenton und Seekreide des Riß und Eem in der Bohrung Eurach/Bayern 27 Arten, die den Wechsel von der Kaltzeit in die Warmzeit genau anzeigen. Einen stratigraphischen Leitwert haben die Ostracodenfaunen bislang nicht. Die Schalen der meisten Ostracoden in Eurach sind so dünn, daß sie nur bei ganz vorsichtigem Schlämmen erhalten

---

← Abb. 80. Auswahl quartärer Mollusken. 1–22 aus LOZEK 1969b, 23 aus KERNEY et al. 1983, 24 aus LOZEK. nicht in Baden-Württemberg.
In Fluglössen: 1) *Vallonia* A. BR. – 2) *Succinea oblonga* DRAP. – 3) *Lymnea glabra* MÜLL. – 4) *Vertigo parcedentata* A. B. – (4 u. 5 Columella-Fauna) – 5) *Columella columella* MART. – 6) *Pupilla muscorum* L. – 7) *Pupilla triplicata* STUD. (6, 7 u. 8 typische Arten, noch heute in Europa) – 8) *Pupilla sterri* VTH. – 9) *Pupilla muscorum densgyrata* LZK. – 10) *Pupilla muscorum ssp.* L. – 11) *Pupilla loessica* LZK.
In Böden und Schwemmlagen: 12) *Chondruta tridens* MÜLL. – 13) *Helicopsis striata* MÜLL. (12 u. 13 striata-Fauna) – 14) *Abida frumentum* DRAP. (Frühwürm interstad.) – 15) *Helicogna banatica* ROSSM. (interglazial) – 16) *Soosia diodonta* FER. (interglazial) – 17) *Helicodonta obvoluta* MÜLL. (warme Waldgesellschaften interglazial und Holozän) – 18) *Isognomostoma isognomostoma* SCHR. (warme Waldgesellschaften interglazial und Holozän) – 19) *Ruthenia filograna* ROSSM. (warme Waldgesellschaften interglazial und Holozän) – 20) *Zonites sepultus* LZK. (Altpleistozän) – 21) *Cecilioides acicula* MÜLL. (jüngster Löß) – 22) *Helicella obvia* HTM. (jüngster Löß) 23) *Perforatella bidenta* GMEL. (prae Eem in B.-W.) – 24) *Belgrandiella sp.* LZK. (interglazial in Quellkalken).

bleiben – wahrscheinlich der Grund, weshalb bei manchen Untersuchungen keine Ostracoden gefunden wurden. Für Mikrofauna-Untersuchungen genügen Probemengen von 200 bis 500 g.

5. Insekten

In siltig-torfigen Seesedimenten finden sich beim Ausschlämmen auch Reste von Insekten; meist Panzer und Flügeldecken von Käfern, die eine Bestimmung der Arten und eine Ermittlung der fossilen Fauna ermöglichen. Zahlreiche Untersuchungen in Großbritannien und Nordamerika zeigen den klimatischen und stratigraphischen Aussagewert fossiler Insektenfaunen und eröffnen ein interessantes Forschungsgebiet über die Entwicklung und über Wanderungen der Insekten im Pleistozän (COPE 1977, MORGAN & MORGAN 1981).

6. Untersuchung pflanzlicher Reste

Untersuchungen von Pflanzenresten in pleistozänen Sedimenten spielen eine oft entscheidende Rolle für Fragen des ehemaligen Klimas, der Standortgegebenheiten und der Stratigraphie.

Pflanzliche Großreste

Pflanzliche Großreste, worunter wegen ihrer Unterscheidbarkeit besonders Früchte und Samen, aber auch Blätter und Holzreste in Betracht kommen, sind im Aufschluß oder im Bohrkern meist schon mit dem Auge erkennbar. Das Ausschlämmen großer Mengen des fundhöffigen Sediments kann eine ausreichende Zahl von Großresten liefern. Deren Untersuchung mit dem Mikroskop, z.T. an Dünnschnitten, und die stratigraphische Auswertung zusammen mit Ergebnissen der Pollenanalyse erfordern Einarbeitung und Erfahrung. Aus der Kalkmudde des Eem-Interglazials von Zeifen (östliches Oberbayern) sind aus 60 Zentnern Sediment mehrere 10 000 von Pflanzenresten ausgelesen, bestimmt und ausgewertet worden (JUNG, BEUG & DEHM 1972) – ein Aufwand, wie er nur in besonderen Fällen möglich ist. Die Bedeutung der pflanzlichen Großreste besteht darin, daß im Gegensatz zur Pollenanalyse die Vegetation in der Umgebung, z. B. des ehemaligen Sees und dessen Einzugsgebiets, direkt erfaßt wird. Außerdem werden Pflanzen erfaßt, die der Pollenanalyse meist entgehen, weil ihr Pollen nicht vom Wind verweht wird, wie z.B. *Dryas octopetala* (Silberwurz), die Leitpflanze kalter Klimaabschnitte des Pleistozäns.

Palynologie

Die Palynologie umfaßt die Untersuchung und Auswertung rezenter und fossiler Sporen, Pollen und anderer säureresistenter Mikrofossilien. Der für die Quartärgeologie wichtigste Teil ist die **Pollenanalyse**, die sich mit dem Blütenstaub oder Pollen windbestäubter Pflanzen befaßt. Die Pollenkörner sind 0,01 bis 0,1 mm groß und weisen Formen und Oberflächenskulpturen auf, die bei mikroskopischer Untersuchung die Bestimmung der Gattung und z.T. der Art der Pflanze, von der der Pollen stammt, gestattet. Die Pollenkörner sind gegen chemische Einflüsse außerordentlich widerstandsfähig. Längere und mehrfache Austrocknung führt jedoch zu ihrer Zersetzung. Geeignete Sedimente zur Erhaltung von Pollen sind Seesedimente und Torf, auch Quellkalk, Löß, Grundmoräne und fluviatile Sedimente, soweit sie wenigstens Bergfeuchte enthalten.

Die moderne Pollenanalyse unterscheidet nicht nur die Pollen von etwa 15 bis 20 Bäumen, von denen in Abb. 81 die häufigsten angegeben sind, sondern auch über 20–30 Nichtbaumpollen (NBP) von Gräsern, Riedgräsern, Kräutern, Farnen und Wasserpflanzen. Die Aufbereitung der Pollen, die Analyse und die Auswertung erfordern eine gründliche Einarbeitung und Erfahrung. Ein Quartärgeologe sollte soweit damit vertraut sein, daß er ein Pollendiagramm lesen und die daraus entwickelten Folgerungen über Klima und Alter verstehen kann.

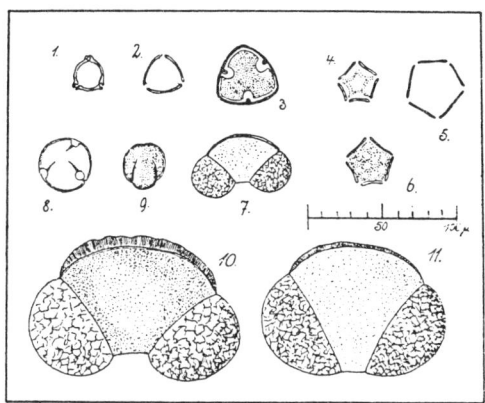

Abb. 81. Pollenkörner von Bäumen. Aus BERTSCH 1927.
1. Birke, 2. Hasel, 3. Linde, 4. Erle, 5. Hainbuche, 6. Ulme, 7. Kiefer, 8. Buche, 9. Eiche, 10. Tanne, 11. Fichte

Untersuchungsverfahren. Die Proben für Pollenanalyse werden in Tagesaufschlüssen aus bergfrischem Sediment oder aus dem Innern von Bohrkernen möglichst in den Winter- oder Herbst-Monaten entnommen, um eine Verunreinigung mit Pollen der rezenten Vegetation zu vermeiden. Als Probemenge genügen einige cm^3 des Sediments. Die Proben werden in geringen Abständen übereinander entnommen – in wichtigen Abschnitten alle 1 bis 2 cm. Bei Bohrungen für Zwecke der Pollenanalyse ist größte Sorgfalt erforderlich, um Verfälschungen durch gestörte Proben oder gar durch verdrehte Kerne zu vermeiden.

Die *Aufbereitung* richtet sich nach der Art des Sediments (GRÜGER 1979: 12). Laboreigene Details dienen dem Ziel, eine möglichst große Ausbeute an Pollen zu erhalten. Die organische Substanz wird mit Säuren und Kalilauge von den Pollen gelöst und getrennt. Anorganische Bestandteile (Karbonate, Silikate, Ton) werden mit Salzsäure und Flußsäure gelöst und von den Pollen abgetrennt. Dann werden die Pollen durch Zentrifugieren in einer schweren Lösung angereichert. Der so gewonnene Rückstand wird in Glyzerin in Proberöhrchen aufbewahrt.

Die Bestimmung und Auszählung erfolgt unter dem Mikroskop mit Kreuztisch und Zählgerät meist bei 200facher Vergrößerung. Schwierigkeiten bei der Bestimmung entstehen, wenn die Pollenkörner beschädigt sind und übereinander liegen. Von jeder Probe werden einige 100 Pollenkörner ausgezählt und die Anteile der einzelnen Pollenarten in % der Gesamtsumme berechnet.

Darstellung und Auswertung. Die Auszählung einer Probe, oder wenn notwendig mehrerer Proben aus derselben Schicht ergeben ein *Pollenspektrum*, das sich z. B. aus 15% Kiefer, 10% Birke, 15% Eiche, 5% Ulme, 5% Linde (= 25% Eichenmischwald), 30% Hasel, 10% Erle, 10% Nichtbaumpollen zusammensetzt. Alle Pollenspektren einer Schichtenfolge übereinandergezeichnet ergeben ein *Pollendiagramm*. Die Baumpollen werden mit bestimmten Zeichen dargestellt (Abb. 82). Einzelne, in geringer Menge vorkommende aber wichtige Pollenarten werden aus Gründen der Übersichtlichkeit einzeln in der Art von Scherenschnitten aufgezeichnet. Das Pollendiagramm entspricht mit Einschränkungen dem Ablauf der Vegetationsentwicklung des in der untersuchten Schichtenfolge enthaltenen Zeitabschnittes. Die Einschränkungen beruhen z. B. auf unterschiedlicher Pollenproduktion. So kann reichlich anfallender Kiefernpollen, besonders wenn er durch Zusammenschwemmung angereichert wurde, einen zu hohen Anteil an Kiefern vortäuschen. Auch unterschiedliche Verwehbarkeit und unterschiedliche Zersetzung von Pollen können zu Abweichungen von der wirklichen Zusammensetzung der Vegetation führen. Ein besonderes Problem ist der Fernflug von Pollen, wodurch Pollen z. B. aus wärmeren Gebieten in kalte

Zonen verweht werden können. Es handelt sich dabei in der Regel um geringe Anteile und um Pollen, die aus dem Rahmen fallen. Eine Ausnahme ist der Kiefernpollen, der in größerer Menge weit verweht wird. Funde von Großresten sind dann entscheidend für die Frage, ob z. B. Kiefern in der Nähe gewachsen sind, oder ob Fernflugpollen vorliegen. Nicht selten werden Pollen aus älteren Sedimenten umgelagert. Umlagerung ist an der Vermischung von Pollen aus verschiedenen Abschnitten und an häufiger Pollenbeschädigung (Fragmentierung) zu erkennen. Die Auswertung von Pollendiagrammen für die Quartärstratigraphie sei an Abb. 82 erläutert. Die dargestellten Diagramme sind stark vereinfacht.

Würm-Spätglazial und Holozän. Die Untersuchung zahlreicher Schichtfolgen besonders in Torfmooren hat gezeigt, daß das Auftreten und die Häufigkeitsspitzen der einzelnen Baumpollen einen ungefähr gleichartigen Gang aufweisen. Korrelationen mit der skandinavischen Warvenchronologie und mit praehistorischen Funden, führten zu der dargestellten Gliederung des Würm-Spätglazials und des Holozäns (FIRBAS 1949: 48). Die Altersangaben wurden mittels ^{14}C-Datierungen und mit Dendrochronologie korrigiert (FRENZEL 1983a: 136). Die folgenden Ausführungen beruhen vorwiegend auf den 2 letztgenannten Veröffentlichungen.

Hochglaziale Seesedimente sind meist pollenfrei und zeigen eine vegetationsleere Kältewüste an. Nach einer Übergangszeit mit dürftiger Pioniervegetation (z. B. Artemsia) folgt die Kräutersteppe der *ältesten Tundrenzeit*. Da eine Tundrenvegetation nur untergeordnet vorkommt, ist statt Tundrenzeit auch die Bezeichnung Dryas-Zeit gebräuchlich. Mit dem *Bölling* beginnt die Bewaldung mit Birke, Wachholder und Kiefer neben reichlich Kräutern. Die noch lichten, birkenreichen Kiefernwälder des *Alleröd* zeigen eine deutliche Erwärmung an. Sie wird von dem Kälterückschlag der *Jüngeren Tundrenzeit* unterbrochen, die mit einer letzten Lößverwehung, kleinen Eiskeilen und stärker minerogenem Einfluß in Seesedimenten das Ende der Würm-Kaltzeit bildet. Sie wird in der nordischen Vereisung durch den Salpausselkä-Stand in Südfinnland–Südschweden und in den Alpen durch das Egesen-Stadium (HEUBERGER 1968) gekennzeichnet.

Mit dem *Praeboreal* beginnt das **Holozän**, das auch als Postglazial bezeichnet wird. Die starke Ausbreitung von Birken- und Kiefernwäldern, das erste Auftreten von Hasel- und Eichenmischwaldpollen und der Rückgang des Nichtbaumpollens zeigen die Erwärmung des Klimas an. Im *Boreal* erreicht der Haselpollen sein Maximum, das im *Atlantikum* vom Eichenmischwald-Pollen abgelöst wird. Danach folgt die Ausbreitung von Buche und Tanne im *Subboreal*. Im *Subatlantikum* steigt der Fichtenpollen an, was wie die Zunahme von Nichtbaumpollen und das Auftreten von Pollen von Kulturpflanzen durch den Menschen verursacht ist (Rodung, Ackerbau).

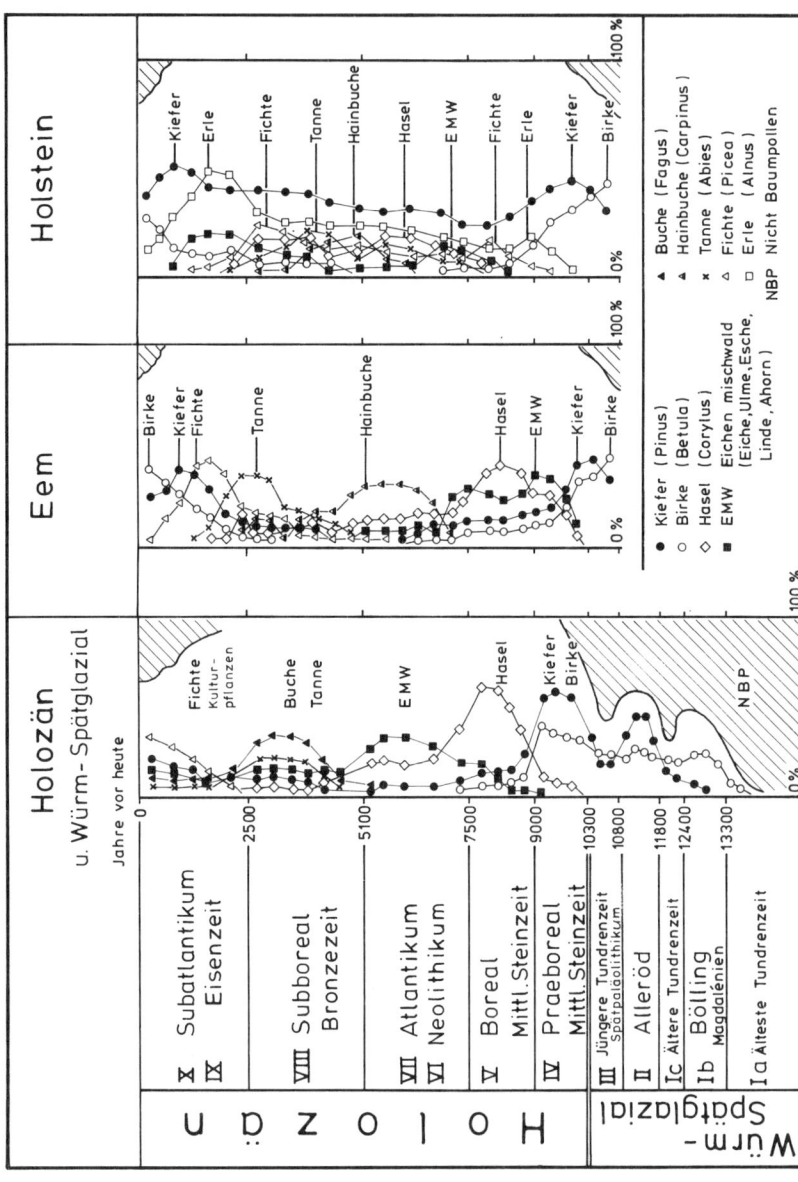

Abb. 82. Holozän, Eem, Holstein. Schematische Darstellung der Vegetationsentwicklung. I bis X Zeitstufen der Vegetationsentwicklung nach FIBRAS (1949: 48 ff.). Archäologische Stufen nach MÜLLER-BECK (1983: 24). *Holozän* nach FRENZEL (1983: 134–148), *Eem.* Typ Zeifen nach JUNG, BEUG & DEHM (1972: 46), *Holstein*, Wiechel und Hetendorf, nach HALLIK (1960) und MEYER (1974).

Nicht nur klimatische Einflüsse, besonders die Erwärmung im ausgehenden Spätglazial, führte zu dem Wechsel in der Vegetation. Auch die Einwanderungsgeschwindigkeit aus den kaltzeitlichen Rückzugsgebieten im Südwesten und im Südosten Europas und die Konkurrenz unter den Baumarten sind als Ursachen zu nennen. Innerhalb des Holozäns waren die Klimaschwankungen zwischen den kälteren und den wärmeren Abschnitten nur noch gering. Nach PATZELT & BORTENSCHLAGER (1978: 185) schwankte die Waldgrenze in den Ostalpen um 200 bis 250 m, was einer Schwankung der Sommertemperatur um 0,7 °C entspricht (Abb. 90).

Das **Eem** ist die Warmzeit zwischen der Saale- und der Weichsel-Eiszeit, im Alpenvorland zwischen Riß und Würm. In Abb. 82 ist für das Eem der Typ *Zeifen/Oberbayern* stark vereinfacht dargestellt. Im Unterschied zum Holozän folgt hier der Eichenmischwaldgipfel vor dem Haselgipfel. Danach setzt ein Abschnitt mit vorwiegend Hainbuchenpollen ein, der im Holozän nur eine geringe Rolle gespielt hat. Darauf folgen die Dominanz von Tanne, später Fichte, wobei Hainbuche und Hasel noch reichlich vertreten sind. Buche (= Rotbuche), die im Holozän eine so bedeutende Entwicklung erfahren hat, kommt im Eem nicht oder nur in ganz geringer Menge vor.

Einen anderen palynologischen Typ des Eem verbindet FRENZEL (1983 a: 103) mit dem Vorkommen von *Pfefferbichl* bei Füssen, bei dem anstelle von Hainbuche die Tanne vorherrschend ist. GRÜGER & SCHREINER (1993) finden aufgrund der erneuten Untersuchung des Interglazials im Wurzacher Becken, daß eine Aufteilung des Riß/Würm-Interglazials im Alpenvorland nicht erforderlich ist.

Holstein. Die Warmzeit zwischen der Elster- und der Saalekaltzeit ist in Norddeutschland in mehreren Kieselgurvorkommen und in Ablagerungen des marinen Holstein in Hamburg und Schleswig-Holstein gut belegt. Abb. 82 zeigt in starker Vereinfachung der Diagramme von Wiechel (HALLIK 1960) und von Hetendorf (MEYER 1974) die Baumpollenabfolge der Holstein-Warmzeit. Kiefer und Erle sind durchweg vorherrschend, was bei der Erle auch durch den Standort an Seen bedingt sein dürfte. Daneben verläuft eine Entwicklung, bei der Fichte im Gegensatz zum Eem schon sehr früh auftritt und fast bis zum Ende durchhält. Auch Eichenmischwald, Hasel, Hainbuche und Tanne halten lange durch, bilden aber weniger ausgeprägte Gipfel. Buche kommt in einigen Vorkommen in geringer Menge vor. Bezeichnend für das Holstein ist das vereinzelte Vorkommen von *Pterocarya* (kaukasische Flügelnuß), die ein Relikt der Flora des Tertiärs ist.

Im nördlichen Alpenvorland wurde für die Vorkommen von *Meikirch* bei Bern (WELTEN 1988) und *Samerberg* 2 in Oberbayern (GRÜGER 1983) Holsteinalter angegeben. Die Stellung anderer, z. T. unvollständiger Thermalvorkommen ist noch unklar, z. B. Ziegelberg bei Wurzach (GÖTTLICH &

WERNER 1974: 67). Auf die Unsicherheit der Altersstellung der meisten der süddeutschen Thermalvorkommen hat FRENZEL (1983a: 101) hingewiesen.

Ältere Thermale. Thermale, die älter sind als Holstein enthalten mit zunehmendem Alter größer werdende Anteile an Relikten der Tertiärflora: Pterocarya (Flügelnuß), Ostrya (Hopfenbuche), Tsuga (Hemlocktanne) u.a. In den Niederlanden sind 4 Cromer-Thermale und 4 noch ältere Thermale bekannt (Abb. 85), wobei zu beachten ist, daß diese Thermalvorkommen meist im fluvialen Milieu des Rheins abgelagert wurden und z.T. unvollständig sind (ZAGWIJN 1989: 116, 1990). Im nördlichen Alpenvorland liegt das Buche- und Pterocarya-führende Thermal vom *Unterpfauzenwald* südöstlich Biberach (GÖTTLICH & WERNER 1974: 60), das zwischen Haslach und Mindel gestellt wird (SCHREINER & EBEL 1981: 38) und einem jüngeren Teil des Cromer angehören dürfte. Wesentlich älter ist das Vorkommen am *Uhlenberg* bei Augsburg, das neben viel Kiefer und Erle bis 40% Tsuga und bis 5% Ostrya aufweist (SCHEDLER 1988: 14).

Pollendiagramme nicht-thermaler Sedimente. Der größte Teil von Schichten, die durch mehr oder weniger organische Substanz dunkelgraue bis schwarze Farbe aufweisen und unter glazialen Schichten liegen, erweisen sich bei pollenanalytischer Untersuchung nicht als Thermale, da sie keine oder nur ganz wenig Pollen wärmebedürftiger Bäume (Eichenmischwald) enthalten. Sie führen meist Birke, Kiefer und Fichte, z.T. auch Hasel und Tanne. Der Anteil an Nichtbaumpollen, lückenhafte Bewaldung anzeigend, ist erhöht. Solche Diagramme entstammen **Interstadialen** oder dem Beginn oder Ende von Thermalen.

Interstadiale des Weichsel-Frühglazials sind in Norddeutschland von MENKE & TYNNI (1984) und von BEHRE & LADE (1986) beschrieben worden. Die wärmeren dieser Interstadiale (Brörup und Odderade) enthalten vorwiegend Kiefer und Birke und geringere Anteile an Fichte, Lärche und Erle. Der sehr geringe Anteil an Eichenmischwald-Pollen wird auf Fernflug zurückgeführt. Im nördlichen Alpenvorland sind am Samerberg (GRÜGER 1979: 23) und im Wurzacher Becken (GRÜGER & SCHREINER 1993: 97) 2 gut entwickelte Interstadiale des Frühwürm gefunden worden. In ihnen treten neben vorwiegenden Pollen von Kiefern, Birke und Fichte auch Tanne auf, die im Wurzacher Becken stärker vertreten ist und von Hasel, Eiche, Ulme, Hainbuche und Rotbuche in geringen Mengen begleitet wird.

Der Begriff Interstadial und Thermal ist im Sinne von BEHRE & LADE (1986: 32) regional zu verstehen. Der Vegetationsinhalt und damit die klimatische Aussage können je nach geographischer Breite sehr verschieden sein. So kann z.B. das Brörup-Interstadial im Süden Eichenmischwälder aufweisen und damit einem Thermal entsprechen. Im Norden kann es boreale Nadelwälder haben und noch weiter nördlich bis in waldlose Gebiete reichen

– wie das auch im derzeitigen Thermal in der Vegetation und im Klima in Norddeutschland, Mittelschweden und Nordskandinavien verwirklicht ist.

V. Physikalisch-chemische Altersbestimmungen

Aus der Vielzahl möglicher physikalisch-chemischer Altersbestimmungen (GEYH 1980) werden im folgenden die in der Quartärgeologie zur Zeit gebräuchlichsten Verfahren behandelt.

1. Radiokohlenstoff-Methode (^{14}C-Methode)

Der in organischen Stoffen wie Holz, Torf, Mudde, Knochen und in Karbonaten wie Seekreide, Molluskenschalen, Quellkalk, Höhlensinterkalk bei deren Bildung eingebaute radioaktive Kohlenstoff ^{14}C zerfällt nach dem Tod der Organismen oder nach dem Ende der Karbonatbildung mit einer Halbwertszeit von 5568 Jahren (GEYH 1980: 87). Der Zeitraum für die ^{14}C-Altersbestimmung liegt zwischen 300 und 50000 Jahren. Mit Hilfe von ^{14}C-Anreicherung kann der Datierungsbereich auf 70000 Jahre verlängert werden (GROOTES 1978). Die Proben müssen dann mindestens 250 g Kohlenstoff enthalten. Infolge der mit zunehmendem Alter abnehmenden ^{14}C-Restgehalte und größer werdendem Fehler durch Kontamination sind ^{14}C-Alter von mehr als 30000 Jahren mit großer Unsicherheit behaftet. Verfälschungen der ^{14}C-Alter können z. B. durch Isotopenaustausch mit dem Kohlendioxid des Grundwassers und der Luft zustande kommen.

Altersbestimmungen durch Jahrringzählung an subfossilen Baumstämmen (Dendrochronologie), wobei ähnlich wie bei der Warvenchronologie Folgen ähnlicher Jahrringbreiten zur Deckung gebracht werden, haben eine bis 8400 Jahre vor heute zurückgehende, absolute Chronologie geschaffen (BECKER 1983: 50). Durch Vergleich mit den an denselben Stämmen durchgeführten ^{14}C-Altersbestimmungen hat sich herausgestellt, daß die ^{14}C-Alter von den Jahrring-Altern abweichen, was vorwiegend mit Änderungen der ^{14}C-Produktionsrate in früheren Zeiten zusammenhängt (GEYH 1980: 90). Meistens sind die ^{14}C-Alter zu klein. So entspricht z. B. einem Jahrringalter von 6000 Jahren ein konventionelles ^{14}C-Alter von 5300 Jahren (Abb. 83). Andere Fehlermöglichkeiten können die Abweichung der ^{14}C-Alter vergrößern oder verkleinern, wie FRENZEL (1983a: 136) dargestellt hat. Es ist daher nicht möglich, konventionelle ^{14}C-Alter einfach nach Abb. 83 zu korrigieren. Trotz dieser Fehlermöglichkeiten ist die ^{14}C-Methode für das Holozän und das Obere Weichsel oder Würm das wichtigste

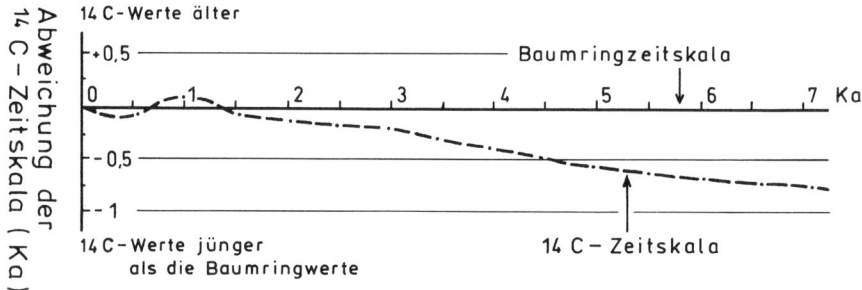

Abb. 83. Abweichung der konventionellen ¹⁴C-Alter vom Jahrringalter (Dendrochronologie). Aus GEYH 1980: 85 nach Daten von SUESS 1978, umgezeichnet. Die dendrochronologische Linie ist horizontal. Die Kurve der konventionellen ¹⁴C-Alter weicht meist zu kleineren Alterswerten ab.
Es gibt Darstellungen, aus denen eine stärkere Abweichung der ¹⁴C-Alter von der Dendrochronologie hervorgeht (FRENZEL 1983: 136). CATT (1988: 174) zeigt eine geringere Streuung als in Abb. 83.

Datierungsverfahren, das bei geeigneten Funden auf jeden Fall angewendet werden sollte. ¹⁴C-Alter von mehr als 30 000 Jahren sind jedoch zu unsicher; sie können realen Altern von 60 000 Jahren und mehr entsprechen.

Die erforderliche Probemenge beträgt 5 bis 10 g bei Holz, Holzkohle, Torf und organischer Mudde (Trockengewicht), 40 g bei Molluskenschalen, 100–500 g bei Knochen und Zahnbein. Größere Probemengen sind vorteilhaft, da durch sie die Standardabweichung kleiner wird (GEYH 1980: 88).

Wichtig ist eine genaue Beschreibung des Fundortes, der Schichtenfolge und der Fundumstände. Die Proben sind nur manuell zu reinigen und in Kunststoffbeuteln an ein ¹⁴C-Labor zu senden. Holz, das von Wurzeln rezenter Pflanzen durchwachsen ist und Knochen, die mit organischen Mitteln präpariert worden sind, eignen sich nicht für eine Altersbestimmung, da die Kontamination das Alter zu stark verfälscht. Bei Knochen genügen auch Bruchstücke, wie sie beim Bergen der Funde oft anfallen.

Im Labor werden die Proben durch Verbrennung oder Säureeinwirkung in CO_2 überführt. Danach folgt eine 4- bis 6wöchige Wartezeit, um das störende Radon entweichen zu lassen. Der ¹⁴C-Gehalt wird dann über 2 Tage lang im Zählrohr gemessen (GEYH 1980: 32). Die daraus berechneten Alter sind konventionelle ¹⁴C-Alter; sie werden in Jahren vor heute (before present = B.P.) angegeben. B.P. ist das Jahr 1950, da durch die Kernwaffenversuche nach 1950 die ¹⁴C-Konzentration in der Atmosphäre erhöht wurde. Hinter dem Wert für das ¹⁴C-Alter folgt mit ± die Standardabweichung, die aus der Zählstatistik errechnet wird. Das angegebene ¹⁴C-Alter liegt mit

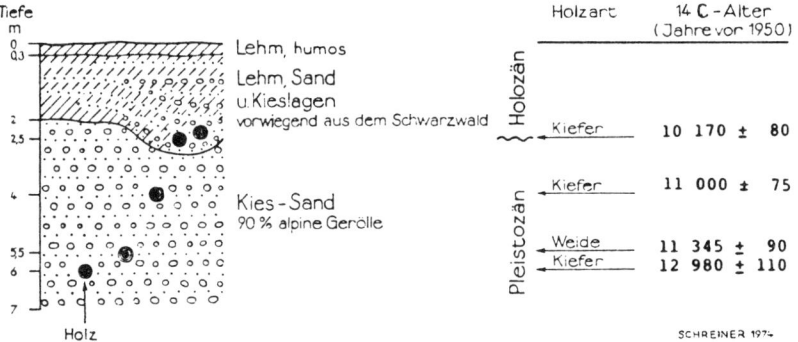

Abb. 84. Konventionelle ^{14}C-Alter von Holzresten in Kies-Sand des Ostrheins, östlich Bahlingen/Kaiserstuhl. ^{14}C-Datierungen von GEYH, Hannover. Holzbestimmung von B. BECKER, Hohenheim. Aus SCHREINER, 1981: 187.

68%iger Wahrscheinlichkeit innerhalb der angegebenen Standardabweichung (1 Sigma). Bei Altersangaben ist außerdem üblich:
B.C. = before Christ, Jahre vor Christi Geburt (für korrigierte Werte)
A.D. = anno domine, Jahre nach Christi Geburt.

Ein neuentwickeltes Verfahren, bei dem ^{14}C-Atome im Teilchenbeschleuniger direkt gezählt werden, ist wesentlich empfindlicher, so daß Proben von 1 mg Kohlenstoff und weniger ausreichend sind.

Abbildung 84 zeigt ein Beispiel von 4 konventionellen ^{14}C-Datierungen an Holzresten, die im Kies-Sand des „Ostrheins" lagen. Die Reihenfolge der Alter stimmt mit dem Übereinander der Hölzer überein. Die Ergebnisse zeigen, daß der Ostrhein noch am Ende des Würm-Spätglazials östlich um den Kaiserstuhl herum geflossen ist. Tabelle 10 zeigt ^{14}C-Daten von Knochen und Stoßzähnen aus würmeiszeitlichen Schottern und Moränen des Rheingletschervorlandes und Schwarzwald-Ostrandes, sowie von zwei praehistorischen Fundstellen.

2. Thorium/Uran-Altersbestimmung (^{230}Th/^{234}U-Methode)

Die Th/U-Methode ist zur Datierung mariner Karbonate, Korallen, Muschelschalen und von Kalksinter, Quellkalk und Travertin im Bereich zwischen 2 und 500 ka geeignet. Das Verfahren beruht auf der Neubildung von ^{230}Th durch kontinuierlichen α-Zerfall des ^{234}U, das bei der Bildung der

Tabelle 10. Konventionelle ^{14}C-Daten von Knochen und Stoßzähnen aus würmeiszeitlichen Ablagerungen des Rheingletschervorlandes.

Nr. Fundort	Funde	Labor Nr.	^{14}C-Alter Jahre vor 1950	Stratigraphie
1 Petersfels, Engen	Knochen		1189 ± 130 -1294 ± 125	Magdalénien
2 Kesslerloch, Thayngen (CH)	Knochen	HV 10652	12890 ± 90	Magdalénien
3 Kgr. Hinterhausen Konstanz	Knochen	HV 10653	14100 ± 115	Würm Konstanz. Stadium
4 Kgr. Steißlingen bei Singen	Knochen	HV 10654	14800 ± 120	Würm Stadium 7
5 Engen, Baugrube	Stoßzahn	HV 11569	14610 ± 120*	Würm-Max.
5a Karsee nw' Wangen	Knochen	GrN 11836	15090 ± 80	Würm, Innere We
6 Kgr. Markelfingen bei Radolfzell	Stoßzahn	HV 10655	18530 + 1045 − 925	Würm-Vorstoß- schotter Stad. 8
7 Kgr. Binningen bei Engen 33 m unt. Gel.	Stoßzahn	HV 13323	19920 ± 140	Würm-Max. Niederterrasse
8 Kgr. Binningen bei Engen 15 m unt. Gel.	Stoßzahn	HV 14390	20195 ± 140	Würm-Max. Niederterrasse
9 Kgr. Hardtwald bei Geißlingen/Klettgau	Stoßzahn	HV 14486	19895 + 1500 − 1320	Würm-Max. Niederterrasse
10 Kgr. Ingoldingen Kr. Biberach	Stoßzahn	HV 15882	24910 ± 215	Würm-Max. Niederterrasse etwa 20 m Tiefe, unter der Moräne des 1. Vorstosses
11 Kgr. Großwald b. Löffingen Dolinenauffüllung in Schottern 10 m u. Gel.	Stoßzahn	HV 14931	30895 + 1500 − 1320	Mittleres Würm
12 Kgr. Großwald b. Löffingen Dolinenauffüllung in Schottern 20 m u. Gel.	Stoßzahn	HV 14931	43490 + 1810 − 1480	Mittleres Würm

Nr. 1 nach ALBRECHT (1979: 76)
Nr. 2, 3, 4, 5, 6 nach GEYH & SCHREINER (1984: 159). HV = ^{14}C-Labor des Niedersächsischen Landesamtes für Bodenforschung, Hannover. 5a nach DE JONG (1983: 137).
* Dieses Alter ist offensichtlich zu klein. Von Nr. 10 liegt eine zweite Datierung mit geringerem Alter vor (22 500).

Aufgrund von 4 ^{14}C-Altern von Stoßzähnen aus Schottern, die mit dem Würm-Maximalstand zusammenhängen (Nr. 7 bis 10) und übereinstimmende Werte um 20 000 Jahre aufweisen, ist das Alter von Nr. 5 (Äußere Würmendmoräne bei Engen) als zu klein

Karbonate eingebaut wurde. Die Neubildung von ^{230}Th hält etwa 400 ka Jahre lang an, bis ein radioaktives Gleichgewicht erreicht ist (GEYH 1980: 113, GRÜN et al. 1982: 203). Bei Quellkalk und Travertin kann es zu postsedimentärem Uranverlust kommen, wodurch die ermittelten Th/U-Alter zu groß werden.

Die erforderlichen Probemengen sind 10 g für marine Karbonate und 50–100 g für terrestrische Karbonate. Die Proben sollten möglichst rein sein, da tonige Bestandteile und Eisenoxyde die Uran- und Thorium-Isotope adsorbieren. Anzustreben sind Reihen übereinanderliegender Proben, wodurch Störfaktoren ausgeglichen werden können.

Als Beispiel seien die Uran-Seriendatierungen an Tiefseekernen genannt (BOWEN 1978: 71). Th/U-Datierungen wurden an den Travertinen von Bad Cannstatt und Stuttgart durchgeführt (GRÜN et al. 1982). Für die von REIFF (1965) aufgrund der Höhenlage der unterlagernden Neckarschotter im wesentlichen in das Riß-/Würm- und in das Mindel-/Riß-Interglazial gestellten Travertine wurden ^{230}Th/^{234}U-Alter von 106 ka für die Travertine des Riß/Würm und im Mittel 200 ka bei großer Streuung der Alterswerte für die älteren Travertine gefunden. In Ungarn wurden an Travertinen ähnliche Alter und darüberhinaus ^{230}Th/^{234}U-Alter von 360 ka an älteren Travertinen gefunden (HENNIG 1983: 17). Die Zuordnung dieser Travertin-Alter zum Holstein oder zu einem möglichen Interglazial innerhalb der Saale-Eiszeit ist noch ungewiß.

3. Thermolumineszenz (TL)

Datierungen durch Thermolumineszenzmessung sind besonders an Löß auszuführen. Das Verfahren beruht darauf, daß in Quarz- und Feldspatkristallen, die durch radioaktive Bestrahlung durch Zerfall von Uran, Thorium und Kalium entstandenen metastabilen Strahlenschäden durch Belichtung (Sonnenlicht) gelöscht werden. Nach Abdeckung und Verdunkelung durch Sedimentation entstehen neue radioaktive Strahlenschäden, die bis zu einer Sättigung nach einigen 100 ka zunehmen. Durch zugeführte Energie (Erhitzung der Probe) gehen die bei der Strahlenschädigung freigesetzten Elektronen in ihre Ausgangslage zurück, wobei es zur Lichtemission (Lumineszenz) kommt. Die Stärke der Lumineszenz ist ein Maß für den Strahlenschaden und

◄ anzusehen. Zu Nr. 11 u. 12 s. SCHREINER (1991): Die pleistoz. Wutachschotter im Gewann Großwald bei Löffingen... – Jh. geol. Landesamt Bad.-Württ., **33**: 133–147; Freiburg i. Br.

damit für das Alter der Probe seit der Belichtung oder Sedimentation (GEYH 1980: 123, ZÖLLER et al. 1988).

Veränderungen der Strahlendosis, z.B. durch Entweichen von Radon und Adsorption der Strahlung durch Porenwasser in Abhängigkeit von der Porosität, beeinflussen das TL-Alter. Entsprechende Korrekturen sollen die Fehler ausgleichen. Das TL-Alter wird aufgrund der auf die Probe einwirkenden Strahlendosis und der Lumineszenzmessung berechnet (ZÖLLER et al. 1988). Bei der Probenahme ist darauf zu achten, daß ungestörte, frische, nicht belichtete Proben aus 0,5 bis 1 m Tiefe (senkrecht zur Wand) entnommen werden. In dem Bohrloch zur Probenahme werden mit einem Spektrometer die Gammastrahlung und die Höhenstrahlung gemessen. Die Alphastrahlung der Probe und die Thermolumineszenz werden im Labor, letztere durch Erhitzung bis auf 500°C, gemessen.

Die Reichweite der TL-Datierung soll bei kritischer Beurteilung bei 100 bis 200 ka liegen. Die Genauigkeit wird mit ± 25› angegeben (GEYH 1988: 123).

Ein Beispiel für Ergebnisse von TL-Datierungen nach ZÖLLER et al. (1988) ist in Abb. 52 eingetragen (Lößprofil Riegel/Kaiserstuhl). Das TL-Alter von 32,6 ka in 14 m Tiefe wird mit Erosion über dem obersten Paläoboden, der wahrscheinlich dem Eem entspricht, erklärt. Die darunter folgenden TL-Alter werden der vorletzten (153 und 184 ka) und der drittletzten Kaltzeit (259 und 254 ka) zugeordnet, wobei angenommen wird, daß über der Lößkindellage in 17,5 m Tiefe ein Paläoboden lag, der erodiert worden ist. Das TL-Alter von 273 ka ist wahrscheinlich zu klein; das von 390 ka dicht über der Brunhes/Matuyama-Grenze ist sicher zu klein und liegt offensichtlich jenseits der Reichweite der TL-Methode.

4. Elektronen-Spin-Resonanz (ESR)

Das Alter von Kalksinter, Quellkalk, Muschelschalen, Knochen und Zahnschmelz kann mit der ESR-Methode in einem Zeitraum zwischen 1 und 1000 ka bestimmt werden (GEYH 1980: 129). Durch natürliche radioaktive Bestrahlung entstehen Strahlenschäden, wobei Einzelelektronen freigesetzt werden. Durch Einwirkung eines hochfrequenten Magnetfeldes führen die Einzelelektronen zu einem meßbaren Energieverlust (ESR-Signal), der proportional zur Zahl der Störstellen und damit zum Alter der Probe ist. Die Methode hat eine hohe Meßempfindlichkeit. Es sind Wiederholungsmessungen möglich, da die Störstellen durch die ESR-Messung nicht gelöscht werden. Die erforderliche Probemenge beträgt nur 20 bis 300 mg.

Fehlerquellen ergeben sich, wenn die Strahlenschäden durch Energiezufuhr (Erwärmen über 50°C, Stoß, Druck) ausgeheilt werden. Beimengungen von Ionen von Mangan, Eisen und seltenen Erden führen zur Störung des ESR-Signals und zur Fehldatierung. Zur Errechnung des ESR-Alters müssen die Strahlendosis, die der untersuchte Stoff erhalten hat und die Gehalte an Uran, Thorium und Kalium bestimmt werden.

Ergebnisse von ESR-Datierungen an Travertinen in Ungarn wurden von HENNIG et al. (1983: 16) mit ^{230}Th/^{234}U-Datierungen verglichen. Gute Übereinstimmung ist selten. Es bedarf noch weiterer Untersuchungen und Erfahrungen zur Ausschaltung von Fehlerquellen.

5. Spaltspuren-Methode (SSTR, fission-track-method)

Die Altersbestimmung nach der Spaltspurenmethode ist an vulkanischen Gläsern und Mineralien möglich und erfaßt einen Zeitraum von 0,3 bis 10 ma. Die Methode beruht auf der Auszählung von Spuren, die durch bei der Kernspaltung von ^{234}U freigewordene, energiereiche Kernbruchstücke (Heliumkerne) entstanden sind. Die Spuren werden durch Anätzen mit Säuren und Laugen sichtbar gemacht und unter dem Mikroskop mit 200- bis 1000facher Vergrößerung ausgezählt. Je größer die Anzahl der Spaltspuren, desto größer ist das Alter. Durch zu- und abgeführtes Uran und durch ungleiche Uranverteilung können Fehler in der Datierung entstehen (GEYH 1980: 137). Erforderliche Probemenge: einige mg.

Die SSTR-Methode spielt z. B. bei der Datierung von Tufflagen des Yellowstone-Vulkanismus in pleistozänen Schichtfolgen in der Quartärstratigraphie der USA eine wichtige Rolle (RICHMOND & FULLERTON 1986). In Iowa/USA wurde eine Moräne unter einer Tufflage auf mehr als 2,2 ma datiert (BOELLSTORFF 1978: 306).

6. Aminosäuren-Racemisierungs-Methode (nach GEYH 1980: 178)

Natürliche Aminosäuren, die in Knochen, Korallen und Foraminiferen enthalten sind, sind optisch linksdrehend. Sie gehen nach dem Tod der Organismen im Laufe der Jahre in rechtsdrehende Isomere über, bis sich ein Gleichgewicht zwischen links- und rechtsdrehenden Isomeren einstellt. Die Geschwindigkeit dieses Vorganges (Racemisierung) ist für jede Aminosäure verschieden und wird durch den pH-Wert und die Temperatur während der Lagerung im Sediment verändert, woraus Komplikationen und Fehler bei der Altersbestimmung entstehen.

Erforderlich sind 100 mg bis einige g von Knochen. Im Gegensatz zur ^{14}C-Methode können die Knochen konserviert worden sein. Es werden die Arten der Aminosäuren und die Anteile der optischen Isomere bestimmt und daraus das Alter berechnet. Der Datierungszeitraum liegt zwischen einigen 100 a bis mehreren 10 ka. Sind neben der meist vorkommenden Asparaginsäure noch andere Aminosäuren vorhanden, sind Altersbestimmungen bis 700 ka möglich. Zuverlässig sind Altersbestimmungen an Proben aus der Tiefsee, wo sich die Temperatur während des Quartärs kaum verändert hat.

7. Kalium/Argon-Altersbestimmungen (^{40}K/^{40}Ar und ^{40}K/^{39}Ar)

K/Ar-Altersbestimmungen spielen im Quartär für die Datierung der Paläomagnetik-Zeitskala eine wichtige Rolle. Sie wird an Magmatiten, besonders an Basalten vorgenommen, an denen auch die magnetische Orientierung gemessen wird. Dafür ist die K/Ar-Datierung auch an jungen Basalten von weniger als 100 ka durchgeführt worden (MANKINEN & DALRYMPLE 1979: 618). Außerdem können pleistozäne Schichten mittels eingelagerter vulkanischer Tuffe oder Minerale datiert werden (VAN DEN BOGARD et al. 1989).

Geeignet sind Proben von unverwittertem Gestein (einige kg) oder kaliumhaltiger Minerale (Biotit, Hornblende, Sanidin, mindestens je 100 mg). Das Verfahren beruht auf dem Zerfall von radioaktivem ^{40}K zu ^{40}Ar oder ^{39}Ar. Fehler treten durch Verlust oder Gewinn von Argon auf. Die Genauigkeit wird mit $\pm$ 1 % angegeben (GEYH 1980: 42).

8. Paläomagnetik

Die Lage des magnetischen Nordpoles, der heute in der Nähe des geographischen Nordpoles liegt, ist im Laufe der Erdgeschichte mehrfach nach Süden und wieder nach Norden umgeschlagen. Im Quartär kam es mehrfach zu solchen Umkehrungen (= Reversionen). Der heute herrschenden Brunhes-Epoche mit normaler Polarität geht die vorwiegend reverse Matuyama-Epoche voran, in der es zu mehreren kürzeren Umkehrungen (Events) mit normaler Polarität kam (Abb. 85). Die alte Magnetisierung ist mit der jeweils herrschenden Feldrichtung magmatischen Gesteinen bei ihrer Abkühlung als thermoremanente Magnetisierung aufgeprägt worden. Träger dieser Paläoremanenz sind hauptsächlich Magnetit, Hämatit und Eisensulfid (SOFFEL 1985: 142). Das *Alter* der Reversionen ist durch zahlreiche *K/Ar-Datierungen* besonders an Basalten bestimmt worden, wonach die Reversionsskala

---

Abb. 85. Korrelationsversuch. *Paläomagnetik* nach MANKINEN & DALRYMPLE (1979: 624), *Sauerstoffisotopenkurve* nach IMBRIE (1985) (bis 0,8 ma) und SHACKELTON & OPDYKE (1976) (ab 0,8 ma), *Stratigraphie* nach ZAGWIJN (1989, etwas verändert) und nach DOPPLER (1990 nicht veröffentlichte Vorlage). Warmzeiten bei δ ^{18}O-Stufen eingerahmt. Maßstabwechsel bei 0,8 ma. Die Zuordnung der stratigraphischen Einheiten zu den Stufen der δ ^{18}O-Kurve ist ab 5e abwärts fraglich. – Neuere Sauerstoffisotopenkurve bei TURNER (1996)!

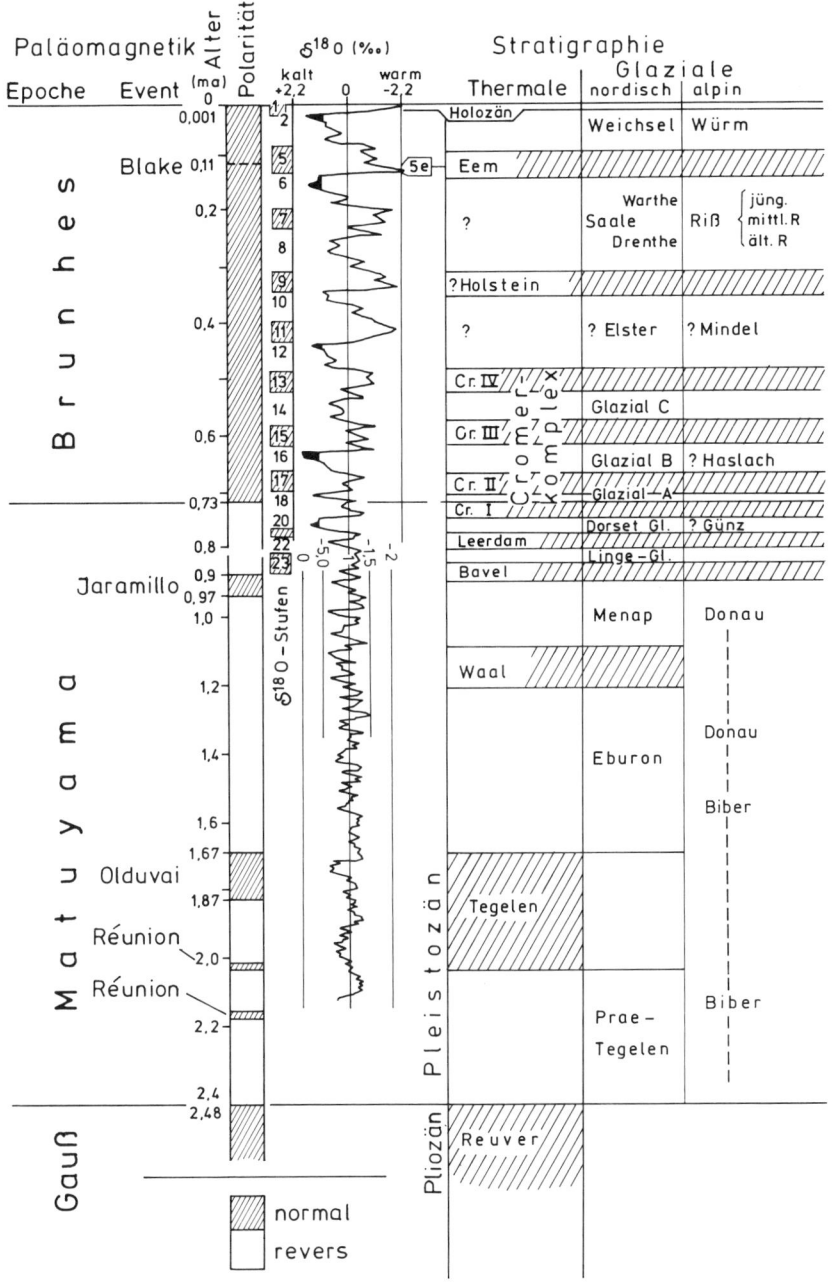

(Abb. 85) aufgestellt wurde (COX 1969: 240, MANKINEN & DALRYMPLE 1979: 624).

Auch in feinkörnigen Sedimenten wurde die Richtung des magnetischen Erdfeldes zur Zeit der Gesteinsbildung, vermutlich bei der Diagenese, konserviert. Dafür geeignet sind tonig-siltige Seesedimente, Löß und Lößlehm, tonig-siltige Lagen in fluvialen Sedimenten, tonig-siltige Moränen und Fließerden. An frisch abgegrabener Aufschlußwand werden Probewürfel mit 10–15 cm Kantenlänge ausgestochen, wobei die Nordrichtung auf der Oberseite markiert wird. Auch aus Bohrkernen können Proben für paläomagnetische Messungen entnommen werden (S. 153). Die Proben werden getrocknet und mit Kunststoff verfestigt. Die viskose Magnetisierung des heutigen Erdfeldes wird durch Demagnetisierung im Wechselfeld weitgehend beseitigt. Durch Zersägen werden mehrere kleine Würfel von etwa 1 cm^3 hergestellt. An den Kleinwürfeln wird die Paläoremanenz mit Magnetometern gemessen, wobei die Deklination (Winkel zwischen dem geographischen und dem magnetischen Pol) und die Inklination (Abweichung von der Waagerechten nach Norden (= normal) oder nach Süden (= revers) bestimmt werden. Größere Abweichungen in der Deklination werden als Polexkursion bezeichnet. Sie zeigen in der Regel eine kommende Reversion an, die in der Umkehr der Inklination von Nord nach Süd und umgekehrt besteht.

Datierungen mit Hilfe der Paläomagnatik sind naturgemäß nur mit Einschränkung möglich, da z. B. das Meßergebnis „normal" bedeuten kann, daß die fragliche Schicht in die Brunhes-Epoche (bis vor 0,73 ma) oder in einen normal polarisierten Event der Matuyama-Epoche gehört. In vielen Fällen ist das hohe Alter der Events der Matuyama-Epoche aus geologischen Gründen auszuschließen. In einigen langen Schichtfolgen mit durchgehender Sedimentation, wie z. B. dem Tiefseekern V 28–239 (SCHAKLETON & OPDYKE 1976), besteht Gewißheit, weil die Epochen und Reversionen übereinanderfolgen (Abb. 85).

Kleinere Störungen werden dadurch ausgeglichen, daß aus einer großen Probe bis zu 10 kleine Würfel gemessen werden und einen gemittelten Wert ergeben. Größere Störungen können durch zu grobes Korn der Probe oder spätere Umlagerungen zustande kommen. Eine gewisse Unsicherheit ist in der Nähe der Reversionen dadurch gegeben, daß die Sedimentation *vor*, die Prägung der Remanenz aber *nach* der Reversion erfolgen konnte, da nicht genau bekannt ist, wie lange nach der Sedimentation die magnetische Prägung stattfindet. So kann eine normale Polarität dicht oberhalb der Brunhes/Matuyama-Umkehr in einem Sediment vorkommen, das noch in der Matuyama-Epoche abgelagert wurde. Die Umkehr des Erdfeldes geht nicht plötzlich vor sich, sondern läuft innerhalb weniger 1000 Jahre ab (SOFFEL 1985: 144).

Paläomagnetische Datierungen sind auch in Mitteleuropa an zahlreichen Aufschlüssen, meist im Löß, durchgeführt worden. Die Brunhes/Matuyama-Umkehr ist an mehreren Stellen erfaßt worden: Im Rhein/Main-Gebiet (KOCI et al. 1973), (SEMMEL & FROMM 1976), (FROMM 1987), in Mähren (KUKLA 1975), in Niederösterreich (FINK et al. 1976), im Rhein- und Donaugebiet (BRUNNACKER et al. 1976) und im Oberrheingebiet bei Riegel und Buggingen (FROMM 1985, nicht veröff. Bericht, vgl. Abb. 52).

Die Frage, wo die Brunhes/Matuyama-Umkehr in der Schotter- und Moränenstratigraphie des nördlichen Alpenvorlandes liegt, bedarf noch

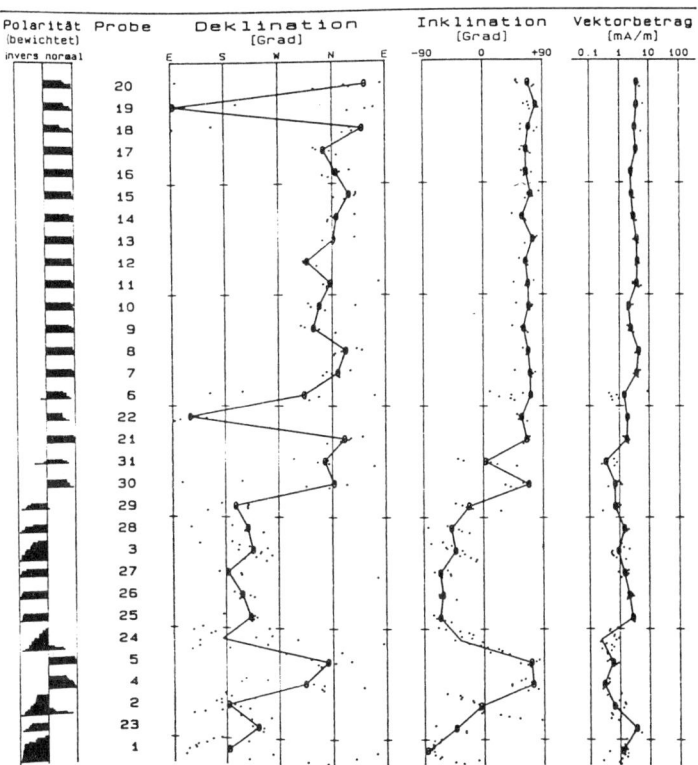

Abb. 86. Beispiel der Darstellung paläomagnetischer Meßergebnisse. Aus FROMM 1987: 17, Profil Werlau am Mittelrhein. Entscheidend für die Datierung ist die Kurve der Inklination. Die Brunhes/Matuyama-Umkehr liegt bei Probe 29. Darunter herrscht vorwiegend reverse Polarität der Matuyama-Epoche. An dem Rückschlag zu normaler Polarität in den Proben 4 und 5 wird das Jaramillo-Event vermutet.

einer weiteren Klärung. Nach KUKLA (1975: 153 u. 160) liegt sie in Schwemmlöß über der Obergrenze der Günzschotter bei Brünn und bei Linz, wonach Günz in die Matuyama-Epoche zu stellen wäre. FINK (1979: 118) führt davon abweichende paläomagnetische Ergebnisse an, wonach Günz in die Brunhes-Epoche gehöre. Im Rheingletschergebiet bei Heiligenberg und am Höchsten fanden ELLWANGER & FROMM (1991) in Schottern und Moränen des Günz wiederum reverse Inklination, wonach Günz in die Matuyama-Epoche, also vor 0,73 ma zu stellen wäre. Hingegen betonen DOPPLER & JERZ (1995), daß in Ablagerungen des Günz in Bayern an 9 Stellen stets normale Inklination gemessen wurde.

Ältere Reversionen (Jaramillo oder älter) sind am Uhlenberg bei Augsburg in den Deckschichten über Schottern der Donau-Kaltzeit (BRUNNACKER 1976: 372) und am Mittelrhein (FROMM 1987: 12 u. 16) gefunden worden (Abb. 86). In Stranzendorf bei Wien liegen Lösse, die durch die Matuyama-Epoche hindurch bis in die Gauß-Epoche zurückreichen (FINK et al. 1976: 102–109).

Ein paläomagnetisches Ereignis, das vor etwa 110 ka am Ende des Eem zu einer zweimaligen Abweichung der Deklination um 180° ohne wesentliche Änderung der Inklination geführt hat, ist das *Blake-event*. Es ist bislang in Europa nur in wenigen Lößaufschlüssen gefunden worden: Modrice bei Brünn (KUKLA & KOCI 1972) und in Buggingen im südlichen Oberrheingraben (FROMM 1985, nicht veröffentlichter Bericht). Der Grund für das seltene Vorkommen des Blake-events ist in Abtragungsvorgängen zu sehen.

9. Sauerstoff-Isotope im Eis und in Tiefseesedimenten

Die Untersuchung des Mengenverhältnisses der Sauerstoff-Isotope $^{18}O/^{16}O$, das von der Temperatur zur Zeit der Sedimentation abhängig ist, lieferten Paläotemperaturkurven von Bohrkernen im Eis von Grönland und der Antarktis und von karbonatischen Tiefseesedimenten. Diese Kurven werden aufgrund der vollständigen Abfolge bei wahrscheinlich gleichmäßiger Sedimentationsgeschwindigkeit als das beste Mittel zur Aufklärung der Klimageschichte und damit der Gliederung des Quartärs angesehen (BOWEN 1978: 57).

Die Sauerstoffisotope sind in der Luft sehr ungleich verteilt (nach NIER 1950 aus BOWEN 1978: 62): ^{16}O 99,759 %
^{17}O 0,037 %
^{18}O 0,204 %

Im Wasser variiert die Verteilung infolge Isotopenfraktionierung bei der Verdunstung und bei der Kondensation. Das schwere Isotop ^{18}O reichert sich bei der Verdunstung im Wasser an. So ist Regenwasser bei Kälte (im Winter) isotopisch leichter als bei Wärme (im Sommer) (Abb. 87). Besonders stark ist

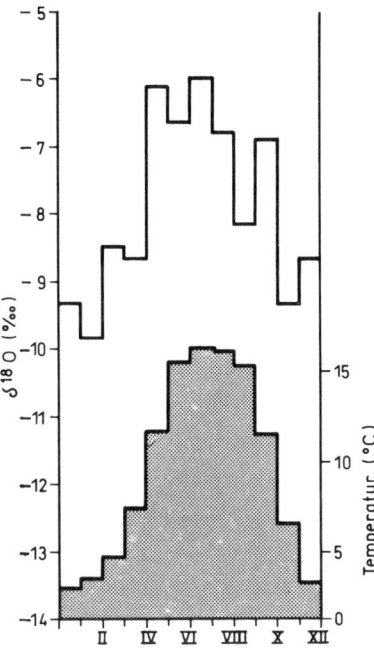

Abb. 87. δ ^{18}O-Werte in monatlichen Niederschlägen in Groningen, gemittelt von 1964 bis 1969 in Korrelation zu den Monats-Mitteltemperaturen. In den Wintermonaten ist der Regen isotopisch leichter (− 13,5‰). Nach MOOK 1970.

die Abweichung von ^{18}O im Eis der Polarkappen (Abb. 88), in denen die Änderungen der Sauerstoff-Isotopen-Verhältnisse in Gasbläschen „eingefroren" werden. Bei Eis und Wasser wird die Abweichung δ des gemessenen ^{18}O/^{16}O-Verhältnisses vom Meerwasserstandard (SMOW Standard mean Ocean water) angegeben:

$$\delta^{18}O = \frac{r}{ro} \cdot 1000$$

(r = ^{18}O/^{16}O der Probe, ro = ^{18}O/^{16}O Meerwasserstandard, BOWEN 1978: 63). Da im Eis r kleiner ist als ro, sind die Werte von δ^{18}O negativ.

Wird in Kaltzeiten in erhöhtem Maße Meerwasser im Eis der Polarkappen mit kleinem ^{18}O/^{16}O-Verhältnis gespeichert, dann nimmt das ^{18}O/^{16}O-Verhältnis im Meerwasser zu (OESCHGER 1987: 55). Deshalb sind die δ^{18}O-Werte, die an Foraminiferen aus Tiefseekernen gemessen werden, im Gegensatz zu den Eiskernen in den Kaltzeiten höher als in den Warmzeiten (Abb. 89). Die δ^{18}O-Kurven der Tiefseekerne sind also nicht einfach Kurven der Paläotemperatur des Meerwassers, sondern *Paläoglazialkurven*, die das Volumen der Eismasse auf der Erde wiederspiegeln. 70 % der δ^{18}O-Werte

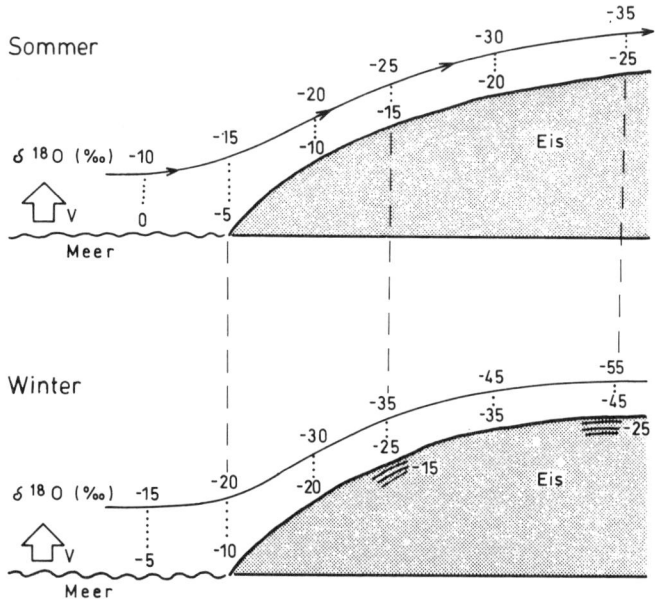

Abb. 88. Verminderung von $\delta\,^{18}O$ im Wasserdampf beim Aufsteigen und Abkühlen von Luftmassen auf einem Eisschild. Nach DANSGAARD 1964. V = Verdunstung.

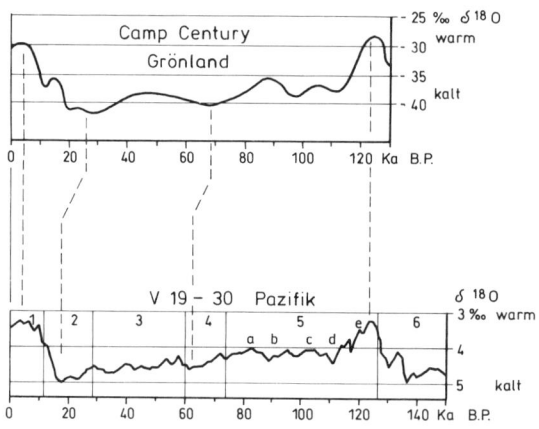

Abb. 89. Zeitlicher Verlauf von $\delta\,^{18}O$ im Eis von Grönland nach DANSGAARD et al. 1982 (gemittelte Kurve, auf SMOW bezogen) und in der Pazifikbohrung V 19–30 nach SHACKELTON et al. 1983 (auf PDB bezogen).

gehen auf die Speicherung leichter Sauerstoffisotope in den Eismassen zurück und 30% auf die Temperatur des Meerwassers (GEYH 1980: 167).

Bei den Tiefseekernen wird $\delta^{18}O$ auf den PDB-Standard bezogen, der an einem Belemniten aus der kretazischen Pee Dee-Formation von Süd-Carolina bestimmt wurde (BOWEN 1978: 64).

Für die Untersuchung von $\delta^{18}O$ in Tiefseekernen, die bei einer Länge von etwa 2 m das ganze Quartär enthalten können, werden in engem Abstand Proben entnommen. Daraus werden Foraminiferen gleicher Größe und von *einer* Art (z. B. *Globigerinoides rubra*) ausgesiebt und ausgelesen. Die in den Kalkschalen eingebauten Sauerstoffisotope werden massenspektrometrisch gemessen. Die ersten Untersuchungen dieser Art wurden von EMILIANI (1955, 1966) in der Karibik durchgeführt. Die *Datierung* der Tiefseekerne wurde zunächst im großen mit Hilfe der Paläomagnetik vorgenommen (SHACKLETON & OPDYKE 1973, 1976). Innerhalb der Brunhes-Epoche wurde das Alter der Stufen (engl. stages) der Sauerstoffisotopenkurve durch Uran-Seriendatierungen bestimmt (RONA & EMILIANI 1969, BROECKER et al. 1968). Unsicherheiten, die diesem Verfahren z. B. infolge von Lösungsvorgängen in den Karbonatsedimenten anhaften können, wurden durch Vergleiche und Stapelung von vollständigen $\delta^{18}O$-Kurven aus 5 Tiefseekernen ausgeschaltet (IMBRIE et al. 1984). Dadurch wurde eine geglättete $\delta^{18}O$-Kurve gewonnen, die 0,8 ma zurückreicht (Abb. 85). Die längste $\delta^{18}O$-Kurve ergab der Kern der Pazifikbohrung V 28–239 (SHACKLETON & OPDYKE 1976: 450), die bis vor das Olduvai-Event vor 2 ma zurückreicht (Abb. 85).

Neue Berechnungen des Zusammenwirkens der Erdbahnelemente, das zu Schwankungen der auf die Erde eingestrahlten Sonnenenergie führt (MILANKOVITCH 1941), haben ergeben, daß die Überlagerungskurve von 6 Erdbahnelementen mit der aus 5 Tiefseekernen gestapelten Sauerstoffisotopenkurve für die letzten 0,4 Millionen Jahre gut übereinstimmt (IMBRIE et al. 1984, IMBRIE 1985).

Der Versuch, die Stufen der Sauerstoffisotopenkurve aus Tiefseekernen mit der europäischen Pleistozänstratigraphie zu korrelieren, stößt auf erhebliche Schwierigkeiten, offensichtlich weil die terrestrischen Schichtfolgen lückenhaft sind. Mag die Zuordnung der Weichsel- oder Würmeiszeit zu der Stufe 2 und des Eem zu der Stufe 5e aufgrund der Untersuchung von TURON (1984) gesichert sein, so ist die Korrelation von Saale (Riß), Holstein und Elster (Mindel) mit Stufen der Sauerstoffisotopenkurve bislang willkürlich. Ist Saale (Riß) auf die „Kältespitze" der Stufe 6 beschränkt oder gehört auch die Stufe 8 dazu? Entspricht das Holstein den „Wärmespitzen" der Stufen 7, 9 oder 11? SARNTHEIM et al. (1986: 293) versuchen mit Hilfe stark streuender Altersbestimmungen nach der U/Th und ESR-Methode nachzuweisen, daß das Holstein der Stufe 11 entspricht, also etwa 0,4 ma zurückliegt. Mit der Anzahl der Stufen der Sauerstoffisotopenkurve innerhalb der

Brunhes-Epoche stimmt die Löß-Paläoboden-Stratigraphie, die in dieser Zeit mindestens 8 Kalt/Warm-Zyklen aufweist (FINK & KUKLA 77), überein. Die Anzahl der Kalt/Warm-Zyklen ist demnach größer, als die der durch Moränen und Schotter belegten großen Vorlandvergletscherungen. Die Übereinstimmung der in den Niederlanden durch Pollenanalyse gefundenen Gliederung des Cromer-Komplexes in 4 Interglaziale (Cr I bis IV) und 3 Kaltzeiten (Glazial A, B, C) (ZAGWIJN 1985: 18, 1989: 116) mit Stufen der Sauerstoffisotopenkurve ist nicht durch unabhängige Altersbestimmungen gesichert. Wie sehr die möglichen Zuordnungen voneinander abweichen, zeigt ein Vergleich von Abb. 85 mit der Darstellung von BRUNNACKER (1986), in der das Günz mit dem Elster korreliert und etwa in die Mitte der Brunhes-Epoche gestellt wird (Abb. 104). Die in Abb. 85 vorgenommene Einreihung der alpinen Glaziale beruht auf der Einführung der Haslacheiszeit (SCHREINER & EBEL 1981: 18) und auf der Verlegung des Günz in die Matuyama-Epoche (ELLWANGER & FROMM 1991). Aufgrund einer neuen, stärker auflösenden Sauerstoffisotopenkurve hat TURNER (1996: 295) neue Gedanken zur Chronologie des Cromer entwickelt.

10. Zusammenfassung zu den Altersbestimmungen

Die Methoden zur Altersbestimmung haben zu großen Fortschritten im Verständnis über den zeitlichen und klimatischen Ablauf des Quartärs geführt. Sie sind unerläßlich zur Klärung stratigraphischer Fragen und sind bei Vorliegen geeigneter Sedimente und Funde auf jeden Fall anzuwenden. Es ist jedoch so, daß geeignete Sedimente und Funde selten sind. So fanden sich z. B. in den zahlreichen Aufschlüssen in den Schottern des Günz im Rheingletschergebiet nur 2 Stellen (bei Heiligenberg und an Höchsten; ELLWANGER & FROMM 1996), an denen für paläomagnetische Untersuchungen geeignete Proben zu entnehmen waren. Für die ^{14}C-Methode kommen aus Schottern und Moränen nur ganz wenige Proben und die Methode ist nur für das Holozän und Obere Würm einzusetzen. Die Methoden, die auf radioaktivem Zerfall und auf Strahlenschädigungen beruhen (Th/U, ESR, TL, SSTR), sind mit Ausnahme von TL nur an Mineralen vorzunehmen, die im Quartär gebildet wurden, wodurch alle Moränen, Schotter und Seesedimente des Alpenvorlandes ausscheiden. Außerdem weisen die Ergebnisse große Schwankungen auf. Die TL-Methode ist zwar an vielen Sedimenten anwendbar, ihr Zuverlässigkeitsbereich scheint jedoch noch fraglich zu sein.

In jedem Fall – und gerade wenn eine Altersbestimmung möglich war – ist die geologische Erkundung und Untersuchung im Gelände, im Aufschluß, an Bohrungen und im Labor unerläßlich. Denn eine Altersbestimmung wird erst dann voll anwendbar, wenn sie in einen geologischen Zusammenhang eingebaut wird.

F. Überblick zur Stratigraphie des Quartärs

Auf die stratigraphische Gliederung der quartären Ablagerungen wurde in den vorangehenden Abschnitten mehrfach eingegangen. Mit Abb. 85, auf die im folgenden mehrfach zurückzugreifen sein wird, wurde deutlich, daß die Stratigraphie des Quartärs auf Klimaschwankungen beruht. In der terrestrischen Quartärgeologie versucht man nun, aufgrund der Abfolge und der klimatischen Aussage der Sedimente und ihres faunistischen und floristischen Inhalts zu einer Gliederung zu kommen, die untereinander und vielleicht auch mit der ozeanischen Sauerstoffisotopen-Stratigraphie zu korrelieren ist. Da dieses Vorhaben wegen der Lückenhaftigkeit der terrestrischen Sedimente, wegen der räumlichen Trennung und wegen der verschiedenartigen Gliederungsverfahren nicht direkt, sondern nur auf Umwegen möglich ist, ist es verständlich, daß die Bemühungen noch nicht zu widerspruchsfreien Ergebnissen geführt haben. Im folgenden wird versucht, den Stand der Quartärstratigraphie vorwiegend des nördlichen Alpenvorlandes in der Sicht des Autors darzustellen.

Vorwiegend aufgrund der unterschiedlichen Höhenlage und Ausbildung glazifluvialer Schotter haben PENCK & BRÜCKNER (1909) im nördlichen Alpenvorland vier Eiszeiten festgestellt, die sie mit Würm, Riß, Mindel und Günz bezeichnet haben. Noch höher liegende Schotterfelder im Iller-Lechgebiet führten zur Angliederung der Donau-Kalt- oder Eiszeiten durch EBERL (1930) und der Biber-Kaltzeiten durch SCHÄFER (1953, 1957). Durch Funde von Schottern und Moränen zwischen Mindel und Günz wurde die Haslacheiszeit eingeschaltet (SCHREINER & EBEL 1981) (vgl. Abb. 85).

1. Würmeiszeit und Holozän

Würm-Spätglazial und Holozän

Die Grenze zwischen dem Würm-Hochglazial und dem -Spätglazial wird meist bei 14 bis 15 ka BP angenommen. Sie liegt im Rheingletschergebiet zwischen dem hochglazialen Konstanzer Stand, als der Gletscher noch das Bodenseebecken erfüllte und den spätglazialen, inneralpinen Gletscherständen, von denen in den Ostalpen die Stände von Bühl, Steinach, Gschnitz, Daun und Egesen unterschieden wurden (PENCK & BRÜCKNER 1909: 340,

HEUBERGER 1968). Im folgenden wird die Bezeichnung „Stadium" nur dann verwendet, wenn eine pollenanalytisch begründete Trennung durch ein Interstadial, wie z. B. dem Alleröd, vorliegt. Ansonsten werden in Anlehnung an LÜTTIG (1958) die Bezeichnungen Stand oder Phase und Staffel verwendet. Der älteste der spätglazialen Stände, der Bühl-Stand, liegt im Inntal bei Kufstein-Wörgl. Im Rheingletschergebiet wird eine ähnliche Abfolge beschrieben (MAISCH in FURRER 1987: 65), wobei die Korrelation im einzelnen unsicher ist. KELLER & KRAYSS (1987: 77) und KELLER (1988: 31) sehen in dem Eisrandkomplex von *Weißbad* nördlich des Säntisgebirges einen Stand, der auch nach PENCK & BRÜCKNER (1909: 438) dem Bühl entsprechen dürfte. Wahrscheinlich damit zu verbindende, weniger deutliche Reste liegen im Alpenrheintal bei *Koblach* nördlich Feldkirch (KELLER 1988: 27).

Übereinstimmend ist das *Egesen-Stadium*, das aufgrund von Pollenanalysen und ^{14}C-Datierungen mit dem Kälterückfall der *Jüngeren Tundrenzeit* vor 10500 Jahren (BP) korreliert wird (Abb. 90). Die Moränen des Egesen-Stadiums, die bei einem Wiedervorstoß der Gletscher bei einer Schneegrenzdepression von 200 bis 300 m (gegenüber heute) gebildet wurden (PATZELT & BORTENSCHLAGER 1978: 188), liegen hoch in den Nebentälern der Zentralalpen. In der nordischen Vereisung entsprechen diesem Stadium die an der Südküste Finnlands und durch Südschweden verlaufenden Eisrandbildungen von *Salpausselkä*.

Aufgrund von ^{14}C-Altersbestimmungen in spätglazialen Ablagerungen im Alpenvorland und im Inneren der Alpen ist anzunehmen, daß sich das spätglaziale Zurückschmelzen der Gletscher in den Schweizer Alpen in einem nur wenige 100 Jahre bis höchstens 2000 Jahre anhaltenden Eiszerfall um 14000 Jahre (BP) abgespielt hat (SCHLÜCHTER 1988: 143).

Pollenanalytisch beginnt das Spätglazial mit einer Zunahme der Pollendichte in der Ältesten Tundrenzeit (= Älteste Dryaszeit) ein gutes Stück vor dem *Bölling-Interstadial* (FRENZEL 1983: 134), das eine spärliche Bewaldung mit Wacholder, Birke und Kiefer aufweist und in der die Sauerstoffisotopenkurve (δ^{18}O) von Seekreideablagerungen in randalpinen Seen z.T. eine deutliche Erwärmung anzeigt (EICHER 1987: 99). Nach dem in der Vegetation in Süddeutschland wenig ausgeprägten, etwas kälteren Abschnitt der *Älteren Tundrenzeit* folgt das *Allerödinterstadial* mit dichter Kiefernbewaldung und dann der Kälterückschlag der *Jüngeren Tundrenzeit* (= Jüngere Dryaszeit), mit der das Würmspätglazial und damit das Pleistozän zu Ende geht.

Die Gliederung des nun folgenden *Holozäns* richtet sich im wesentlichen nach der durch die Pollenanalyse ermittelten Entwicklung der Vegetation (Abb. 82). Die Gletscherausdehnung, die Wald- und Schneegrenze schwanken im Holozän in engen Grenzen (Abb. 90). Die Gletscherhochstände im Holozän fallen ungefähr mit dem letzten Hochstand um 1850 zusammen. Ihnen stehen die wegen späterer Überfahrung schwer feststellbaren Spuren

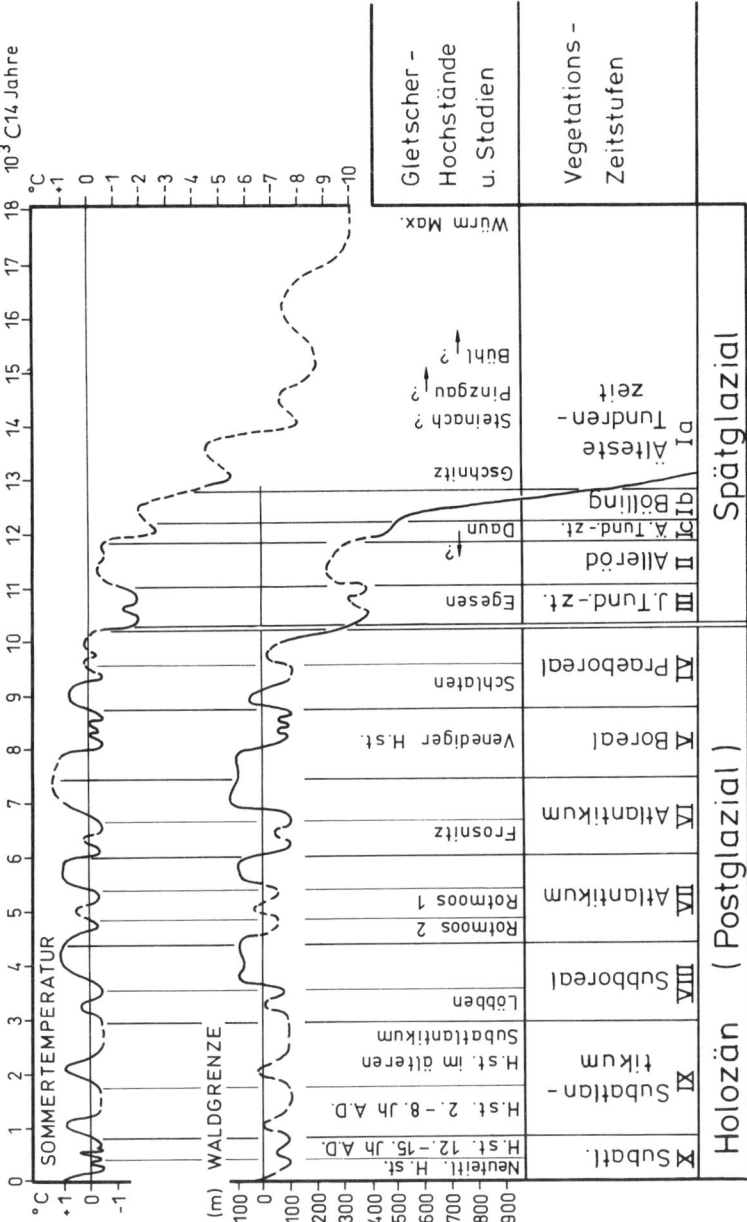

Abb. 90. Gletscherstadien und Schwankungen der Waldgrenze im ostalpinen Spät- und Postglazial. Nach PATZELT & BORTENSCHLAGER 1978: 195.

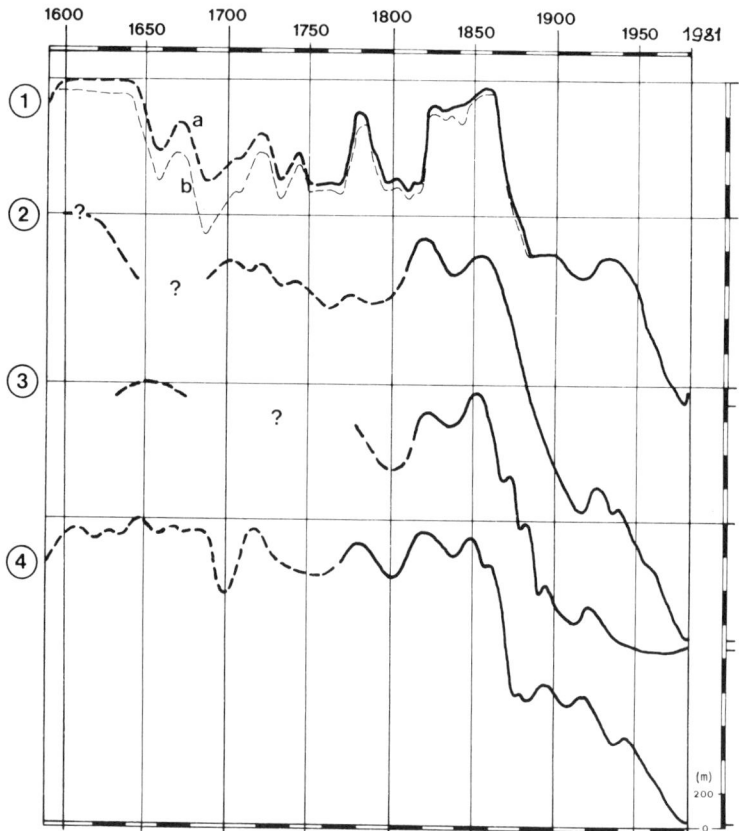

Abb. 91. Änderung der Gletscherzungenlänge in der Neuzeit. Nach HOLZHAUSER 1982. 1) Unterer Grindelwaldgletscher (a: Maximal-, b: Minimalwerte). Nach ZUMBÜHL 1978 u. 1980, vereinfacht. 2) Rhonegletscher. Nach MERCANTON 1916. 3) Fieschergletscher. Nach HOLZHAUSER 1978. 4) Mer de Glace (Chamonix). Nach WETTER 1979.

von Rückschmelzzeiten gegenüber, bei denen die alpinen Gletscher etwa bis zu dem heutigen Stand zurückgeschmolzen waren (GAMPER & SUTER 1982: 111, HOLZHAUSER 1982: 123). Die Erwärmung, die zu dem Zurückschmelzen seit 1850 führte, das von kleinen Wiedervorstößen um 1890 und besonders um 1920 unterbrochen war (Abb. 91), ist auf einer Wanderung zu den heutigen Gletscherenden, z. B. am Morteraschgletscher im Berninagebiet, in einem mehrere km langen Marsch „abzugehen".

Photo 7. Rhonegletscher um 1777 (Böhm 1901: Tafel). Der Gletscher reichte um etwa 2,5 km weiter talabwärts als heute.   × Eisrandlage 1990

Photo 8. Rhonegletscher um 1960. (Postkarte)   × Eisrandlage 1990.

Würm-Hochglazial

Unter Würm-Hochglazial wird der Zeitraum verstanden, in dem sich die alpinen Gletscher im Vorland ausgebreitet und die zahlreichen Moränen, Schotter und Seesedimente der Jungmoränenlandschaft abgelagert haben. Das Hochglazial fällt mit dem Kältemaximum der Letzten Kaltzeit zusammen, wobei zu Beginn, beim Anwachsen der Eismassen höhere Niederschläge, in der Mitte und gegen Ende trocken-kalte Phasen anzunehmen sind. Der Hochstand des Hochglazials, bei dem die Äußere Würmendmoräne (= Äußere Jungendmoräne) und die obere Niederterrasse gebildet wurden, fällt nach ^{14}C-Altersbestimmungen (Tab. 10) in die Zeit um 20 ka BP. Der Beginn des Hochglazials liegt zwischen 25 ka BP, als der Inngletscher noch bei Innsbruck/Baumkirchen lag (FLIRI 1983), und 20 ka, vermutlich etwa bei 23 ka. Der Übergang zum Spätglazial ist zwischen dem Konstanzer Stand und dem spätglazialen Bühl-Stand vor 14 bis 15 km BP anzunehmen. Das

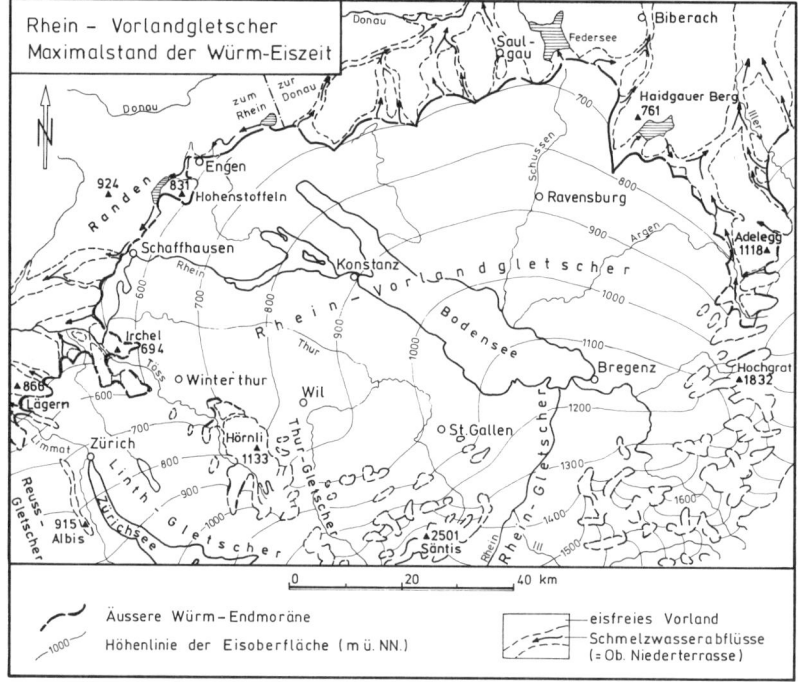

Abb. 92. Rheinvorlandgletscher, Maximalstand der Würmeiszeit. Nach KRAYSS & KELLER 1983, umgezeichnet.

Würm-Hochglazial dauerte also nur 8-9 ka. Das Würm-Hochglazial gehört in das Obere Würm (CHALINE & JERZ 1984: 186), das außerdem das Spätglazial umfaßt (Tab. 11).

An den Beginn des Hochglazials sind Vorstoßschotter unter Würmmoränen zu stellen, z. B. die Rinnenschotter im Gebiet Singen–Schaffhausen. Sie werden als Ablagerungen angesehen, die beim Vorrücken des Gletschers des

Tabelle 11. Gliederung des Oberen Würm.

Holozän Postglazial		^{14}C-ka BP	nördl. Alpenvorland			nordische Vereisung	
			Interstadiale	Rheingletscher Stadiale – Stände	Inngletscher		
		10	Praeboreal			$10,2 = {}^{14}$C-ka BP	
Oberes Würm	Spätglazial	12	Alleröd Bölling	Egesen Daun Clavadel	Egesen Daun Gschnitz, Steinach?	Salpausselkä 10,2-10,9	Spät- Weichsel
		14		Weißbad-Koblach	Bühl		
	Hochglazial	16		Konstanz (9)	Stephans Kirchen Ölkofen	Pommern 14,8	Hoch- Weichsel
		18		Stein a. Rh.- Singen = Innere Würmendmoräne (6-8)	Ebersberg	Frankfurt ca. 18-19	
		20		Schaffhausen Würm-Max. = Äußere Würmendmoräne (1-3)	Kirchseeon	Brandenburg ca. 20	
		23					
Mittleres Würm							

Rheingletscher nach SCHREINER (1970: Beil. 1), MAISCH in FURRER et al. (1987), KELLER & KRAYSS (1987: 177), Inngletscher nach TROLL 1924, PATZELT & BORTENSCHLAGER (1978: 195), nordische Vereisung nach LIEDTKE (1981: 42).
DE GRAFF & SEIJMONSBERGEN (1993) setzen die Alter des Hochglazials 1 bis 2 ka jünger an.

Hochwürm aufgeschüttet wurden (SCHREINER 1986: 83), wenn auch andere Deutungen – rißeiszeitlich oder z. T. Vorstoßschotter zur Inneren Würmendmoräne – nicht überall auszuschließen sind.

Die Äußere Würmendmoräne ist der Maximalstand der würmhochglazialen Gletscherausdehnung (Abb. 92). Der Rheinvorlandgletscher hat die Rhein/Donau-Wasserscheide überschritten und seine Schmelzwässer flossen in Tälern nach Norden zur Donau oder am Rand des ansteigenden Vorlandes entlang nach Westen zum Rhein. Die Äußere Würmendmoräne besteht bei vollständiger Entwicklung aus 3 Wällen (z. B. We 1–3 auf Blatt Eigeltingen 8119), die sich bis 80 m über die kleinen Teilzungenbecken auf der Innenseite der Endmoräne erheben. An einigen Stellen, wo der Gletscher in breite Täler oder Becken vorstieß, kam es bei einem kurzen Vorstoß zu einer äußersten Randlage („Supermaximalstand" nach GERMAN & MADER 1976: 41) 1 bis 3 km vor dem Hauptwall der Äußeren Würmendmoräne. Der Gletscher schmolz dann bis zum Stand des Hauptwalles zurück und seine Schmelzwässer über- oder umschotterten die Moräne des weitesten Vorstoßes. Das Alter dieses 1. Vorstoßes ist bei Saulgau einzugrenzen, wo eine Schicht aus Blätterkohle unter der Moräne des 1. Vorstoßes ein ^{14}C-Alter von 26195 ± 970 BP ergab (GEYH nach WERNER 1978: 92), was durch das Alter eines Stoßzahnes bei Ingoldingen (Tab. 10, Nr. 10) noch weiter zum Jüngeren hin verlegt wird. Das Alter des weitesten Vorstoßes dürfte demnach zwischen 20 und 22 ka BP liegen.

Innerhalb der Äußeren Würmendmoräne sind weitere Eisrandlagen in Form von Endmoränenwällen, Eisrandschwemmkegeln und Schmelzwasserrinnen ausgebildet. Im Rheingletschervorland werden 9 Stände ausgeschieden (PENCK 1886, ERB 1934b, SCHREINER 1970), wovon 1–3 die Äußere, 6–7 die Innere Würmendmoräne und 9 den Konstanzer Stand bilden (Tab. 11). Im einzelnen ist die Gliederung reichhaltiger; so unterscheidet ERB (1934b) auf dem Bodanrück innerhalb des Standes 8 vorwiegend aufgrund von Schmelzwasserrinnen in verschiedener Höhenlage 9 Staffeln. Die Stände werden als Halte oder kleine Wiedervorstöße innerhalb des Zurückschmelzens der Gletscher betrachtet. Im Rheingletschergebiet liegen Hinweise für einen größeren Wiedervorstoß zur Inneren Würmendmoräne vor (Abb. 93). Die Gletscherschwankung innerhalb des Würmmaximalstandes, die aufgrund von zu kleinen ^{14}C-Altern gefolgert wurde (GEYH & SCHREINER 1984: 160), wird nicht mehr aufrecht erhalten.

So deutlich die Eisrandbildungen im einzelnen geformt sind, so unsicher ist die Verbindung von einem Gletschergebiet zum anderen. Die geologisch-morphologische Verknüpfung aufgrund zusammenlaufender Schotterkörper ist wegen der spätglazialen Erosion im Mittel- und Unterlauf der Schmelzwassertäler meist nicht möglich. Eine Korrelation mit Hilfe der Vegetationsgeschichte gelang nach den Untersuchungen von FRENZEL

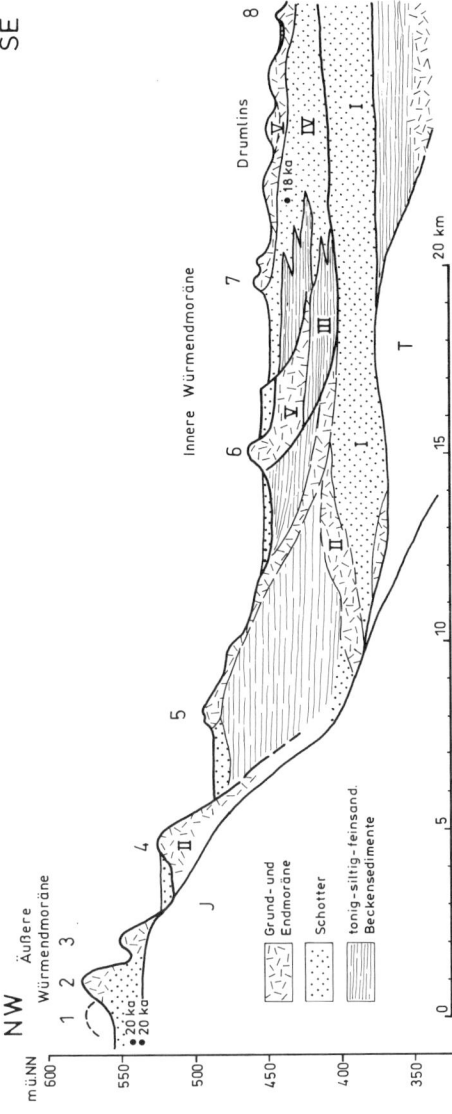

Abb. 93. Schematischer geologischer Schnitt durch die hochwürmzeitlichen Ablagerungen im westlichen Rheingletschervorland (40 × überhöht). Zurückschmelzen und Wiedervorstoßen des Gletschers zu den Ständen 5, 6 und 7.
1–8 Hochwürm-Gletscherstände, Zurückschmelzen, Endmoränen (1 ist erodiert). – I Würm-Vorstoßschotter (Rinnenschotter) mit Moräne, II Grundmoräne des Vorstoßes zur Äußeren Würmendmoräne, III Beckensedimente aus der Zeit des Zurückschmelzens nach 5 und 6, IV Vorstoßschotter zur Inneren Würmendmoräne, V Grundmoräne des Vorstoßes zu 6 und 7.
18 und 20 ka ^{14}C-Alter (Nr. 6, 7, 8 in Tab. 10). J – Oberer Jura, T – Tertiär.

(1983 b: 144) und Mitarbeiter im Inn- und Salzachgebiet nicht, weil in den Seesedimenten zwischen den Gletscherständen keine pollenanalytisch faßbaren Unterschiede festzustellen waren. Der Eiszerfall ging so schnell vor sich, daß das ganze nördliche Alpenvorland etwa um 14 ka BP eisfrei war. So bleiben nur die ungefähr gleiche Anzahl der Stände und bislang zu wenige und mit Unsicherheit behaftete ^{14}C-Alter, die zur Korrelation wie z. B. in Tab. 11 führen.

Abschließend sei noch einmal darauf hingewiesen, daß die weitverbreiteten mächtigen und mannigfaltigen Ablagerungen des Würm-Hochglazials in der kurzen Zeit von nur 9 ka zwischen ungefähr 23 ka und 14 ka BP gebildet wurden. Auf die geologisch hochaktive Zeit mit Schmelzwasserfluten, Gletscherüberfahrung und Moränenaufhäufung folgte die geologisch fast ruhige Zeit des Holozäns mit Erwärmung, Bodenbildung und Bewaldung.

Das Mittlere und Untere Würm

Das Mittlere und Untere Würm umfaßt den langen Zeitraum zwischen dem Ende des Eem und dem Beginn des Oberen Würm (Abb. 94). Dieser etwa 90 ka lange Zeitraum wurde auch als Übergangszeit zwischen der vorangegangenen Warmzeit und dem folgenden Hochglazial bezeichnet (S. 107). Ablagerungen der Übergangszeit sind im Gebiet der Würmmoränen meist der nachfolgenden Erosion zum Opfer gefallen. Nicht selten sind sie jedoch in Seesedimenten in Becken außerhalb der Äußeren Würmendmoräne, wo sie unter einer Decke von Würm-hochglazialen Fließerden und holozänem Torf erbohrt und palynologisch untersucht worden sind. In der Übergangszeit schwankte das Klima, wie aus der palynologisch ermittelten Vegetationsgeschichte ermittelt wurde, mehrfach zwischen mäßig kalten Interstadialen und wesentlich kälteren Stadialen. Eines der vollständigsten Profile mit 4 Interstadialen ist bei Orel in Niedersachsen gefunden worden (BEHRE & LADE 1986), dem sich die Interstadiale Moershoofd bis Denekamp aus den Niederlanden (ZAGWIJN & PAEPE 1968) anschließen. Die beiden „großen" Frühwürminterstadiale *Börup* und *Odderade* sind relativ warm. In Norddeutschland zeigen sie Kiefern-Birken-Bewaldung mit wenig Fichte und Lärche und sind mit dem heutigen borealen Nadelwald Skandinaviens zu vergleichen. Sie werden mit den wärmer geprägten Frühwürminterstadialen vom Samerberg in Oberbayern (GRÜGER 1979 a: 22) und mit den interglazialartigen Abschnitten St. Germain I und II des Grande Pile in den Südvogesen (WOILLARD 1975) korreliert (GRÜGER 1979 b: 32, MENKE & TYNNI 1984: 77, CAMPY et al. 1986: 145). Die Gleichstellung von St. Germain I und II mit seiner Laubwaldvegetation mit Brörup und Odderade mit seiner Kiefern-Birkenvegetation wird von WOILLARD & MOOK (1982: 160) als unmöglich bezeichnet. Sie ist aber bei

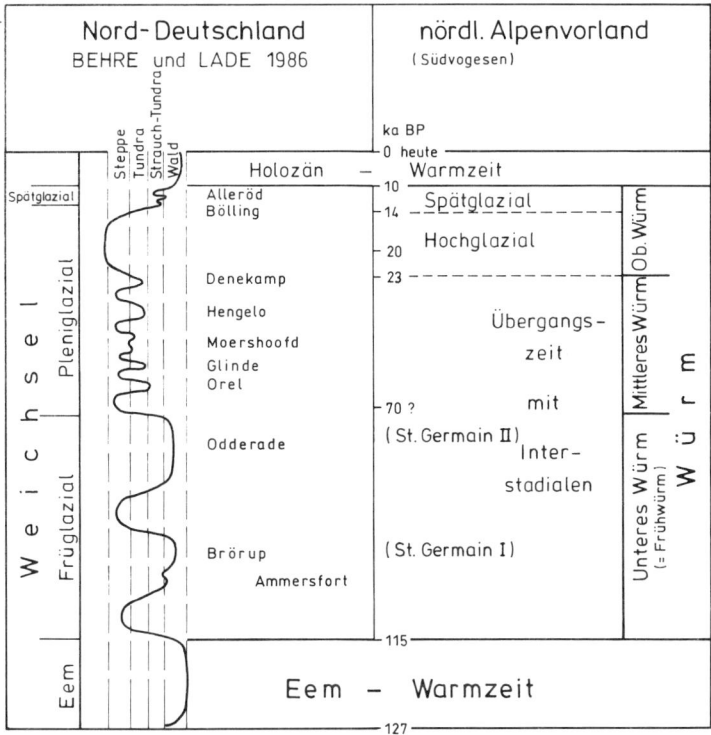

Abb. 94. Gliederung des Weichsel und des Würm.
Die Korrelation von Brörup und Odderade mit S. Germain I und II wird nicht allgemein anerkannt.

Berücksichtigung der Vegetationsänderung von Norden nach Süden wohl doch möglich und wird durch das ^{14}C-Alter von etwa 70 ka für das Ende von St. Germain II und durch die Korrelation mit den Sauerstoffisotopenstufen aus Tiefseesedimenten (WOILLARD & MOOK 1982: 159, TURON 1984: 675) nahegelegt. Sie wurde deshalb in Abb. 94 übernommen.

Die folgenden 5 Interstadiale des Mittelwürm (Orel bis Denekamp) waren kälter, denn in ihnen kommt es in Nordwestdeutschland nur noch zur Ausbildung einer baumlosen Strauchtundra. In den dazwischenliegenden Stadialen breitete sich eine Kältesteppe mit Gräsern und Kräutern aus, wonach Temperaturen anzunehmen sind, die der hochglazialen Kälte nahekommen.

Glaziale Ablagerungen, die mit Sicherheit die Anwesenheit von Gletschern in Norddeutschland und im Alpenvorland während der Übergangszeit anzeigen, sind nicht bekannt. Es wird angenommen, daß sich während dieser Zeit die Eismassen in den Alpen und in Skandinavien aufgebaut haben, um sich dann im Hochglazial rasch in das Vorland auszubreiten. Dabei ist die Vergrößerung des Eisakkumulationsgebietes am Alpenrand durch das großflächige Anwachsen der Gletscher über die sinkende Schneegrenze als wesentlicher Impuls für die schnelle und weitere Ausbreitung der Gletscher anzunehmen.

2. Eem (letztes Interglazial)

Die dem Weichsel oder Würm vorangehende Warmzeit ist das Eem (nach einem Fluß in den Niederlanden). Das Eem ist im nordischen Vereisungsgebiet an vielen Stellen besonders in mit Seesedimenten erfüllten Hohlformen außerhalb der Weichsel-Endmoränen erbohrt und durch Pollenanalyse nachgewiesen worden. Im nördlichen Alpenvorland gehören zum Eem die Vorkommen von Zeifen (JUNG et al. 1972), Krumbach bei Saulgau (FRENZEL 1978), Meikirch bei Bern (WELTEN 1978), Grande Pile in den Südvogesen (WOILLARD 1975), Mondsee (KLAUS 1983), Eurach (BEUG 1979), Großweil und Herrnhausen (PESCHKE 1978 u. 1983), Wurzacher Becken (GRÜGER & SCHREINER 1993) und Seibranz (URBAN 1978).

Als Beispiel für die Einlagerung in ältere Schotter und Moränen wird das neu nachgewiesene Eemvorkommen von Füramoos im Rheingletschergebiet abgebildet (Abb. 95). Es liegt in einem kleinen Zungenbecken innerhalb der Endmoränenwälle des Mittleren Riß (SCHREINER & EBEL 1981: 40) und entspricht palynologisch dem Typ Zeifen (BLUDAU 1988, nicht veröffentl. Vortrag).

Der Typ Zeifen ist im mittleren Teil der Pollendiagramme durch Vorwiegen der Hainbuche in Eichen-Ulmen-Eschenwäldern mit reichlich Haselnuß gekennzeichnet, während Tannen seltener sind. Dagegen herrschen beim Typ Pfefferbichl im mittleren Teil der Warmzeit Tannen-Fichtenwälder vor, während Hainbuche zurücktritt (FRENZEL 1983: 105). Ob die beiden Typen verschiedenalten Warmzeiten angehören, wie FRENZEL (1983: 112) ausführt, oder ob es sich um lokale Variationen der Vegetation während des Eem handelt, wie den Ausführungen von GRÜGER (1979a, 1979b) und MENKE & TYNNI (1984: 39) entnommen werden kann, bedarf noch der Klärung. Die meisten der Vorkommen des Typs Pfefferbichl sind nach geologischem Befund ebenso in die Zeit zwischen Riß und Würm zu stellen, wie das Vorkommen vom Typ Zeifen. Ein Übereinandervorkommen beider Typen, was die Altersfrage klären würde, ist bislang nicht gefunden worden.

Eem 197

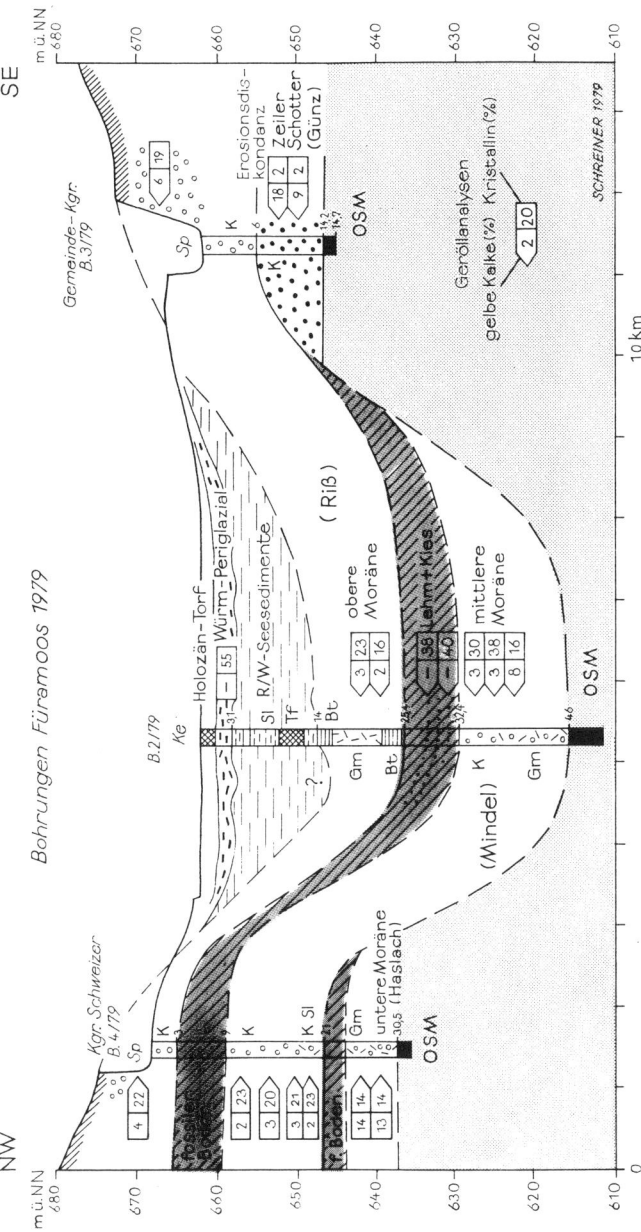

Abb. 95. Geologischer Schnitt durch das Füramooser Ried (10 × überhöht). SCHREINER & EBEL 1981: 40. Durch Pollenanalyse von BLUDAU 1988 (nicht veröff. Vortrag) wurde das Eem in den R/W-Seesedimenten nachgewiesen.
K – Kies, L – Lehm, Bt – Beckenton, Gm – Geschiebemergel, Sl – Silt, OSM – Obere Süßwassermolasse, Ke – Kernbohrung, Sp – Spülbohrung.
Nach einer anderen Deutung der Verbindungen ist es wahrscheinlich, daß die unterste Schicht der Beckenfüllung nicht Mindel, sondern Älteres Riß ist.

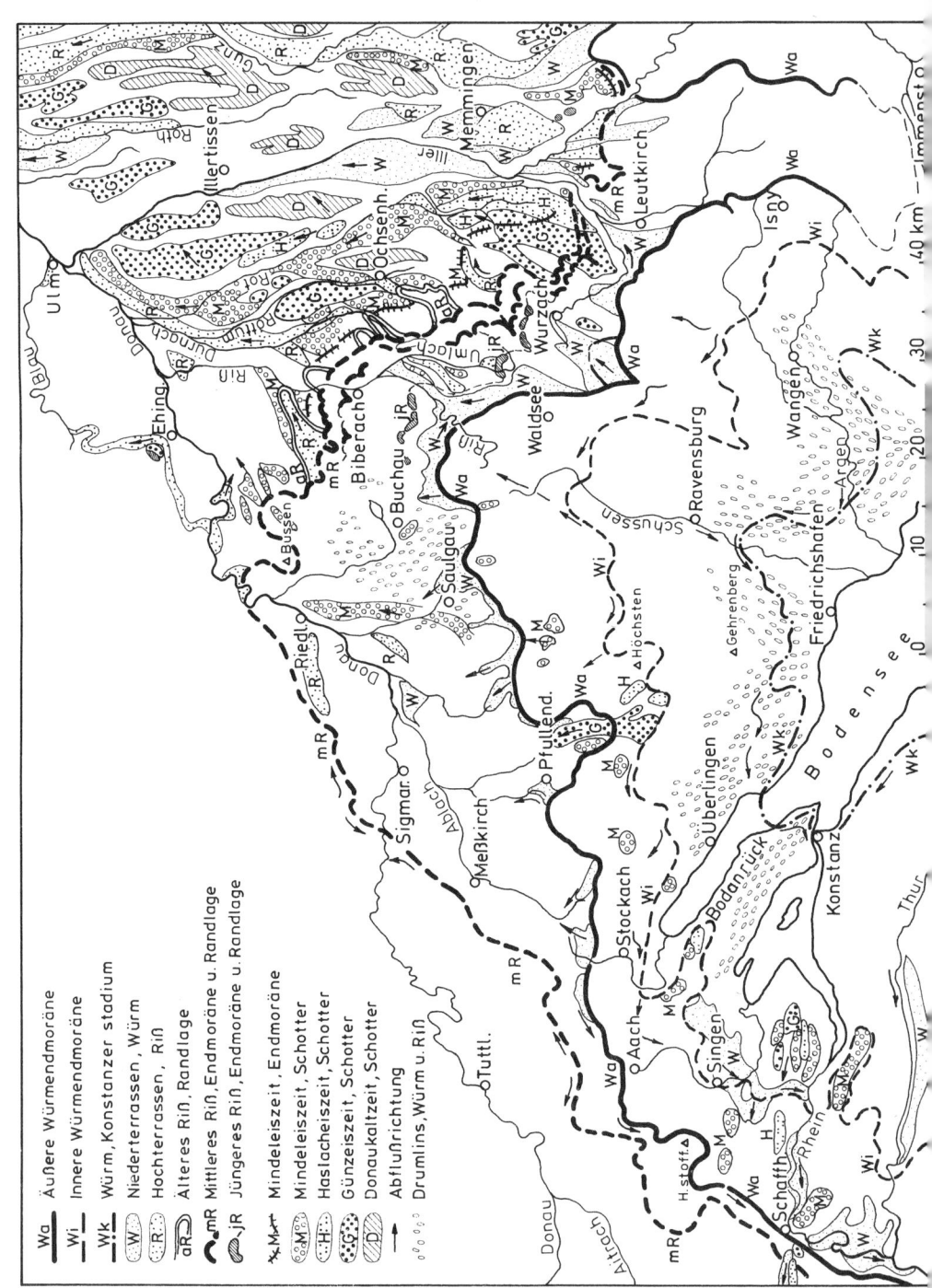

In Norddeutschland gibt es das Problem mit 2 Eemtypen nicht (MENKE & TYNNI 1984: 88). Aufgrund von Beobachtungen an großen Aufschlüssen in Braunkohlentagebauten betont EISSMANN (1990: 34) das Vorkommen vor nur *einem* Eem im Saale-Elbe-Gebiet.

3. Rißeiszeit

Außerhalb der Jungmoräne oder Würmmoräne breitet sich die Altmoräne aus, die zum größten Teil aus Moränen der Rißeiszeit besteht. Aufgrund der an den Flanken der Rißtales n' Biberach erschließbaren Verzahnung von Moräne mit Hochterrassenschotter nannten PENCK & BRÜCKNER (1909: 110, 398) die räumlich und zeitlich vor dem Würm liegende Eiszeit „*Rißeiszeit*". Die rißzeitlichen Schotter liegen sowohl als Vorstoßschotter als auch als freie Schotterfelder (= Hochterrasse) deutlich höher als die würmzeitlichen Schotter der Niederterrasse, die in die Hochterrasse eingeschachtelt sind.

Im östlichen Rheingletschervorland sind die Bildungen der Rißeiszeit deutlich differenziert und in folgender Weise zu gliedern:

Tabelle 12. Gliederung der Rißeiszeit im östlichen Rheingletschervorland. SCHREINER 1989.

Würmeiszeit			Endmoränen, Niederterrasse
Riß/Würm-Interglazial = Eem			Verwitterung, Erosion, intergl. Sedimente in Krumbach und im Wurz. Becken
Riß- eis- zeit	**Jüngeres Riß**		Endmoränen, Untere Hochterrasse
	Interstadial?		Erosion, Talbildung, Sedimente v. Großtissen
	Mittleres Riß (= Doppelwall- Riß)	innerer Wall Paulter Schwankung äußerer Wall	Doppelwall-Endmoräne, Vorstoß- schotter und Obere Hochterrasse
	Interstadial?		Verwitterung, Erosion
	Älteres Riß (= Zungenriß)		Moränen, Schotter
Mindel/Riß-Interglazial			Verwitterung, Erosion
Mindeleiszeit			Endmoränen, Schotter

Abb. 96. Übersichtskarte des pleistozänen Rheingletschervorlandes. Schotter im Illergebiet nach LÖSCHER (1976), Abflußrichtungen im Würm, z. T. nach KELLER & KRAYSS (1980). Die Schotter von G, H und M wurden z. T. auch unter Überdeckung dargestellt.

Die hier vorgestellte 3-Gliederung des Riß nach SCHREINER & HAAG (1982) und SCHREINER (1989) ist nur zum Teil übereinstimmend mit dem Alt-, Mittel- und Jungriß von GRAUL (1952) oder mit dem Riß I und II von WEIDENBACH (1937).

Jüngeres Riß

Das Jüngere Riß wird besonders durch die *Untere Hochterrasse* im unteren Rißtal und an mehreren Stellen im Donautal vertreten. Sie liegt etwa 13 m über der Talaue – weshalb sie auch als 13 m-Terrasse bezeichnet wird – und 10–15 m unter der Oberen Hochterrasse (auf Terrassenoberfläche bezogen). Die Untere Hochterrasse wurde früher mit den Endmoränen bei Biberach-Warthausen verbunden (PENCK & BRÜCKNER 1909: 396) und von WEIDENBACH (1937a) als Riß II bezeichnet. Diese Verbindung ist jedoch aufgrund der Gefällsverhältnisse auszuschließen (GRAUL 1952: 138) und durch eine Verbindung mit Endmoränen weiter im Süden (n' Ingoldingen und s' Ebenhardzell) zu ersetzen (SCHREINER 1989: 194). Die Verwitterungstiefe auf der Unteren Hochterrasse schwankt infolge kryoturbater Störungen zwischen 0,7 und 2,5 m. Über dem Kiesverwitterungslehm liegen weitverbreitet Löß und Lößlehm.

Als Endmoränen des Jüngeren Riß kommen die Wälle n' Ingoldingen (Aspen, Buchwald) und der Endmoränenschwemmkegel s' Eberhardzell (Ritzenweiler) in Betracht. Die von ihnen ausgehenden Schotterfelder sind im Rißtal und Umlachtal bis n' Warthausen meistens erodiert.

Interstadial zwischen dem Jüngeren und Mittleren Riß. Zwischen dem Jüngeren und Mittleren Riß schaltet sich nach bisheriger Kenntnis ein Interstadial ein, das morphologisch durch die weitgehende Ausräumung der Schotter des Mittleren Riß (= Obere Hochterrasse) vor Ablagerung der

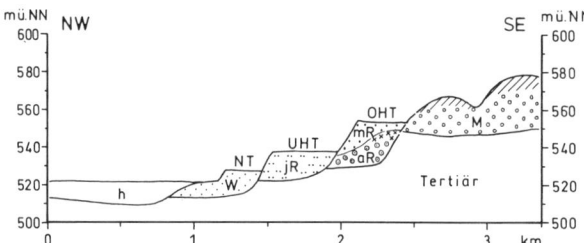

Abb. 97. Querschnitt durch die Schottertreppe im Rißtal ne' Warthausen bei Baltringen. NT – Niederterrasse (= Würm), UHT – Untere Hochterrasse (= jR jüngeres Riß), OHT – Obere Hochterrasse (m = mR Mittleres Riß), aR – Schotter und Moränen des Älteren Riß, M – Schotter und Moränen des Mindel, h – Holozän.

Schotter der Unteren Hochterrasse belegt wird (Abb. 97). Sedimente, meist Bänderton mit Lagen mit organischer Substanz, die dem Interstadial zwischen Jüngerem und Älterem Riß entsprechen dürften, wurden bei Großtissen n' Saulgau unter 2 m Grundmoräne erbohrt (SCHREINER 1980: 21, 1989: 193). Die Grundmoränendecke wird in das Jüngere Riß gestellt. Die Pollenführung in dem Bänderton zeigt nach den bisherigen Untersuchungen

Photo 9. Glazifluviale Schotter des Mittleren Riß, in der Mitte 3 m Grundmoräne des Vorstoßes zum äußeren Wall. Kiesgrube Scholterhaus bei Biberach, etwa 50 m hoch.

in den pollenreichsten Lagen interstadiale Verhältnisse an. Nach GÖTTLICH und GRÜGER (nicht veröffentlichte Berichte) in 18–20 m Tiefe: NBP 73 %, Pinus 14–41 %, Picea 6,5–17 %, Betula 1–8 %.

Mittleres Riß (Doppelwall-Riß)

Der größte Teil der Moränen und Schotter der Rißeiszeit gehört zum Mittleren Riß, das auch als Doppelwall-Riß bezeichnet wird, weil sein Moränengebiet im östlichen Rheingletschervorland durch eine markante

Doppelwall-Endmoräne begrenzt wird (Abb. 96). Das als *Obere Hochterrasse* bezeichnete freie Schotterfeld des Mittleren Riß ist meistens abgetragen. Im Rißtal kommen Reste davon bei Äpfingen und Baltringen vor (Abb. 97). Gut erhalten ist das aus dem äußeren Wall hervorgehende Schotterfeld von Aßmannshardt auf Blatt 7824 (Biberach Nord). Vermutlich zum Mittleren Riß gehören auch der Sander vor der Endmoräne von Zwiefaltendorf im Donautal (Blatt 7723 Munderkingen) und der Schotter im Kirchener Tal (verlassener Donaulauf w' Ehingen). Das Schotterfeld w' Riedlingen liegt innerhalb der Endmoränen (HEIZMANN 1987) und ist deshalb etwas jünger innerhalb des Mittleren Riß.

Unter den Endmoränen schwellen die Schotter des Mittleren Riß im Rißtal bis zu 60 m Mächtigkeit an (Kiesgrube Scholterhaus n' Biberach). In ihnen liegt eine zweigeteilte, bis 5 m mächtige Grundmoräne, die mit dem Gletschervorstoß zum äußeren Wall n' Warthausen in Verbindung zu bringen ist (Abb. 98). Weit verbreitet sind Vorstoßschotter, die mit den Moränen des Mittleren Riß zu verbinden sind und im Bereich der Endmoränen an vielen Stellen zu Stauchendmoränen umgeformt worden sind (Abb. 16, 99).

Die **Doppelwall-Endmoräne** besteht aus zwei meist kiesigen Stauchmoränen mit 10 bis 30 m hohen Wällen, die im Abstand von 1 bis 3 km die Randlagen des östlichen Rheinvorlandgletschers im Mittleren Riß bilden. Ab nw' Biberach ist besonders der innere Wall nicht mehr durchgehend ausgebildet. Auf Blatt Riedlingen dürften die Endmoränen des Langenenslinger und des Heiligkreuztaler Standes (HEIZMANN 1987: 67) den Doppelwällen des Mittleren Riß entsprechen. Der Waldbühlstand auf Blatt Meßkirch (WERNER 1975: 80) und auf Blatt Neuhausen o. E. (SCHREINER 1979 b: 51) ist wahrscheinlich das Korrelat des äußeren Walls. Die Endmoränenwälle vom Engiwald (SCHINDLER 1985: 42) und Lusbühl w' Schaffhausen werden aufgrund ihrer Lage, ihrer Mächtigkeit und geringer Verwitterungstiefe auch zum Mittleren Riß gestellt.

Das Zurückschmelzen des Gletschers vom äußeren Wall der Doppelwall-Endmoräne reichte mindestens bis zum inneren Wall (5 km). Es handelt sich offensichtlich um eine kleine Schwankung, die von SCHÄDEL (1955: 129) bei Sigmaringen erkannt und als *Paulter Schwankung* bezeichnet wurde.

Geringe Verwitterungstiefe von 2 bis 3 m, auf Kuppen oft nur 1 bis 2 m und meist kiesige und mächtige Ausbildung bis zu 30 m sind die Kennzeichen der Moränen des Mittleren Riß. Sie dienen zur Unterscheidung von wesentlich älteren, oft relikthaften und tief verwitterten Bildungen der Mindeleiszeit.

Bei Sigmaringen stieß der Gletscher des Mittleren Riß auf den Südrand der Schwäbischen Alb bis in 680 m Höhe. Das Donautal wurde durch den Gletscher bei Sigmaringen/Laiz abgesperrt, so daß oberhalb ein großer *Donautal-Stausee* aufgestaut wurde. Aus Seesedimenten und Deltaschüttun-

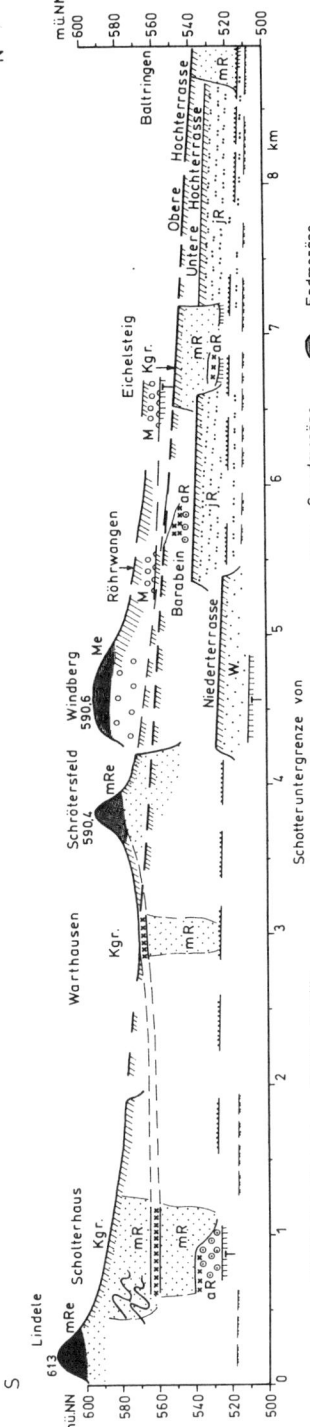

Abb. 98. Quartärgeologischer Längsschnitt durch das Rißtal bei Warthausen. Nach SCHREINER 1989, Abb. 4.
W – Schotter des Würm (Niederterrasse), jR – Schotter des Jüngeren Riß (unt. Hochterrasse), mR – Schotter des Mittleren Riß (ob. Hochterrasse), mRe – Endmoräne des Mittleren Riß (Doppelwall), aR – Schotter und Moräne des Älteren Riß, M – Schotter des Mindel (Jüngerer Deckenschotter), Me – Endmoräne des Mindel.

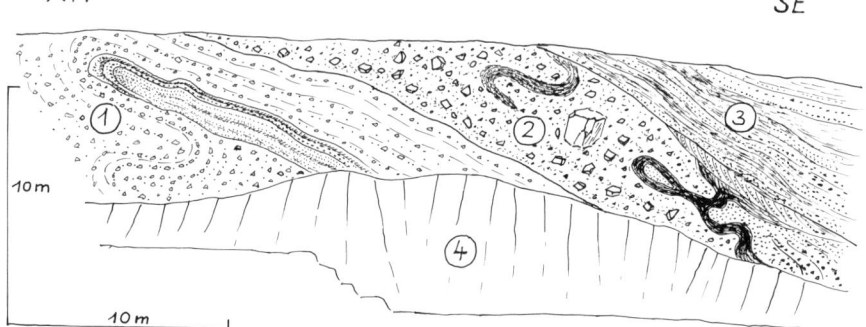

Abb. 99. Stauchendmoräne des Mittleren Riß. Kiesgrube 1,8 km nnw' Schloß Zeil. Nach Faltenachsen und Wallverlauf Stauchung aus SE.
1) Schotter grob, sandig, geschichtet, 30 % Kristallin; mit Falte aus Sand u. Feinkies, mit Lagen aus umgelagertem, braunem Boden (weiter im Westen eingefalteter Paläoboden). 2) Schotter, mit Blöcken bis 1 × 0,5 m, viele kantige Geschiebe, Rundungsgrad 164, 35 % Kristallin, schwach siltig, locker, mit gefalteten Silt-Feinsandlagen; Geschiebelängsachsen schlecht eingeregelt, 68 % im ESE-Feld. Deutung: geschichtete Einlagerung, kantige Geschiebe, Siltgehalt und Einregelung legen eine Deutung als Fließmoräne aus Obermoräne aus ESE nahe, dann Stauchung. 3) Feinkies, Sand und Silt, geschichtet, schräggestellt und verbogen. Deutung: Vorschüttsande, gestaucht. 4) Schutthalde (Der obere Teil der Stauchmoräne und der Boden darauf sind abgeräumt worden). Aufnahme Okt. 1990.

gen, die das ehemalige Donautal bei Vilsingen erfüllen, wurde eine Stauhöhe von 665 m ermittelt (SCHÄDEL & WERNER 1965: 393). Bis in diese Höhe reichen auch Seesedimente in dem Donaunebental des Faulenbaches n' Tuttlingen (MÜNZING 1987: 73). Ein Überlaufen des Stausees und damit der Donau aus dem Faulenbachtal nach Norden zum Neckar konnte nicht nachgewiesen werden, so daß eher eine subglaziale Entwässerung des Stausees anzunehmen ist (MÜNZING 1987: 75).

Älteres Riß (Zungenriß)

Im Rißtal und unter dem Aßmannshardter Schotterfeld liegen unter und neben den Schottern des Mittleren Riß an einigen Stellen Grundmoräne und Schotter, die sich durch stärkere Tiefenverwitterung (zersetzte Dolomite) von den darüber liegenden, unverwitterten Schottern unterscheiden (FEZER 1969: 54, MADER 1983: 82). In einer Bohrung bei Aßmannshardt (Nr. 18 in SCHREINER 1985: 64) ist außerdem eine geringmächtige Verwitterung zwischen liegender Moräne und überlagernden Schottern des Mittleren Riß erkannt worden. Daraus wird geschlossen, daß die Moränen und Schotter unter dem Mittleren Riß einer älteren, rißzeitlichen Bildung angehören, die als Älteres Riß abgetrennt wurde (SCHREINER & HAAG 1982: 150, SCHREINER 1989: 191). Aus dem Vorkommen von Moränen mit geringer Verwitterungstiefe (2–3 m) im Gebiet der tief verwitterten Mindelmoränen, wurde gefolgert, daß ein Gletscher vor Bildung der Doppelwall-Endmoräne einige km zungenförmig durch das Gebiet der Mindelmoränen vorgestoßen ist. Daraus ergab sich die Bezeichnung „*Zungenriß*" für das Ältere Riß. Eine 5 km lange Zunge stieß unter dem Aßmannshardter Schotterfeld bis in das heutige Rißtal bei Eichelsteig vor. Weitere Zungen sind im Dürnach-, Rottum- und Rißtal erkannt worden (SCHREINER & HAAG 1982: 145). Außerhalb den wahrscheinlich dem Riß-Doppelwall entsprechenden Endmoränen von Riedlingen–Meßkirch–Neuhausen o. E. liegen stellenweise Grundmoränen oder nicht näher bestimmte Eisrandbildungen, die wohl dem Älteren Riß angehören.

Ein freies Schotterfeld des Älteren Riß liegt im Dürnachtal (Blatt 7825 Schwendi; HAAG 1992). Es blieb erhalten, weil durch das Dürnachtal kein Schmelzwasserstrom des Mittleren Riß floß – im Gegensatz zum Rißtal, wo auch die Fortsetzung des Schotters aus dem Dürnachtal erodiert und durch Schotter des Mittleren Riß ersetzt wurde.

Interstadial? zwischen Älterem und Mittlerem Riß. Aus der Erosion des älteren Schotters und der Wiederverfüllung mit jüngerem Schotter am Ausgang des Dürnachtales, aus den beschriebenen Befunden über Verwitterung und aus der Überlagerung der Moränenvorkommen des Älteren Riß durch Schotter des Mittleren Riß wird geschlossen, daß zwischen Älterem und Mittleren Riß eine Gletscherschwankung stattgefunden hat, die wahrscheinlich einem Interstadial entspricht.

Hochrheingebiet. Bei Schaffhausen (Engiweiher-Endmoräne) ist die Westgrenze das Ausbreitungsgebiet des Rheingletschers, der durch das Bodenseebecken kam. Es ist durch reichlich Kristallingeschiebe aus dem Rheineinzugsgebiet gekennzeichnet: Silvretta-Gneise, Julier-Albula-Granite, Amphibolite, Ophiolithe, dazu Aroser und Illanzer Verrukano und Marmor aus den Bündner Schiefern. Der sehr geringe Kristallingehalt der Rißmoräne weiter westlich von Schaffhausen (Lusbühl) zeigt das Ausbreitungsgebiet des Thurgletschers an, der hier vorwiegend Geröll aus dem abgetragenen Jüngeren Deckenschotter des Cholfirst abgelagert hat (HOFMANN 1977: 118). Im Hochrheingebiet ab Waldshut–Tiengen breitete sich in der Rißeiszeit der Helvetische Gletscher aus, der sich aus den Eisströmen des Linth-, Reuß-, Aare- und östlichen Rhonegletschers zusammensetzte. Er stieß durch das untere Aaretal auf den Südrand des Schwarzwaldes bis auf etwa 550 m Höhe empor, überströmte den östlichen Schweizer Jura (HANTKE 1965) und drang im Hochrheintal bis über Säckingen vor, wo die Endmoräne auf dem Möhliner Feld gebildet wurde.

Die Hauptabflußrinne im Älteren und Mittleren Riß war das Klettgauer Tal. Das Ältere Riß ist hier bislang durch Schotter vertreten, die in ihrer Höhenlage zwischen denen des Mindel und des Mittleren Riß liegen (VERDERBER, im Druck). Ins Mittlere Riß ist die bis 100 m mächtige Schotterfüllung im Klettgauer Tal zu stellen. Sie ist mit den Endmoränen Engiweiher und Lusbühl w' Schaffhausen zu verbinden und sie setzt sich rheinabwärts bis unter die Endmoränen bei Möhlin fort (Abb. 100). Auch die Moränen und Eisrandbildungen auf dem Südrand des Schwarzwaldes dürften in das Mittlere Riß gehören (z. B. die mindestens 50 m mächtigen Eisrandkiese von Birndorf w' Waldshut und die alpine Unterwassermoräne unter den Deltakiesen bei Schachen, wo Kies und Sand aus dem Schwarzwald in einen Stausee am Eisrand geschüttet wurden (WENDEBOURG & RAMSHORN 1987: 261). Im Jüngeren Riß sperrte der Eisstrom aus dem Aaretal den Wasserabfluß, so daß der 25 km lange Klettgaustausee entstand, in dem über 20 m mächtige Seesedimente über den Schottern des Mittleren Riß abgelagert wurden. Auch im Schlüchttal wurde ein See aufgestaut, der mit Kies und Sand aus dem Schwarzwald erfüllt wurde und eine Stauhöhe von etwa 450 m hatte, die als Mindesthöhe auch für den Klettgaustausee zutrifft (höchstgelegene Seesedimente bei Neunkirch 453 m). Südwestlich von Schaffhausen reichte der Gletscher des Jüngeren Riß wahrscheinlich nur bis an den Südabfall des Kleinen Randen, wo bei Wasterkingen-Hohentengen Vorstoßschotter, Fließmoränen und Grundmoräne abgelagert wurden. Der Schotter des Jüngeren Riß liegt in der Kiesgrube Wasterkingen getrennt durch eine unvollständige Bodenbildung über Schottern des Mittleren Riß (SCHOBER 1989: 111).

Bei den rißeiszeitlichen Eisrandbildungen handelt es sich stets um Ablagerungen von geringer Verwitterungstiefe von 1 bis 2 m und meist von beträchtlicher Mächtigkeit von mehreren Metern.

Schwarzwald. Im Südschwarzwald sind außerhalb der würmeiszeitlichen Vereisungsgrenze Reste glazialer Ablagerungen gefunden worden, die der Rißeiszeit zugeordnet wurden (REICHELT 1955, 1968, PFANNENSTIEL 1958). Aufgrund von Lesesteinfunden wurde die rißzeitliche Schwarzwaldvergletscherung 20–30 km weit nach Osten bis an den Fuß der Schwäbischen Alb und nach Süden bis zum Kontakt mit dem alpinen Eis angenommen (PFANNENSTIEL & RAHM 1963, HANTKE, PFANNENSTIEL & RAHM 1976). Nachprüfungen konnten diese große Ausdehnung nicht bestätigen (PAUL 1965, SCHREINER & MÜNZING 1979). Im Osten konnten Rißmoränen nur bis 2 km und im Süden nur bis 5 km außerhalb der Würmendmoränen gefunden werden (SCHREINER 1986: 229, WENDEBOURG & RAMSHORN 1987: 257).

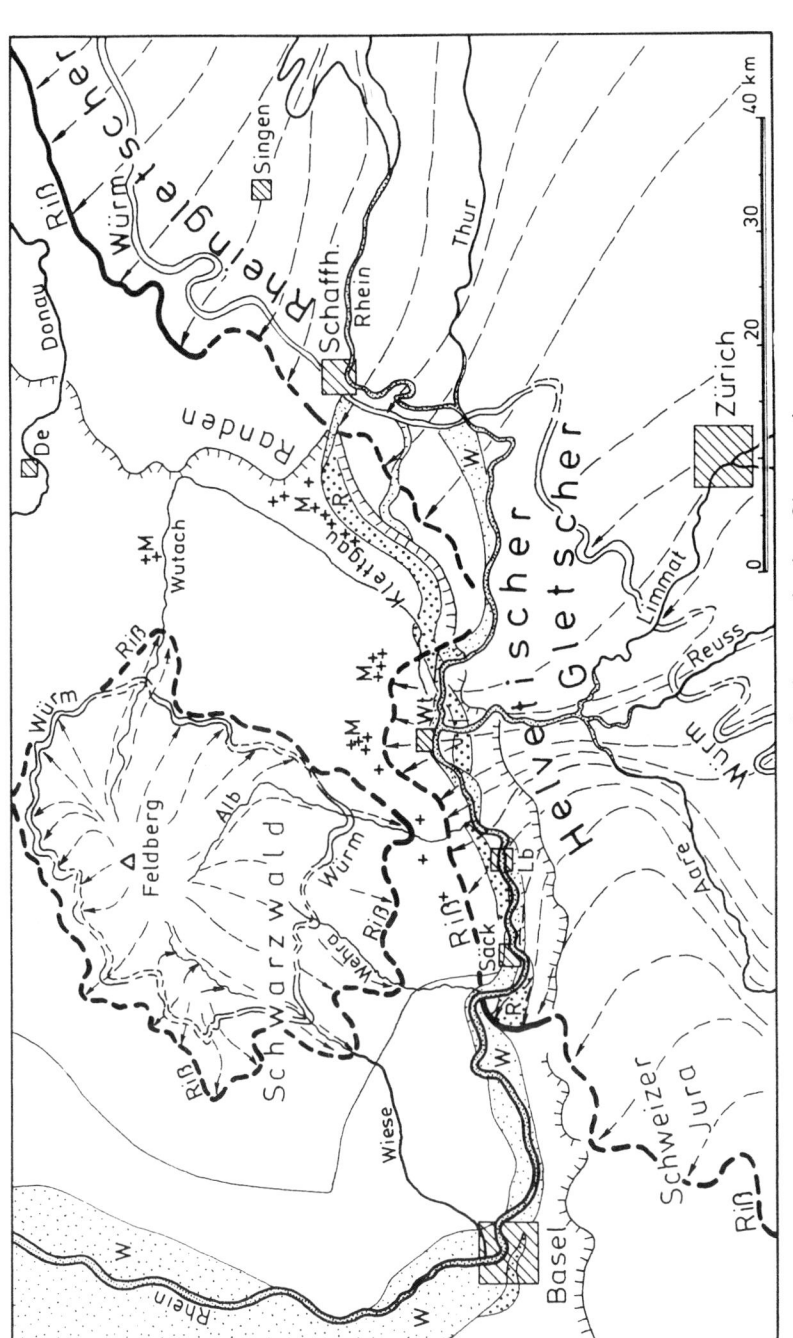

Abb. 100. Riß und Würm im Hochrheingebiet und Schwarzwald. Schotter am Hochrhein: W – Würm und Jüngeres Riß, R – Mittleres und Älteres Riß, z. T. unter Moräne, M – Geschiebestreu, Mindel? Lb – Laufenburg, Wt – Waldshut, De – Donaueschingen.

4. Zur Chronologie des Riß und der Riß/Mindel-Warmzeit

Das Riß des Alpenvorlandes ist mindestens teilweise mit der nordischen Saale-Eiszeit zu korrelieren. Im einzelnen ist es jedoch unsicher, ob das Jüngere oder das Mittlere Riß mit dem nordischen Warthe (= jüngere Saale) übereinstimmt, zumal die Frage, ob sich zwischen Warthe und Drenthe (= ältere Saale) eine Warmzeit einschaltet, noch nicht entschieden ist (GRUBE et al. 1986: 353).

Nach der Sauerstoffisotopenstratigraphie erscheint es sicher, daß das letzte Stadium von Saale oder Riß mit der Stufe 6 vor etwa 130 ka zu Ende ging (Abb. 85).

Über die Einstufung der *Holsteinwarmzeit*, von der im Gebiet der nordischen Vereisung mehrere Vorkommen bekannt sind, herrscht keine Übereinstimmung. Nach GRÜN et al. (1982: 201) käme aufgrund von Th/U-Datierungen der Stuttgart-Bad Cannstatter Travertine für das vermutliche Holstein ein Alter von etwa 200 ka in Betracht, was der Sauerstoffisotopenstufe 7 entsprechen würde. HENNIG et al. (1983) fanden an Travertinen in Ungarn außerdem ein „drittletztes Interglazial" um 350 ka, das der Stufe 9 entsprechen könnte, wogegen SARNTHEIM et al. (1986: 293) das Holstein in die Stufe 11 vor etwa 400 ka legen. Daraus wird deutlich, daß warmzeitliche Ablagerungen sehr unterschiedlichen Alters für Holstein angesehen werden (s. auch TURNER 1996).

Im nördlichen Alpenvorland sind bislang nur von Meikirch bei Bern (WELTEN 1988) und von Samerberg/Oberbayern (GRÜGER 1983) palynologisch vollständige Abfolgen, die ins Holstein gestellt werden, bekannt geworden, wobei die geologischen Lagerungsverhältnisse eine Stellung zwischen Riß und Mindel ermöglichen, aber nicht unbedingt erzwingen. Außerdem ist die palynologische Gleichstellung mit dem norddeutschen Holstein nach FRENZEL (1983: 101) nicht eindeutig. Es ist also bislang nicht erwiesen, daß das Riß/Mindel-Interglazial, das durch einen großen Erosionshiatus und durch Paläoböden (z. B. Neufra bei Riedlingen, SCHÄDEL & WERNER 1963: 10) mehrfach belegt ist, dem Holstein Norddeutschlands entspricht. Dasselbe gilt für Interglazialvorkommen im Periglazialgebiet, wie z. B. die Travertine von Stuttgart-Bad Cannstadt, von denen die älteren in das Riß/Mindel-Interglazial gestellt wurden (REIFF 1965: 124, GRÜN et al. 1982: 205).

Paar-Eiszeit? SCHAEFER (1975: 141) weist eine ältere Altmoräne im Isar-Loisach-Gebiet einer neuen Eiszeit zu, die er zwischen Mindel und Riß stellt und als Paar-Eiszeit bezeichnet. Es fehlt jedoch der Nachweis, daß es sich dabei nicht doch um Moräne des Mindel und im Liegenden um Schotter des Günz handelt. Dem Verfahren, die Paar-Eiszeit im Rheingletschergebiet an die Stelle der Haslach-Eiszeit zu setzen (SCHAEFER 1986), kann nicht gefolgt werden, da die Lagerungsverhältnisse und das Interglazial von Unterpfauzenwald erweisen, daß Haslach älter ist als Mindel (Abb. 101).

5. Mindeleiszeit

Die der Rißeiszeit vorangehende Eiszeit wurde von PENCK & BRÜCKNER (1909: 31) am Beispiel des *Jüngeren Deckenschotters des Grönenbacher Feldes* im Illergebiet abgeleitet und als Mindeleiszeit bezeichnet. Spätere Bearbeitungen haben diese Stellung des Grönenbacher Feldes bestätigt (SINN 1972: 80, SCHAEFER 1973). Im Rheingletschergebiet ist der *Tannheim-Laupheimer Schotter*, der sich am Höhberg bei Aichstetten mit Moräne verzahnt (SCHÄDEL 1952: 7), dann über Tannheim und das Rot-Tal entlang über Laupheim zieht, die mindelzeitliche Hauptabflußbahn des östlichen Rheingletschers (HAAG 1982: 234).

In seiner Höhenlage liegt der Tannheim-Laupheimer Schotter zwischen dem nächstälteren Schotter des Haslach und dem jüngeren des Riß. Der Höhenunterschied zwischen den Untergrenzen der Schotter von Haslach und Mindel von zunächst etwa 10 m im Süden wird talabwärts kleiner, so daß die Trennung schwierig wird und dazu geführt hat, daß der Tannheim-Laupheimer Schotter als der ältere angesehen wurde (GRAUL 1979). HAAG (1982: 236–242) konnte zeigen, daß der Tannheim-Laupheimer Schotter den Haslacher Schotter weitgehend erodiert und umgelagert hat, wodurch eine Angleichung in der Geröllzusammensetzung eintrat. Das Altersverhältnis, wonach der Tannheim-Laupheimer Schotter der jüngere ist, wurde von SCHÄDEL (1952: 7) erkannt und von EICHLER & SINN (1975: 711), SCHREINER & EBEL 1981: 24 und FESSELER & GOOS 1988: 33 bestätigt. Das Mindel-Alter des Tannheimer-Laupheimer Schotters ist außerdem aus dem Interglazial von Unterpfauzenwald abzuleiten, das zwischen Moränen des Mindel und des Haslach liegt (Abb. 101). Von weiteren Schottern der Mindeleiszeit seien das bei Riedlingen ins Donautal einmündende Ertinger Schotterfeld (SCHÄDEL & WERNER 1963: 8) und die nach Westen ziehenden Jüngeren Deckenschotter des westlichen Bodenseegebietes (z. T. mit Moräne) und des Hochrheintales erwähnt (Abb. 96).

Rißeiszeitliche Schotter sind in die mindeleiszeitlichen eingeschachtelt (Abb. 18, 21, 97). Rißeiszeitliche Moränen sind von den darunterliegenden Mindel-Moränen oder -Schottern an mehreren Stellen durch einen Paläoboden getrennt (Abb. 61, 62, 95). Im östlichen Rheingletschergebiet verlaufen 2 bis 5 km außerhalb der Riß-Doppelwallendmoräne zwei flache, aus 5 bis 10 m tief verwitterter Moräne aufgebaute Wälle, die als *Endmoräne der Mindeleiszeit* gelten (SCHREINER & EBEL 1981: Taf. 1). NW Biberach werden die Mindelmoränen von Moränen der Rißeiszeit überfahren (Abb. 96). Im Illergebiet liegen die Mindelmoränen vor denen des Riß (HABBE 1986).

Am Südrand des Schwarzwaldes und im Klettgau (Hallauer Berg) liegen bis 10 km außerhalb der Randlage des Mittleren Riß und bis 70 m höher als diese, Geschiebe und einzelne Findlinge aus kieseligen, alpinen Gesteinen (Quarz, Quarzit, Hornstein), die vermutlich von einem besonders weiten Vorstoß des helvetischen Gletschers in der Mindeleiszeit herrühren (die Findlinge auf dem Hallauer Berg stammen meist aus dem Linthgebiet). Von Rißmoränen unterscheiden sich diese Streufunde durch ihre starke Verwitterung.

6. Haslacheiszeit

Am Ostrand der Altmoräne des Rheingletschervorlandes zieht ein 2,5 bis 3,5 km breites Schotterfeld nach Norden bis Rot, dann weiter durch das Rot-Tal nach Laupheim und ins Donautal (Abb. 96). PENCK & BRÜCKNER (1909: 398) sahen darin einen einheitlichen Schotterkörper, den sie als Jüngeren Deckenschotter in die Mindeleiszeit stellten. SCHÄDEL (1952: 7) erkannte, daß es sich im Süden um zwei getrennte Schotterkörper handelt, die sich in der Höhenlage der Schotteruntergrenze und in der Geröllzusammensetzung unterscheiden. Die westlich liegende, als „*Haslacher Schotter*" bezeichnete Ablagerung liegt höher und hat 3,5% Kristallingerölle; der östlich anschließende „Tannheimer Schotter" liegt im Süden mit seiner Untergrenze etwa 10 m tiefer und hat 9,7% Kristallin (Abb. 101 und SCHREINER & EBEL 1981: 30). Der Tannheimer Schotter verbindet sich über Zuflüsse 12 km ne' Bad Wurzach mit der Mindelendmoräne und zieht dann als Tannheim-Laupheimer Schotter durch das Rot-Tal nach Norden (HAAG 1982: 236).

In Tobeln ne' Schloß Zeil verzahnt sich der Haslacher Schotter mit Moräne (EICHLER & SINN 1975: 710, SCHREINER & EBEL 1981: 19, FESSLER & GOOS 1988: Beil. 4).

Bei *Unterpfauzenwald* (9 km ne' Bad Wurzach) liegt eine 4 m mächtige Mudde mit warmzeitlicher Pollenflora zwischen einer Moräne im Liegenden und einer Moräne im Hangenden. GÖTTLICH & WERNER (1974: 56) stellten die hangende Moräne noch in die Rißeiszeit und die Mudde in das Riß/Mindel-Interglazial. Eine neuere Untersuchung des Schotter- und Moränengebietes im östlichen Rheingletschervorland ergab mindeleiszeitliches Alter der hangenden Moräne von Unterpfauzenwald (SCHREINER & EBEL 1981: 37). Die liegende Moräne ist von dem darunterfolgenden günzzeitlichen Zeiler Schotter durch einen Paläoboden getrennt und mit dem Haslacher Schotter zu verbinden (Abb. 101). Die vom Mindel durch das Interglazial von Unterpfauzenwald und vom Günz durch einen Paläoboden getrennte, durch Moränen und Schotter vertretene Eiszeit wurde nach dem Tal, in dem der

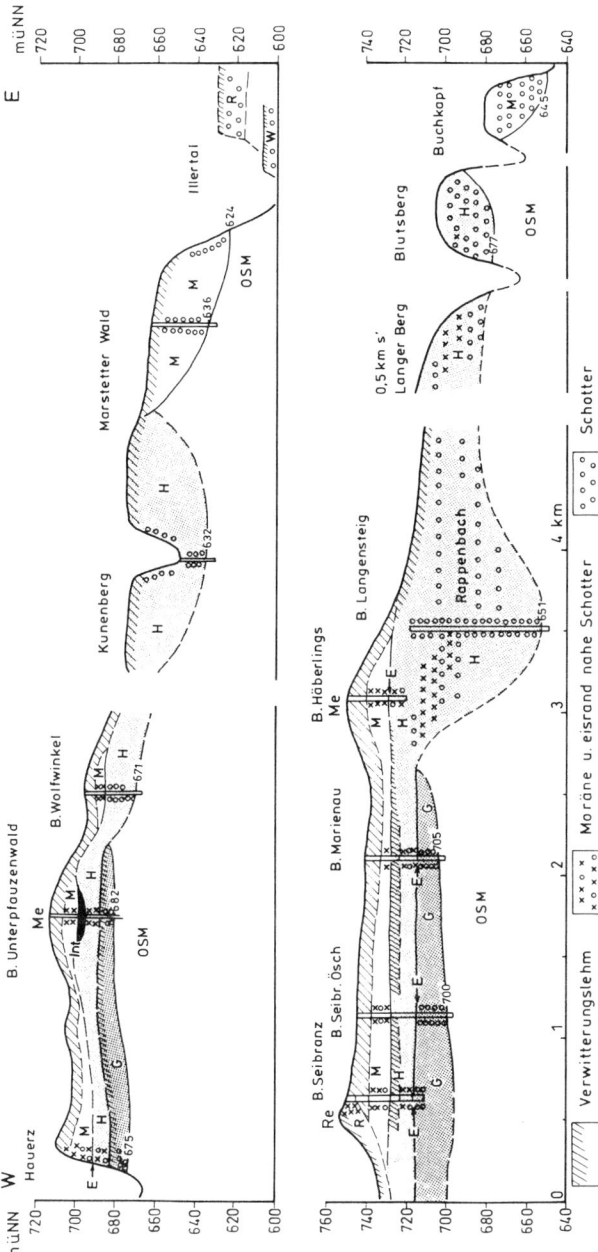

Abb. 101. Geologische Schnitte zur Haslacheiszeit. Nach SCHREINER & EBEL (1981: 128) und FESSELER & GOOS (1988, Bohrungen). Oben: Interglazial Unterpfauzenwald = Int.
Unten: 4 Glaziale übereinander bei Seibranz und Verzahnung von Haslach-Schotter mit -Moräne.
W – Würm, R – Riß, M – Mindel, Me – Mindel-Endmoräne, H – Haslach, G – Günz (Zeiler Schotter), E – Erosionsdiskordanz, OSM – Obere Süßwassermolasse (Tertiär).

Schotter gut aufgeschlossen ist, als „Haslach-Eiszeit" bezeichnet (SCHREINER & EBEL 1981: 23). FESSELER & GOOS (1988: 28) fanden, daß die Haslachmoräne stellenweise 1 bis 2 km weiter reicht als die Mindelendmoräne. Das Pollendiagramm der Warmzeit von Unterpfauzenwald zeigt nach GÖTTLICH & WERNER (1974: 65) vorherrschend Nadelwald mit viel Fichte und Tanne, mit Buche und Pterocarya, was auf ein Klima hinweist, das in diesem Gebiet etwas wärmer und niederschlagsreicher als im Holozän war. Aufgrund der Untersuchung eines vollständigeren Bohrkernes durch BLUDAU (in BIBUS et al. 1996), wobei auch Ostrya und Tsuga gefunden wurden, wird ein Prae-Holstein-Alter angenommen.

Haslachmoränen wurden aufgrund der Lagerungsverhältnisse und Geröllzusammensetzung auch bei Füramoos (9 km n' Bad Wurzach) und bei Seibranz (6 km ese' Bad Wurzach) gefunden (Abb. 95 und 62). Auch im Hochgelände 8 km s' Biberach ist nach SCHÄDEL (1952; 9) und EICHLER (1970: 49) nach heutiger Benennung eine Haslach-glaziale Ablagerung zwischen Schotter des Günz und Moräne des Mindel einzuschalten. Im Illergebiet kommt HABBE (1986: 128) aufgrund der Höhenlage von Endmoränen zu der Ansicht, daß auch hier eine Eiszeit zwischen Günz und Mindel einzufügen ist. Im Hochrheintal findet VERDERBER (i. Druck) drei nach Höhenlage und Geröllzusammensetzung unterscheidbare, vorrißzeitliche Schotter, von denen in Übereinstimmung mit PENCK & BRÜCKNER (1909: 451) und FREI (1912: Taf. VII) der jüngere ins Mindel und der ältere ins Günz gestellt wird. Für den mittleren kommt Haslach in Betracht. Ähnliche Verhältnisse liegen auch im Hegau vor (Schienerberg, Rauhenberg, SCHREINER 1983: 63).

7. Günzeiszeit

PENCK & BRÜCKNER (1909: 110) bezeichneten die nach ihrer Ansicht höchstgelegenen Schotter als Ältere Deckenschotter und wiesen sie ihrer 1. Vergletscherung, der Günzeiszeit zu. Viele der Älteren Deckenschotter von PENCK & BRÜCKNER sind in der Folgezeit als ältere Ablagerungen erkannt und in die Donau-Kaltzeitengruppe verlegt worden, wie z.B. viele der Schotter der Iller-Lechplatte (EBERL 1930, LÖSCHER 1976). Günz blieb bei späteren Untersuchungen der *Zeiler Schotter* im östlichen Rheingletschergebiet (PENCK & BRÜCKNER 1909: 398, WEIDENBACH 1937a, SCHREINER & EBEL 1981, FESSELER & GOOS 1988). Wenn der Zeiler Schotter infolge Unterteilung des Mindel als Mindel I eingestuft wurde (SCHÄDEL 1952), so wurde er nach einer Revision (SCHÄDEL & WERNER 1963) wieder ins Günz gestellt.

Der Zeiler Schotter liegt in der Terrassentreppe höher als der Haslachschotter und bei Überlagerung liegt er, getrennt durch einen Paläoboden oder durch eine Erosionsdiskordanz, unter Haslachmoräne (Abb. 101). Der Zeiler

Schotter ist durch einen sehr geringen Kristallingehalt von 0 bis 3% und durch eine gute Rundung der Gerölle gekennzeichnet. Der Zeiler Schotter zieht von Schloß Zeil 12 km nach N. Im N bildet er ein 4 bis 6 km breites Feld, im S ist er in 3 Rinnen geteilt (SCHREINER & EBEL 1981: Taf. 3). Seine n' Fortsetzung ist nicht der in der Gefällslinie höher liegende (SCHÄDEL 1952: Abb. 1) und daher donauzeitliche Schotter von Eichen-Erlenmoos, sondern in ne' Richtung über Erolzheim-Illertissen zu einem Zwischenterrassen-Schotter sw' Günzburg (LÖSCHER 1976: Karte 1) anzunehmen.

Weitere Schotter des Günz kommen von Füramoos-Rottum und Haisterkirch-Hochgelände und münden in das Schotterfeld von Heggbach-Holzstöcke (se' und e' Laupheim). Aufgrund der Lagerungsverhältnisse und der Geröllzusammensetzung erkannte SCHÄDEL (1951: 10) die in heutigem Sinne günzzeitliche Stellung des Heiligenberger Schotters. Auch im westlichen Rheingletschergebiet und am Hochrhein sind die höchsten, stark isolierten Schottervorkommen in das Günz zu stellen (SCHREINER 1970: 119).

Auf dem Ziegelberg bei Bad Wurzach und bei Heiligenberg geht der Schotter nach oben in Moräne mit gekritzten Geschieben und erhöhtem Kristallingehalt über, wonach die glaziale Natur des Günz gesichert ist. Günz-Moränen und -Schotter fand ELLWANGER (in BIBUS et al. 1996) unter dem Haslach-Schotter am Höchsten.

Tonig-siltige Lagen im Heiligenberger Schotter und in den Günz-Moränen bei Heiligenberg und am Höchsten ermöglichten paläomagnetische Messungen (ELLWANGER & FROMM in BIBUS et al. 1996), wobei eine reverse Magnetisierung, also eine Stellung des Günz in der Matuyamaepoche vor 0,73 ma gefunden wurde (Abb. 85).

8. Praegünz (Donau, Biber)

Einleitung. Die folgenden Ausführungen beruhen z. T. auf den Gesprächen des Arbeitskreises „Älteres Pleistozän des Alpenvorlandes" in Zusmarshausen und am Höchsten im März und April 1990, und auf den Vorlagen von HABBE (Einführung und Protokoll), DOPPLER (Sammeltabelle) und ELLWANGER (Übersicht).

Im Iller-Lech-Gebiet liegen nach Norden langgestreckte Riedel, deren hochliegende Schotterdecken aufgrund ihrer höheren Lage, ihres Geröllbestandes und ihrer starken Verwitterung von EBERL (1930: 305) als praegünzzeitlich erkannt und als Schotter einer 3gliedrigen *Donaueiszeit* bezeichnet wurden. GRAUL (1949) führte dafür die Bezeichnung *Deckschotter* ein – zur Unterscheidung von den *Deckenschottern* des Günz und Mindel – und fand noch ältere Schotter am Staufenberg und in der Aindlinger Terrassentreppe ö' des Lech. Die Praedonauschotter wurden von SCHAEFER (1953, 1957) einer neu eingeführten Gruppe von *Bibereiszeiten* zugewiesen.

214 Überblick zur Stratigraphie des Quartärs

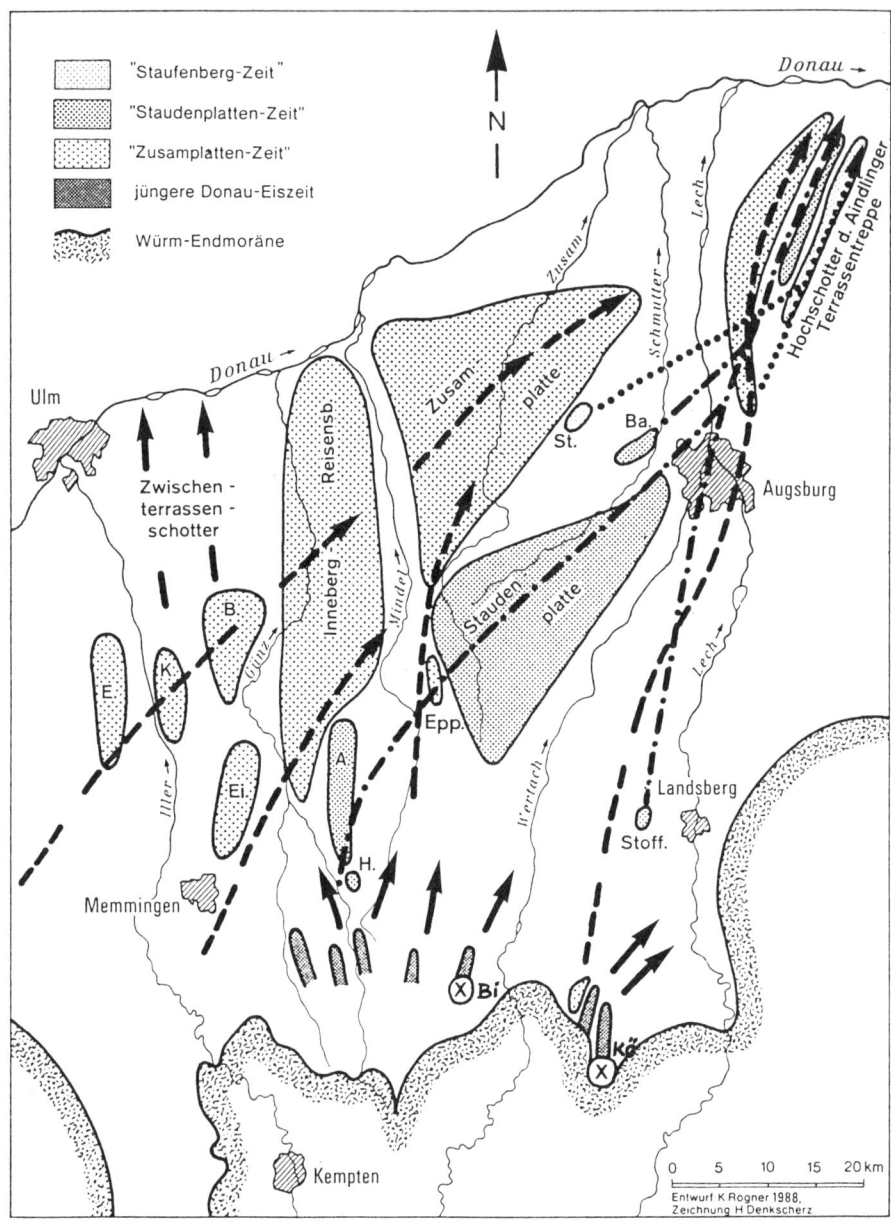

LÖSCHER (1976: Karte 4) gliederte die Praegünzschotter des Iller-Lech-Gebietes in die Unteren Deckschotter (Donau), die Oberen Deckschotter (Praedonau) und Zwischenterrassenschotter, deren jüngerer Teil heute ins Günz gestellt wird.

Um mögliche Verwechslungen, besonders bei Übersetzung ins englische, auszuschließen, wird neuerdings (HABBE & RÖGNER 1989: 315) für die donauzeitlichen Unteren Deckschotter die Bezeichnung „*Schotter der Zusamplatte*" bevorzugt. Zu ihnen gehören sw' der Zusamenplatte weitere Vorkommen bis zum Erolzheimer Feld w' der Iller (Abb. 102). Die biberzeitlichen Oberen Deckschotter werden in *Schotter der Staudenplatte* (Jüngeres Biber) und der *Staufenbergserie* (Älteres Biber) gegliedert (Tab. 13).

Die Schotter der Staufenbergserie, der Staudenplatte und der Zusamplatte sind im wesentlichen Schotter der ehemaligen Iller, die vom SW nach NE abfloß (SINN 1972: 124, LÖSCHER 1976: 57, SCHEUENPFLUG 1986: 190). Vom Staufenberg verlegte die Iller ihren Lauf zur Staudenplatte in SE-Richtung (Abb. 102). Nach Überwinden der Dinkelscherbener Wasserscheide schotterte die Iller bei ne' Abflußrichtung die Zusamplatte auf und verlegte ihren Lauf nun nach NW, bis die Zwischenterrassenflüsse wie die heutigen Gewässer ihren Lauf nach Norden nahmen.

Zwischenterrassenschotter, Günz und Jüngeres Donau

Im NW des Iller-Lech-Gebietes kommen nach N geschüttete Schotter vor, die jünger sind als die donauzeitlichen Schotter der Zusamplatte, aus denen sie z. T. als Periglazialschotter durch Umlagerung hervorgingen: Zwischenterrassenschotter nach LÖSCHER (1976: 82). Sie werden in 2 bis 3 nach der Höhenlage unterscheidbare Stufen gegliedert. Die Mittleren Zwischenterrassenschotter vom Bellenberg und die Holzstöcke-Schotter sind mit den günzzeitlichen Schottern von Heggbach und Zeil zu verbinden (Abb. 96). Demnach ist zumindest der jüngere Teil der Zwischenterrassenschotter ins Günz zu stellen. Die Älteren Zwischenterrassenschotter könnten in das Jüngere Donau gehören.

◄─────

Abb. 102. Praegünzablagerungen des Iller-Lech-Gebietes. Nach HABBE & RÖGNER 1989, Fig. 2.
Älteres Biber: St – Staufenberg, Hochschotter der Aindlinger Terrassentreppe.
Jüngeres Biber: Staudenplatte, A – Arlesried, H – Hochfirst, Ba – Batzengehau.
Älteres Donau: Zusamplatte, E – Erolzheim, K – Kellmünz, Ei – Eisenburg, B – Buch, Epp-Eppishausen.
Jüngeres Donau: Zwischenterrassenschotter z. T., glaziale Serien: Bi – Birchenried-Irrsee, Kö – Königsried-Stocken.

Glaziale Serie der Jüngeren Donaueiszeit. Im Wertach-Lechgebiet sind im S bei Bickenried-Irrsee und bei Königsried-Stocken Verbindungen von Schottern mit Moränen bekannt, die RÖGNER (1979: 91, 1980: 129) aufgrund der Höhenlage und der Geröllzusammensetzung ins Jüngere Donau stellte und damit eine Donau-Eiszeit begründete (Abb. 102, Tab. 13). Ob sich diese Einstufung hält, wenn auch in diesem Gebiet Ablagerungen der Haslacheiszeit gefunden werden sollten, bedarf noch der Klärung.

In der Regel werden wegen des Fehlens von Verbindungen mit Moräne die meisten Schotter der Donau- und der Biberzeit als periglazial-kaltzeitliche Ablagerungen aufgefaßt, wenn auch besonders bei den groben, zu Nagelfluh verfestigten Schottern im Süden glazifluviale Entstehung naheliegend ist und betont wird (RÖGNER 1979: 84, 86).

Älteres Donau, Zusamplattenschotter (Untere Deckschotter)

Die Schotter der Zusamplatte und deren gleichalte Vorkommen w' davon weisen eine vertikale Schichtenfolge auf, aus der eine besondere Entstehungsweise hervorgeht. Der obere, 4 bis 10 m mächtige Schotter, auch als „Hangendfazies" oder *Dolomitschotter* bezeichnet (Tab. 13), ist durch einen hohen Anteil an Dolomitgeröllen (wo nicht verwittert 10 – 20 %) bei geringem Kristallingehalt (2 – 6 %) gekennzeichnet (LÖSCHER 1976: 41, 48).

Im Gegensatz zum dolomitfreien Kristallinschotter (Liegendfazies) wird die Hangendfazies wegen ihrer aus den Kalkalpen stammenden Dolomitgerölle als allochthoner, glazifluvialer Schotter angesehen (LÖSCHER 1976: 40). Verbindungen mit Moräne sind nicht bekannt.

Unter dem Dolomitschotter, stellenweise getrennt durch eine Lage aus Auemergel (siehe unten), liegt der etwa 5 m mächtige „*Kristallinschotter*" (Liegendfazies), der keine Dolomitgerölle, aber 10 – 20 % Gerölle aus kristallinen Gesteinen enthält (LÖSCHER 1976: 41 – 54). Die Kristallingerölle sind meistens Muskowitgneise aus dem Molassenkonglomerat der Adelegg.

Die Kristallinschotter werden als fernautochthone, periglaziale Schotter, die aus dem Adeleggbergland herkommen, gedeutet (SINN 1972: 49). Die Kristallinschotter erfüllen flache Rinnen, wogegen die Dolomitschotter breiter ausgedehnt vorliegen (LÖSCHER 1976: 49).

Getrennt durch einen Erosionshiatus oder durch eine Mischfazies liegt im n' Teil der Zusamplatte unter dem Kristallinschotter ein bis 4 m mächtiger *Weißjuraschotter*, der großenteils aus Kalksteingeröllen aus dem Oberen Jura der Schwäbischen Alb besteht. Der Weißjuraschotter stammt nach SCHEUENPFLUG (1971) und LÖSCHER (1976: 25) von einem altpleistozänen Donaulauf, der bis 18 km s' der heutigen Donau verlief, was unter anderem durch Geröllchen aus Schwarzwaldgranit und ganz selten Basaltgerölle von der Oberen Donau (Wartenberg, Höwenegg) bestätigt wird (LÖSCHER 1976: 21). Die Weißjuraschotter sind vielleicht interglazial.

Uhlenberg-Warmzeit

Die Deckschichten auf dem Zusammenplattenschotter auf dem Uhlenberg, 20 km w' Augsburg geben zu Überlegungen über die bio- und chronostratigraphische Stellung des Schotters Anlaß. Auf dem Dolomitschotter liegen auf dem Uhlenberg 2 m toniger Hochflutlehm, 0,5 m Schieferkohle (gepreßter Bruchwaldtorf) und darüber 2 bis 4 m lehmig-sandige Abschwemmungen FILZER & SCHEUENPFLUG (1970). Palynologische Untersuchungen des Hochflutlehms und der Schieferkohlen durch SCHEDLER (1981) ergaben eine Tsuga-Alnus-Pinus-Pollengesellschaft mit Tsugawerten bis 40%, die nach oben in eine Picea-Pinus-Betula-Gesellschaft mit geringen Anteilen an wärmeliegenden Laubhölzern (Carpinus, Ostrya) übergeht. Daraus ist auf ein zunächst kühl-feuchtes und dann auf ein warmgemäßigtes Klima zu schließen. Das Pollendiagramm enthält nur einen Ausschnitt aus einem Interstadial oder eher aus einem Interglazial (SCHEDLER 1981: 133). Die Molluskenfauna aus dem Hochflutlehm (DEHM 1979) wies eine Auewaldfauna aus „mildem, keineswegs kühlen Klima" nach, so daß die Bezeichnung Uhlenberg-Warmzeit gerechtfertigt sein dürfte.

Neue Untersuchungen am Uhlenbergprofil (DOPPLER & JERZ 1995: 20, KOENIGSWALD & FEJFAR in ELLWANGER et al. 1994) ergaben, daß die Schieferkohle nach Pollenanalyse dem Bavel enspricht, die Hochflutsedimente darunter nach Kleinsäuger und Schneckenfauna jedoch wesentlich älter und in das jüngere Tegelen zu stellen sind. Damit rückt der Zusamplattenschotter im Liegenden in wesentlich größeres Alter als bisher (auch in Abb. 85 u. 104) angenommen wurde.

Warmzeit von Buch

Zwischen Dolomitschotter und Kristallinschotter liegt an mehreren Orten eine 0,3 m mächtige Auemergellage, die meist in isolierte Brocken aufgelöst ist. Sie führt warmzeitliche Mollusken (MÜNZING 1974, MÜNZING & AKTAS 1987). Nach dem erstbeschriebenen und molluskenreichsten Fundort wird die Schicht in Tab. 13 als Warmzeit von Buch bezeichnet.

Hochwarmzeitlich und seit langer Zeit ausgestorben sind *Cochlostoma salomoni* und *Retinella n. sp.* Sie weisen auf ein Alter hin, das zwischen Holstein und Tegelen liegen kann (MÜNZING & AKTAS 1987). Nach der Schichtenfolge in den Schottern der Zusamplatte ist der Bucher Auemergel auf jeden Fall älter als die Uhlenberg-Deckschichten. Nach den neuen Befunden vom Uhlenberg rückt das Schichtpaket mit dem Bucher Auenmergel in Tab. 13 nach unten, wahrscheinlich in das Tegelen.

Tabelle 13. Gliederung des Praegünz.
Die Korrelation mit der niederländischen Gliederung ist nicht gesichert. E Erosionshiatus,

	niederländische Gliederung nach ZAGWIJN 1989		Iller-Lech-Gebiet nach LÖSCHER 1976, HABBE & RÖGNER 1989		
	Kaltzeiten	Warmzeiten			
Mittel- pleistozän	Glazial B	Cromer II	? Haslach E		Haslacher Schotter
	Glazial A				
	Dorset Glazial	Leerdam	? Günz E ? Jüng. Donau glaz. Serie E	Untere* Mittlere* Obere*	Zwischen- terrassen- schotter
	Linge Glazial				
Alt-		Bavel	?	Uhlenberg-Warmzeit	
	Menap	Waal	Älteres Donau	Dolomitschotter (= Hangendfazies)	Schotter der Zusamplatte (= Untere* Deckschotter)
plei-				Buch-Warmzeit	
				Kristallinschotter (= Liegendfazies) E	
sto-	Eburon			Weißjuraschotter (intergl.?)	
		Tegelen	Jüngeres Biber	E Batzengehau E	Schotter der Staudenplatte (= Mittl. Deckschotter)
zän	Praetegelen		Älteres Biber	Achselberg E Reitenberg E Staufenberg	Staufenberg- serie und Hochschotter (= Obere* Deckschotter)
Pliozän		Reuver	?		

* Untere, Mittlere, Obere bedeutet hier nicht stratigraphische Stellung, sondern relative Höhenlage im Gelände.
Für Donau und wohl auch für Biber ist eine Verschiebung zum Älteren angezeigt (S. 217).

Biber

In die Biber-Eiszeit werden nach SCHAEFER (1953, 1957), SCHEUENPFLUG (1974) und HABBE & RÖGNER (1989) die Schotter der Staufenbergserie und der Staudenplatte gestellt (Abb. 102, Tab. 13). Zu den Schottern der *Staudenplatte* (Jüngeres Biber) gehören auch die Arlesrieder Schotter und die des Hochfirst, die den benachbarten, donauzeitlichen Schotter der Zusamplatte überragen (SINN 1972: 59). Die Schotter der Staudenplatte und das nördlich anschließende Batzengehau sind wahrscheinlich mit dem Mittleren Deckschotter der Aindlinger Terrassentreppe (TILLMANNS et al. 1983) zu verbinden.

Stufenweise höher liegende Terrassenschotter vom Achselberg und Reitenberg sind Teile der *Staufenbergserie* (HABBE & RÖGNER 1989: 313), die zusammen mit den Staudenplattenschottern den langen Zeitraum der Biberzeit anzeigen (SCHEUNPFLUG 1974: 91). Sie können als Obere Deckschotter bezeichnet und vielleicht mit den Oberen Deckschottern der Aindlinger Terrassentreppe (TILLMANNS et al. 1983) verbunden werden.

Die höchsten und daher die ältesten Schotter sind die *Staufenbergschotter* und die Hochschotter der Aindlinger Terrassentreppe (TILLMANNS et al. 1983, HABBE & RÖGNER 1989: 313). Sie werden in das Ältere Biber gestellt. Es ist jedoch nicht auszuschließen, daß sie, wie z. B. die Sundgauschotter w' Basel (BOENIGK 1987: 391, VILLINGER 1989: 8), ins Obere Pliozän gehören.

Zusammenfassung. Mit 3 Riß, Haslach und Günz = Zwischenterrassenschotter sind im nördlichen Alpenvorland zusammen 15 pleistozäne Schotterablagerungen, die durch Erosionshiaten oder warmzeitliche Zwischenlagen getrennt sind, zu unterscheiden (Abb. 85 u. Tab. 13). Die mit Schottern ermittelte Kaltzeitenfolge des nördlichen Alpenvorlandes erscheint beim Vergleich mit der Sauerstoffisotopenkurve (Abb. 85) unvollständig oder lückenhaft. Andererseits kann es sein, daß nicht jede Kältespitze der Sauerstoffisotopenkurve auch zu einer durch Schotter und Moränen belegten Vergletscherung geführt hat. Letzteres dürfte ziemlich sicher für das Ältere Quartär zutreffen, dessen Kaltzeiten nach palynologischen Befunden (MENKE 1975: 103) nicht so kalt waren wie im Jüngeren Quartär.

9. Quartärgliederung in anderen Gebieten Mitteleuropas

Niederrheingebiet. Im Niederrheingebiet ist an Terrassenschottern, die nach Höhenlage, Geröll- und Schwermineralzusammensetzung gegliedert wurden, und in den Braunkohletagebauen mit Überlagerungsschichtfolgen eine vollständig erscheinende Stratigraphie des ganzen Pleistozäns erarbeitet worden (BRUNNACKER 1978, 1986, BRUNNACKER & BOENIGK 1983), (Abb. 103, 104).

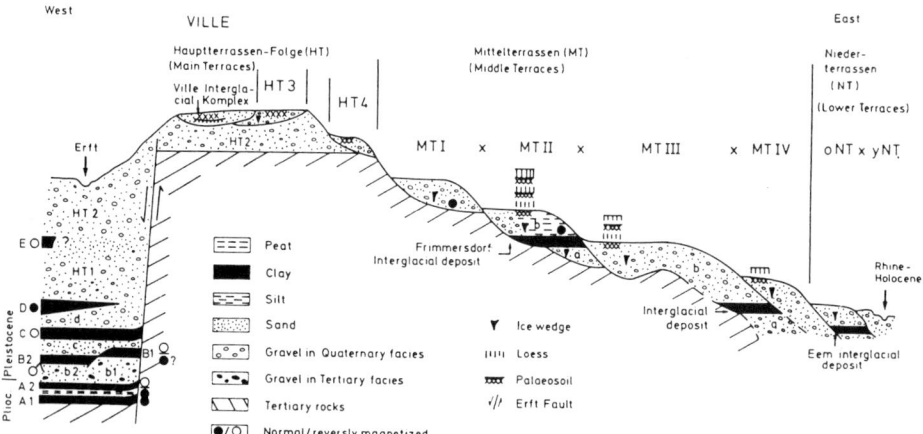

Abb. 103. Schnitt durch das südliche Niederrhein-Gebiet. BRUNNACKER 1986, Fig. 2 (vgl. Abb. 104).

Der Tonhorizont A2 im Obersten Pliozän (Reuver) hat erstmals ein alpines Schwermineralspektrum. Dadurch wird die Ablenkung der Aare nach Norden in den Rhein belegt (BOENIGK 1987: 391). Im tektonischen Senkungsgebiet des Erftbeckens sind in der Hauptterrasse 1 drei bis vier Warm/Kalt-Zyklen des Tegelnkomplexes im Braunkohletagebau Frechen und Fortuna palynologisch erfaßt worden (Abb. 103). Sie sind meist revers magnetisiert. Nach einer tektonischen Wende mit relativer Hebung der Ville-Scholle begann mit der Hauptterrasse 2 die Bildung der Terrassentreppe des Rheins (Hauptterrasse 3 bis Niederterrasse). Schon in den Hauptterrassen kommen Driftblöcke und Eiskeilfüllungen als Zeugen für Kaltzeitklima vor. Zwischen Hauptterrasse 3 und 4 liegt die Brunhes/-Matuyama-Umkehr, wenn man die Befunde von Kärlich am Mittelrhein (SCHIRMER 1990: 13) überträgt.

Die Mittelterrassen (Elster bis Saale) haben durch Zwischenschaltung interglazialer Ablagerungen einen komplizierten Aufbau (S. 105). Deckschichten aus Löß und Paläoböden unterstützen die Gliederung.

BRUNNACKER (1986: 378) fand eine weitgehende Übereinstimmung in der Anzahl der Warm/Kalt-Zyklen zwischen Niederrheingebiet und nördlichem Alpenvorland (Abb. 104), allerdings mit einer anderen Einstufung als in Abb. 85 und Tab. 13 (bei BRUNNACKER Günz wesentlich jünger, kein Haslach). Hinsichtlich der möglichen Lückenhaftigkeit der Abfolge am Niederrhein gilt dasselbe wie für das Alpenvorland.

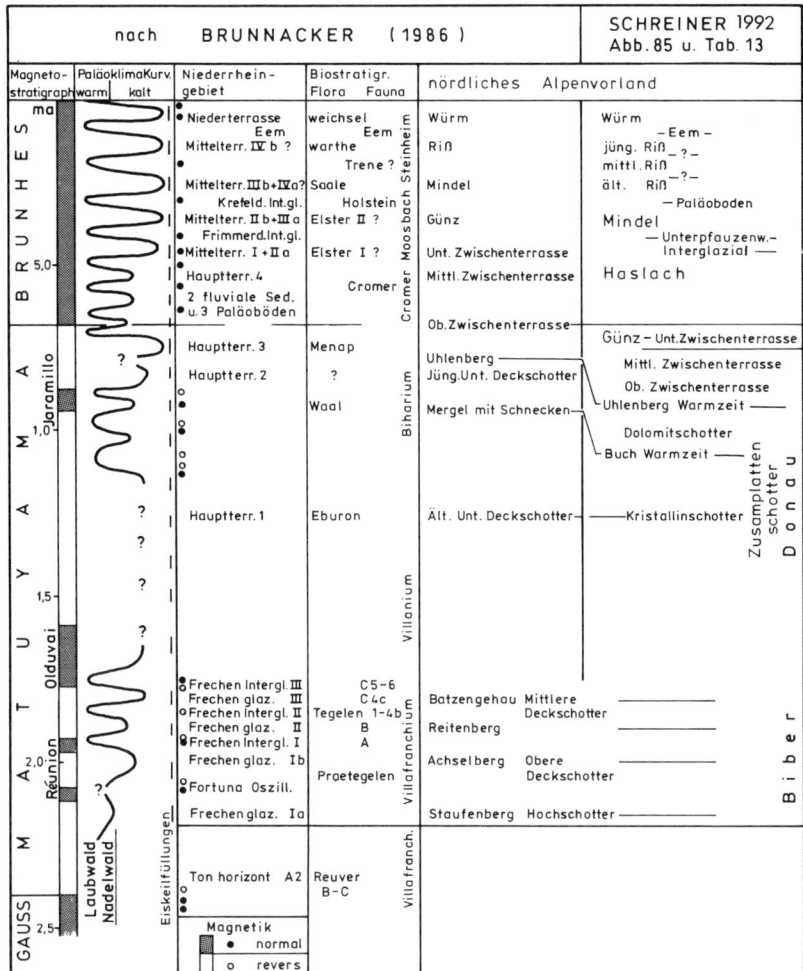

Abb. 104. Korrelation Niederrhein – nördliches Alpenvorland. Nach BRUNNACKER 1986, Fig. 5 und nach Abb. 85 u. Tab. 13 des vorliegenden Textes. Der wesentliche Unterschied liegt in der unterschiedlichen Einstufung des Günz, in der 3-Teilung des Riß und in der Einführung des Haslach.

Schleswig-Holstein. Eine Gliederung des Frühquartärs in 7–8 Warm-/Kalt-Zyklen fand MENKE (1975) in Schleswig-Holstein im Senkungsgebiet über dem Salzstock von Elmshorn. Das Alter des jüngsten Zyklus (Pinneberg/Elmshorn) ist nicht genau bestimmbar. Nach Abb. 8 von MENKE (1975: 112) könnte er mit Bavel/Menap der niederländischen Gliederung übereinstimmen. Die Kaltzeiten des Frühquartärs sind noch nicht so kalt wie im Jüngeren Quartär. In den Warmzeiten ist die Pliozänflora schon verarmt, aber noch teilweise vorhanden.

Norditalien. In einer 135 m mächtigen Verfüllung eines Nebentales sind in Leffe bei Bergamo Seeablagerungen und Schieferkohlen erhalten (VENZO 1952). Die palynologische Untersuchung ergab eine vollständig erscheinende Überlagerungsschichtfolge mit 10 Warm-/Kalt-Zyklen (LONA & BERTOLDI 1973), die ähnlich wie bei Elmshorn (Schleswig-Holstein) ins Frühquartär zu stellen ist. Nach MENKE (1975: 112) ist die Folge von Leffe gut mit seiner Gliederung bei Elmshorn zu korrelieren. Der Anschluß an das Pliozän (Reuver) ist jedoch nicht ausgebildet. Dafür ist oben eine weitere Warmzeit vorhanden, die dem niederländischen Leerdam entsprechen könnte (Abb. 85). Wenn es zutreffend ist, daß der überlagernde Schotter Mindel ist, wäre ein Erosionshiatus zwischen den Seeablagerungen und dem Schotter auszunehmen. Die Einstufung der Kaltzeiten des Leeffe-Profils in Donau I–IV, Günz I–III und Mindel I–II nach LONA & BERTOLDI (1973) bedarf einer Revision.

Es ist bislang weder in der Zuordnung noch in der Anzahl der Warm-/Kalt-Zyklen eine Übereinstimmung zwischen den Gebieten mit altpleistozänen Folgen vorhanden. Am nächsten kommen sich Leffe mit 9–10 Kaltzeiten und das nördliche Alpenvorland mit 9 Kaltzeiten während des Altpleistozäns, was jedoch kein Beweis für die Gleichzeitigkeit der Folgen sein kann.

10. Großgliederung des Pleistozäns und die Grenze Pliozän/Pleistozän

Die Großgliederung des Pleistozäns hat je nach Forschungsstand verschiedene Vorschläge und Anwendungen erfahren. Vielfach übernommen wurde die nach der Säugetierentwicklung aufgestellte Gliederung in 4 Teile (ADAM 1964), wobei das Ältestpleistozän das Villafranchium (nach Säugerfundorten in Norditalien benannt) umfaßt, das vor Biber zurückreichen dürfte. Nach KRUTZSCH (1988: Tab.) beginnt das Villafranchium etwa vor 3 ma an der Grenze Unter-/Oberpliozän.

Mit der zur Zeit meist angewandten Gliederung – auch im vorliegenden Text –, die im wesentlichen auf ZAGWIJN (1989 und früher) beruht, stimmt der Vorschlag von RICHMOND (1988: briefliche Mitteilung) überein. Danach beginnt das Oberpleistozän oder Jungpleistozän an der Untergrenze der Tiefseestufe 5, was der Untergrenze des Eem entspricht (Tab. 14). Das Mittelpleistozän beginnt an der paläomagnetischen Brunhes/Matuyama-Grenze. Davor liegt das Unter- oder Altpleistozän, das in der alpinen Gliederung nach der hier vorgelegten Auffassung Günz, Donau und Biber umfaßt. Gegen diese, auf physikalischen Bestimmungen beruhende Gliederung werden Einwände vorgebracht, wonach die Gliederung nach biostratigraphisch begründeten Grenzen gezogen werden sollte. Die Möglichkeit, die Grenze Alt-/Mittelpleistozän mit Hilfe der Paläomagnetik festzulegen, ist jedoch an viel mehr Stellen möglich, als z. B. mit Hilfe von Säugerfaunen.

Die Grenze Pliozän/Pleistozän wird zur Zeit meist nach dem Vorgehen in den Niederlanden (ZAGWIJN 1989 u. früher) an den palynologisch belegten Übergang vom pliozänen Reuver in die erste Kaltphase des Praetegelen gelegt, was ungefähr mit der paläomagnetischen Gauß/Matuyama-Grenze vor 2,4 ma übereinstimmt. Der Übergang vom Reuver zum Praetegelen ist lückenhaft und die Begründung für die Grenzziehung wird von KRUTZSCH (1988: 27) kritisiert.

Tabelle 14. Gliederung des Pleistozäns. (*Eem* = Warmzeiten).

Internat. Geologenkongreß Moskau 1984	Vorschlag RICHMOND 1988	ADAM 1964		z. Zt. meist angewandte Gliederung	
Pleistozän	Oberpleistozän 5e Tiefseestufe	Jungpleistozän		Jungpleistozän	Würm/Weichsel *Eem*
	Mittelpleistozän	Mittelpleistozän		Mittelpleistozän	Riß/?Saale *Holstein?*
		Altpleistozän	Elster		Mindel/?Elster *Cromer*
	Brunhes ——— 0,73 ma Matuyama		Cromer		Haslach *Cromer*
			Moosbach		
——— 1,65 ma ———	Altpleistozän	Ältestpleistozän		Altpleistozän	Günz Donau Biber
Pliozän ———	? ———	? ———	Villafranch.	——— 2,4 ma ——— Pliozän	

Auf dem internationalen Geologenkongreß in Moskau 1984 wurde die Grenze Pliozän/Pleistozän an dem vollmarinen Vrica-Profil in Calabrien nach Fauna bei etwa 1,65 ma festgelegt. Das Pleistozän beginnt mit dem ersten Einwandern nordischer Arten wie der Ostracode *Cytheroptheron testudo* und anderen (KRUTSCH 1988: 9). Demnach würde das Tegelen und Praetegelen sowie das Biber (Tab. 13) in das Pliozän gehören. Die Frage ist noch nicht entschieden, da nach KRUTZSCH (1988: 15) Hinweise dafür vorliegen, daß die nordischen Einwanderer im Vrica-Profil doch keine geeigneten Zeitmarken darstellen.

Literatur

ABER, J.S., CROOT, O.G. & FENTON, M.M. (1989): Glacitectonic Landforms and Structures. – 200 S., Kluwer, Dordrecht.
ACKERMANN, E. (1954): Gliederung, Kinematik und paläoklimatische Bedeutung der würmeiszeitlichen Ablagerungen von Göttingen. – Mitt.geol. Staatsinst. Hamburg **23**: 126–141, Hamburg.
ADAM, K.A. (1950): Über Windtransport in Wüstengebieten. Beobachtungen in Nordafrika. – N.Jb. Geol. Paläont., Mh. **1950**, Stuttgart.
– (1961): Die Bedeutung der pleistozänen Säugetier-Faunen Mitteleuropas für die Geschichte des Eiszeitalters. – Stuttgarter Beitr. Naturkde. **78**: 1–34, Stuttgart.
– (1964): Die Großgliederung des Pleistozäns in Mitteleuropa. – Stuttgarter Beitr. Naturkde. **132**: 1–12, Stuttgart.
– (1977): Die Mittelpleistozänen Schotter der unteren Murr (Baden-Württemberg) und ihre Säugetier-Faunen. – Ber. Mitt. oberrhein. geol. Ver. N.F. **59**: 83–89, Stuttgart.
AG Bodenkunde (1982): Bodenkundliche Kartieranleitung. – 3. Aufl., 331 S., Hannover.
ALBRECHT, G. (1979): Magdalénien-Inventare vom Petersfels. – Tübinger Monogr. Urgeschichte **6**: 1–83, Tübingen.
ANDERSSON, J.G. (1906): Solifluktion, a component of sub-aerial denudation. – J. Geol. **14**: 91–112.
BANHAM, P.M. (1975): Glacitectonic structures: a general discussion with particular reference to the contorted drift of Norfolk. – In: WRIGHT A.E. & MOSELEY F. (eds.): Ice ages: ancient and modern. 64–69, Liverpool.
BAULIG, H. (1956): Vocabulaire franco-allemand de Géomorphologie. – Paris.
BECKER, B. (1978): Zeitstellung und Entstehung postglazialer Baumstammlagen in Fluß-Schottern im Bereich des Iller-Schwemmkegels und des Donautals östlich von Ulm. – Führer zur Exkursion; – Tagung IGCP-Proj. 73/1/24 „Quatern. Glaciations Northern Hemisph.", 1–13 Sept. 1976 Südvogesen, nördl. Alpenvorland u. Tirol; 115–123, Bonn-Bad Godesberg (DFG).
– (1983): Postglaziale Auwaldentwicklung im mittleren und oberen Maintal anhand dendrochronologischer Untersuchungen subfossiler Baumstammablagerungen. – Geol. Jb. **A 71**: 45–59, Hannover.
BEHRE, K.-E. & LADE, U. (1986): Eine Folge von vier Weichsel-Interstadialen in Orel/Niedersachsen und ihr Vegetationsablauf. – Eiszeitalter u. Gegenwart **36**: 11–36, Hannover.
BENDER, F. (Hrsg.) (1965): Angewandte Geowissenschaften 2. – 766 S., Enke, Stuttgart.
BENEDICT, J.B. (1970): Downslope soil movement in a Colorado Alpine region. – Arctic alp. Res. **2**: 165–226.
BERNAUER, F. (1915): Gekritzte Geschiebe aus dem Diluvium von Heidelberg. – Jb. Mitt. oberrhein. geol. Ver. N.F. **5**: 26–31, Stuttgart.
BERTSCH, K. (1927): Blütenstaubuntersuchungen in süddeutschen Mooren. – Aus der Heimat. Okt. 1927.
BEUG, H.-J. (1979): Vegetationsgeschichtlich-pollenanalytische Untersuchungen am Riß/Würm-Interglazial von Eurach am Starnberger See/Obb. – Geol. Bavaria **80**: 91–106, München.

BIBUS, E. (1973): Ausbildung und Lagerungsverhältnisse quartärer Tuffvorkommen in der Wetterau. – Notizbl. hess. L.-Amt f. Bodenforsch. **101**: 346–361, Wiesbaden.
– BLUDAU, W., ELLWANGER, D., FROMM, K., KÖSEL, M., & SCHREINER, A. (1996): On Pre-Würm glacial and interglacial sediments of the Rhine Foreland Glacier (South German Alpine Foreland, Upper Swabia, Baden-Württemberg). In TURNER (ed.) The early Middle Pleistocene in Europe. – 195–204, Rotterdam.
BLEICH, E., HÄDRICH, F. & WURSTER, R. (1984): Die Bedeutung vulkanischer Glasfunde für die Chronostratigraphie des oberrheinischen Lösses. – Ber. naturf. Gesell. Freiburg i. Br. **74**: 5–24, Freiburg i. Br.
BLÖSCH, E. (1910): Die große Eiszeit in der Nordschweiz. – Beitr. geol. Kt. Schweiz N. F. **31**: Bern.
– (1961): Die erratischen Blöcke von Laufenburg (Aargau). – Eclogae geol. Helv. **54**: 461–468, Basel.
BLOOS, G. (1977): Zur Geologie des Quartärs bei Steinheim an der Murr (Baden-Württemberg). – Ber Mitt. oberrhein. geol. Ver. N. F. **59**: 215–246, Stuttgart.
BÖHM, A. (1901): Geschichte der Moränenkunde. – Abh. K. K. Geogr. Gesell. Wien, III. **4**: 307 S., Wien.
BOELLSTORFF, J. (1978): North American pleistocene stages reconsidered in light of probable Pliocene-Pleistocene continental glaciation. – Science **202**: 305–307.
BOELLSTORFF, J. & TE PUNGA, M. T. (1977): Fission-track ages and correlation of Middle and Lower Pleistocene sequences from Nebraska and New Zealand. – N. Z. J. Geol. Geophys. **20**: 47–58.
BOENIGK, W. (1978): Die flußgeschichtliche Entwicklung der niederrheinischen Bucht im Jungtertiär und Altquartär. – Eiszeitalter u. Gegenwart **28**: 1–9, Öhringen.
– (1982): Der Einfluß des Rheingrabensystems auf die Flußgeschichte des Rheins. – Z. Geomorph. N. F. Suppl. 42: 167–175, Berlin, Stuttgart.
– (1983): Schwermineralanalyse. – 158 S., Enke, Stuttgart.
– (1987): Petrographische Untersuchungen jungtertiärer und quartärer Sedimente am linken Oberrhein. – Jber. Mitt. oberrhein. geol. Ver. N. F. **69**: 357–394, Stuttgart.
BOENIGK, W. V. D., BRELLIE, G., BRUNNACKER, K., KOCI, A., SCHLICKUM, W. R. & STRAUCH, F. – Newsl. Stratigr. **3**: 219–241, Leiden.
BOGAARD VAN DEN, C., BOGAARD VAN DEN, P. & SCHMINCKE, H.-U. (1989): Quartärgeologisch-tephrostratigraphische Neuaufnahme und Interpretation des Pleistozänprofils Kärlich. – Eiszeitalter u. Gegenwart **39**: 62–86, Hannover.
BOULTON, G. S. (1968): Flow tills and related deposits on some Vestspitzbergen Glaciers. – J. Glaciol. **7**: 391–412, Cambridge.
– (1970): On the origin and transport of englacial debris in svalbard glaciers. – J. Glaciol. **339**: 213–229, Cambridge.
– (1971): Till genesis and fabric on Svalbard, Spitzbergen. – In: GOLDTHWAIT R. P. (ed.): Till, a symposium, 41–72. Ohio State Univ. Press., Ohio.
– (1972): The role of thermal regime on glacial sedimentation. – In: PRICE, R. J. & SUDGEN, D. E. (EDS.): POLARGEOMORPHOLOGY. – INST. BR. GEOGR. SPEC. PUB. **4**: 1–19.
– (1975): Processes and patterns of sub-glacial sedimentation, a theoretical approach. – In: WRIGHT & MOSLEY (eds.): Ice ages, ancient and modern. 311–319, Liverpool.
– (1979): Processes of glacial erosion on different substrata. – J. Glaciol. **23**: 15–239, Cambridge.
– (1987): A theory of drumlinformation by subglacial sediment deformation. – Drumlin symposium: 25–80, Balkema, Rotterdam.
BOULTON, G. S. & VIVIAN, R. (1973): Underneath the glaciers. – Geogr. Mag. 3345: 311–319.

BOWEN, D. Q. (1978): Quaternary Geology. – 221 S., Pergamon Press, Oxford–Frankfurt.
BRINKMANN, R. (1953): Über diluviale Störungen auf Rügen. – Geol. Rdsch., **41**: 231–241, Stuttgart.
BRUNNACKER, K. (1957): Die Geschichte der Böden im jüngeren Pleistozän in Bayern. – Geol. Bavarica **34**: 95 S., München.
– (1978): Gliederung und Stratigraphie der Quartärterrassen am Niederrhein. – Kölner Geograph. Arb. **36**: 37–58, Köln.
– (1986): Quaternary Stratigraphy in the Lower Rhine Area and Northern Alpine Foothills. – In: SIBRAVA, V. BOWEN, D. Q. & RICHMOND, G. M. (eds.): Quaternary Glaciations in the Northern Hemisphere. – Report Internat. Geol. Correlat. Programme, **24**: 371–379, Oxford.
BRUNNACKER, K. & BOENIGK, W. (1983): The Rhine Valley between Neuwied Basin and the Lower Rhenish Embayment. – Plateau uplift, the Rhenish shield, a case history. – 62–72, Springer, Berlin, Heidelberg.
BRUNNACKER, K. & TILLMANNS, W. (1978): Die vulkanischen Tuffe im Lößprofil von Wallertheim/Rheinhessen. – Geol. Jb. Hessen **106**: 255–259, Wiesbaden.
BRUNNACKER, K., BOENIGK, W., KOCI, A. & TILLMANNS, W. (1976): Die Matuyama/Brunhes-Grenze am Rhein und an der Donau. – N. Jb. Geol. Paläont. Abh. **151** (3): 358–378, Stuttgart.
BRUNNACKER, K., BOENIGK, W., DOLEZALEK, B., KEMPF, E. K., KOCI, A., MEZEN, H., RADZIRAD, M. & WINTER, K.-P. (1978): Die Mittelterrassen am Niederrhein zwischen Köln und Mönchengladbach. – Fortschr. Geol. Rheinld. u. Westf. **28**: 277–324, Krefeld.
BÜDEL, J. (1944): Die morphologischen Wirkungen des Eiszeitklimas im gletscherfreien Gebiet. – Geol. Rdsch. **34**: 482–519, Stuttgart.
– (1969): Der Eisrinden-Effekt als Motor der Tiefenerosion in der excessiven Talbildungszone. – Würzburger geogr. Arb. **25**: 39 S., Würzburg.
– (1977): Klima-Geomorphologie. – 304 S., Borntraeger, Berlin–Stuttgart.
CAILLEUX, A. (1942): Les actions éoliennes périglaciaires en Europe.-Mém. Soc. géol. France **46**: 5–176, Paris.
– (1952): Morphoskopische Analyse der Geschiebe und Sandkörner und ihre Bedeutung für die Paläoklimatologie. – Geol. Rdsch. **40**: 11–19, Stuttgart.
CAMPY, M., CHALINE, J., JERZ, H. & SCHLÜCHTER, C. (1986): Vergleich zwischen glazialen und periglazialen Ablagerungen in Frankreich; quartäre Referenzprofile in der Schweiz (Berichte der SEQS 7). – Eiszeitalter u. Gegenwart **36**: 143–147, Hannover.
CARLÉ, W. (1938): Das innere Gefüge der Stauchmoränen und seine Bedeutung für die Gliederung des Altmoränengebietes. – Geol. Rdsch. **29**: 27–51, Stuttgart.
CAROL, H. (1947): The formation of roches moutonnees. – J. Glaciol. **1**: 57–59.
CASAGRANDE, A. (1934): Bodenuntersuchungen im Dienste des neuzeitlichen Straßenbaues. – Der Straßenbau **25**.
CATT, J. A. (1988): Quaternary geology for scientists and engineers. – 340 S., Horwood, Chichester.
CHALINE, J. & JERZ, H. (1984): Stratotypen des Würm-Glazials. – Eiszeitalter u. Gegenwart **34**: 185–206, Hannover.
CHARLESWORTH, J. R. (1957): The Quaternary Era. – 2 Bd., 1700 S., London.
COOPE, G. R. (1977): Quaternary Coleoptera as aids in the interpretation of envoironmental history. – In: SHOTTON, F. W. (ed.) British Quaternary studies recent advances. – 55–68, Clarendon Press, Oxford.
COX, A. (1969): Geomagnetic Reversals. – Science **163**: 237–245.
CZARNETZKI, A. (1983): Zur Entwicklung des Menschen in Süddeutschland. – In: MÜLLER-BECK, H. (Hrsg.): Urgeschichte in Baden-Württemberg: – 217–240, Theiss, Stuttgart.

DANSGAARD, W. (1964): Stable isotopes precipitation. – Tellus **16**: 436–468.
DANSGAARD, W., CLAUSEN, H. B., GUNDESTRUP, N., HAMMER, C. U., JOHNSEN, S. J., KRISTINDOTTIR, P. M. & REEH, N. (1982): A new Greenland deep ice core. – Science **218**: 1273–1277.
DEHM, R. (1951): Mitteldiluviale Kalktuffe und ihre Molluskenfauna bei Schmiechen nahe Blaubeuren (Schwäb. Alb). – N. Jb. Geol. Paläont. Abh. **93**: 247–276, Stuttgart.
– (1979): Artenliste der altpleistozänen Molluskenfauna vom Uhlenberg bei Dinkelscherben. – Geol. Bavarica **80**: 123–125, München.
DOPPLER, G. & JERZ, H. (1995): Untersuchungen im Alt- und Ältestpleistozän des bayerischen Alpenvorlandes. – Geologica Bavarica, **99**. 7–53, München.
DREESBACH, A. R. (1985): Sedimentpetrographische Untersuchungen zur Stratigraphie des Würmglazials im Bereich des Isar-Loisachgletschers. – Diss., 176 S., München.
DREIMANIS, A. (1979): The Problem of waterlain tills. – In: SCHLÜCHTER (ed.): Moraines & Warves. – 167–177, Balkema, Rotterdam.
– (1987): London to Port Stanley Area. In: BARNETT & KELLY (1987): XII. INQUA congress field excursion A 11. Quatern. history of southern Ontario. – 44–53, Nat. Research Council Canada, Ottawa.
– (1989). Tills: Their genetic terminology and classification. – In: GOLDTHWAIT & MATSCH (eds.): Genetic classifications of glacigenic deposits. – 17–91, Balkema, Rotterdam.
DÜCKER, A. (1937): Über Strukturböden im Riesengebirge. – Z. d. G. G. **89**: 113–129, Stuttgart.
– (1954): Die Periglazialerscheinungen im holsteinischen Pleistozän. – Göttinger geogr. Abh. **16**: 1–52, Göttingen.
DÜCKER, K. & HUMMEL, P. (1967): Die fossilen Böden von Odderade/Ditmarschen. – Fundamenta, F. (Rust-Festschr.), 80–100, Köln–Graz.
DVWK (1989): Feststofftransport in Fließgewässern. – DVWK-Schriften **84**: 135 S., Hamburg.
DYKE, A. S. & PREST, V. K. (1987): Late Wisconsin and Holocene Retreat of the Laurentide Ice Sheet. – Geol. Survey Canada, Map 1702 A, 1:5 000 000, Ottawa.
EBERL, B. (1930): Die Eiszeitenfolge im nördlichen Alpenvorland. – 427 S.; Filser, Augsburg.
EHLERS, J. (1983): Different till types in North Germany and their origin. – INQUA Sympos. USA 1981. – 61–80, Balkema, Rotterdam.
EHLERS, J. & STEPHAN, H. J. (1983): Till fabric and ice movement. – In: Glacial deposits in NW-Europe. – 276–274, Balkema, Rotterdam.
EHLERS, J., MEYER, K. D. & STEPHAN, H. J. (1984): Pre-Weichselian Glaciations of North-West Europe. – Quaternary Science Reviews **3**: 1–40, Pergamon Press, Oxford.
EICHER, U. (1987): Die spätglazialen sowie die frühpostglazialen Klimaverhältnisse im Bereich der Alpen: Sauerstoffisotopenkurven kalkhaltiger Sedimente. – Geogr. Helv. **1987** (2): 99–104.
EICHLER, H. (1970): Das präwürmzeitliche Pleistozän zwischen Riss und oberer Rottum. – Heidelberger Geogr. Arb. **30**: 128 S., Heidelberg.
EICHLER, H. & SINN, P. (1975): Zur Definition des Begriffs „Mindel" im schwäbischen Alpenvorland. – N.Jb. Geol. Paläant. Mb. **1975** (12) 705–718, Stuttgart.
EISSELE, K. & LINK, G. B. (1968): Schichtdeformationen im Buntsandstein des nördlichen Schwarzwaldes. – Jh. geol. Landesamt Bad.-Württ., **10**: 157–173; Freiburg i. Br.
EISSMANN, L. (1990): Das mitteleuropäische Umfeld der Eemvorkommen des Saale-Elbe-Gletschers und Schlußfolgerungen zur Stratigraphie des jüngeren Quartärs. – Altenburger nat. wiss. Forsch. **5**: 11–48, Altenburg.

EISSMANN, L. (1987): Lagerungsstörungen im Lockergebirge. – Geophys. u. Geol. Geophys. Veröff. KMU Leipzig **III**: 7–77, Berlin.
EISSMANN, L. & MÜLLER, A. (1979): Leitlinien der Quartärentwicklung im Norddeutschen Tiefland. – Z. geol. Wiss. **7**: 451–462, Berlin.
ELLWANGER, D. (1980): Rückzugsphasen des Würmeiszeitlichen Illergletschers. Die Terrassen zwischen Memmingen und Kempten. – Arb. Inst. Geol. Paläont. Univ. Stuttgart N. F. **76**: 93–167, Stuttgart.
– (1990): Würmzeitliche Drumlinforschung bei Markelfingen (westlicher Bodensee, Baden-Württemberg). – Jber. Mitt. oberrhein. geol. Ver. N. F. **72**: 411–434, Stuttgart.
– FEJFAR, O. & KOENIGSWALD, W. v. (1994): Die biostratigraphische Aussage der Aviculidenfauna vom Uhlenberg bei Dinkelscherben und ihre morpho- und lithostratigraphischen Konsequenzen. – Münch. Geowiss. Abh., A **26**: 173–191, München.
– u. FROMM, K. In Bibus et al. (1996).
EMBLETON, C. & KING, C. A. M. (1975): Periglacial Geomorphology. – 2. Aufl. 1–203; Arnold, London.
EMILIANI, C. (1955): Pleistocene temperatures. – J. Geol. **63**: 538–578.
– (1966): Palaeotemperature analysis of Caribbian cores P 6304–8 and P 6304–9 and a generalised temperature curve for the last 425000 years. – J. Geol. **74**: 109–126.
ENGELHARDT, W. V. (1973): Die Bildung von Sedimenten und Sedimentgesteinen. – 378 S., Schweizerbart. Stuttgart.
ERB, L. (1934a): Die Gletschermühle von Brünnensbach bei Überlingen. – Mitt. bad. Landesverb. Naturkde. u. Naturschutz. N. F. **3**: 41–43, Freiburg i. Br.
– (1934b): Erläuterungen zu Blatt Überlingen (Nr. 148) und Blatt Reichenau (Nr. 161). – Geol. Spezialkt. von Baden; Freiburg i. Br.
EVENSON, E. B. & CLINCH, J. M. (1987): Debris transport mechanisms at active alpine glacier margins: Alaska case studies. – INQUA Till Sympos. 1985: 111–136, Geol. Survey Finnland, Spez. P. 3; Espo.
FESSELER, W. & GOOS, W. (1988): Erläuterungen zu Blatt 8026 Aitrach. – Geol. Kt. 1:25000 Bad.-Württ.: 1–84 (mit geol. Kt.).
FEZER, F. (1969): Tiefenverwitterung cicumalpiner Pleistozänschotter. – Heidelberger geogr. Arb. **24**: 1–144, Heidelberg.
FILZER, P. (1967): Das Interglazial Riß-Würm von Pfefferbichl bei Buching im Allgäu. – Vorzeit **1–4**: 3–18.
FILZER, P. & SCHEUNPFLUG, L. (1970): Ein frühpleistozänes Pollenprofil aus dem nördlichen Alpenvorland. – Eiszeitalter u. Gegenwart **21**: 22–32, Öhringen.
FINK, J. (1976): Internationale Lößforschungen. – Eiszeitalter u. Gegenwart **27**: 220–235. Öhringen.
– (1979): Paleomagnetic research in the northeastern foothills of the Alps and the Vienna Basin. – Acta geol. Acad. Sci. Hung. **22**: 111–124.
FINK, J. & KUKLA, G. (1977): Pleistocene Climates in Central Europe: at least 17 Interglacials after the Olduvai Event. – Quaternary Res. F: 363–371, New York–Paris.
FINK, J., FISCHER, H., KLAUS, W., KOCI, A., KOHL, H., KUKLA, J., LOZEK, V., PIFFL, L. & RABEDER, G. (1976): Exkursion durch den nördlichen Teil des nördlichen Alpenvorlandes und dem Donauraum zwischen Krems und Wiener Pforte. – Mitt. Kommiss. Quartärforsch. Österr. Akad. Wiss. **1**: 113 S. mit Ergänzung 1978, Wien.
FIBRAS, F. (1979): spät- und nacheiszeitliche Waldgeschichte Mitteleuropas nördlich der Alpen. – Fischer, Jena.
FLINT, R. F. (1971): Glacial and quaternary Geology. – 892 S., John Eiley, New York.
FLIRI, F. (1983): Die Inntalterrasse von Gnadenwald und der Bänderton von Baumkirchen. – Intern. Union Quatern. Res., SEYS: 77–81, München.

FRANCIS, E. (1975): Glacial sediments: a selective review. – In: WRIGHT & MOSLEY: Ice Ages. – 43–68, Liverpool.
FREI, R. (1912): Monographie des Schweizerischen Deckenschotters. – Beitr. z. geol. Kt. d. Schweiz N. F. **67**: 179 S., Bern.
FREISING, H. (1951): Neue Ergebnisse der Lößforschung im nördlichen Württemberg. – Jh. geol. Abt. Württ. statist. L.-Amt **1**: 54–59; Stuttgart.
FREISING, H. & FILZER, P. (1978): Ein pollenführendes Interglazialvorkommen aus dem Neckarbecken bei Leutenbach, Lkr. Waiblingen. – Jh. Ges. Naturkde. Württ. **133**: 88–107, Stuttgart.
FRENZEL, B. (1957): Die Klimaschwankungen des Eiszeitalters. – 291 S., Vieweg, Braunschweig.
– (1964): Zur Pollenanalyse von Lössen. – Untersuchung der Lößprofile von Oberfellabrunn und Sillfried Niederösterreich. – Eiszeitalter u. Gegenwart **15**: 5–39, Öhringen.
– (1978a): Das Problem der Riß/Würm-Warmzeit im deutschen Alpenvorland. – Führer zur Exkurs.-Tagung IGCP-Proj. 73/1/24 „Quatern. Glaciations Northern Hemisph." 5. bis 13. Sept. 1976, Südvogesen, nördl. Alpenvorland u. Tirol: 103–114, DFG, Bonn-Bad Godesberg.
– (1978b): Das Interglazial von Pfefferbichl bei Buching, Landkreis Füssen. – In: FRENZEL 1978a: 181–184.
– (1980): Das Klima der letzten Eiszeit in Europa: 45–63. – In: OESCHGER, H., MESSERLI, B. & SILVAR, M. (1980): Das Klima. – 296 S., Springer, Berlin – Heidelberg – New York.
– (1981): Rasterelektronenmikroskopische Analyse der Sedimentgenese. – Verh. naturwiss. Verh. Hamburg **24**: 72–102, Hamburg.
– (1983a): Die Vegetationsgeschichte Süddeutschlands. In: MÜLLER-BECK (Hrsg.): Urgeschichte in Baden-Württemberg. 91–166, Theiss, Stuttgart.
– (1983b): Über das Alter würmeiszeitlicher Endmoränenstände süddeutscher ehemaliger Vorlandgletscher. – Führer Exkurs. Subkomm. Europ. Quartärstratigr. (SEQS): 106–146, Bayer. Geol. L.-Amt, München.
FRESLE, F. (1969): Zur Genese der Löß-Inseln auf den würmzeitlichen Schwemmfächern von Dreisam und Elz (nördl. Freiburger Bucht). – Diss., 135 S., Freiburg i. Br.
FROMM, K. (1987): Paläomagnetische Bestimmungen zur Korrelation altpleistozäner Terrassen des Mittelrheins. – Mainzer geowiss. Mitt. **16**: 7–29, Mainz.
FURRER, G., BURGA, C., GAMPER, M., HOLZHAUSER, H. P. & MAISCH, M. (1987): Zur Gletscher-, Vegetations- und Klimageschichte der Schweiz seit der Späteiszeit. – Geogr. Helv. **1987** (2): 61–91.
GAMPER, M. & SUTER, J. (1982): Postglaziale Klimageschichte der Schweizer Alpen. – Geogr. Helv. **1982** (2): 105–114.
GEIGER, E. (1961): Der Geröllbestand des Rheingletschers im allgemeinen und im besonderen um Winterthur. – Mitt. naturwiss. Gesell. Winterthur **30**: 33–53, Winterthur.
– (1969): Der Geröllbestand des Rheingletschers im Raum nördlich von Bodensee und Rhein. – Jh. geol. L.-Amt Bad Württ. **11**: 127–172; Freiburg i. Br.
GERMAN, R. (1968): Moraines. – In: FAIRBRIDGE, Q. (ed.): Encyclopedia of Geomorphology. – 710–717, New York.
– (1970): Zur Untersuchung von Grundmoräne und Schmelzwasser-Sedimenten am Beispiel des württembergischen Allgäus. – N. Jb. Geol. Paläont. Mh. **1970** (2): 69–76, Stuttgart.
– (1972): Zur Bedeutung der Schmelzwasserarbeit in früher eisbedeckten Gebieten. – Jber. Mitt. oberrhein. geol. Ver. N. F. **54**: 53–56, Stuttgart.
– (1973): Sedimente und Formen der glazialen Serie. – Eiszeitalter u. Gegenwart **23/24**: 5–15, Öhringen.

GERMAN, R. & MADER, M. (1976): Die Äußere Jungendmoräne bei Waldsee und das Riedtal. – Jh. Gesell. Naturkde. Württ. **131**: 39–49, Stuttgart.
GERMAN, R., MADER, M. & KILGER, B. (1978): Glacigenic and glacifluvial sediments, typification on sediment parameters. – In: SCHLÜCHTER (ed.): Moraines and Warves. – 127–143, Balkema.
GERMAN, R., DEHM, R., ERNST, W., FILZER, P., KÄSS, W. & MÜLLER, G. (1965): Ergebnisse der wissenschaftlichen Kern-Bohrung Urfedersee 1. – Oberrhein. geol. Abh. **14**: 97–139, Karlsruhe.
GERMAN, R., FILZER, P., DEHM, R., FREUDE, H., JUNG, W. & WITT, W. (1968): Ergebnisse der wissenschaftlichen Kernbohrung Wurzacher Becken 1 (DFG). – Jh. vaterl. Naturkde. Württ. **13**: 33–68, Stuttgart.
GERMAN, R., BORNEFF, J., BRUNNACKER, K., DEHM, R., FILZER, P., KÄSS, W., KUNTE, H., MÜLLER, G. & WITT, W. (1967): Ergebnisse der wissenschaftlichen Kern-Bohrung Urfedersee 2. – Oberrhein. geol. Abh. **16**: 45–116, Karlsruhe.
GEYH, M. A. (1980): Einführung in die Methoden der physikalischen und chemischen Altersbestimmung. – 276 S., Wissenschaftl. Büchergesellschaft, Darmstadt.
GEYH, M. A. & SCHREINER, A. (1984): 14C-Datierungen an Knochen- und Stoßzahnfragmenten aus würmeiszeitlichen Ablagerungen im westlichen Rheingletschergebiet (Baden-Württemberg). – Eiszeitalter u. Gegenwart **34**: 155–169, Hannover.
GEYH, M. A., MERKT, J. & MÜLLER, H., (1971): Sediment-, Pollen- und Isotopenanalysen in jahreszeitlich geschichteten Ablagerungen im zentralen Teil des Schleinsees. – Arch. Hydrobiol. **69** (3): 366–399, Stuttgart.
– (1984): Schleinsee Bohrstelle ABC (Schichtenfolge, Kalkgehalt, Pollendiagramm). – Beil. 3. – In: SCHREINER (1978): Erläuterungen Bl. 8323 Tettnang. – Geol. Kt. Bad.-Württ. Stuttgart.
GOLDTHWAIT, R. P. (1960): Study of ice cliff in Nunatarssuq, Greenland. – Tech. Rep. Snow Ice Permfrost Res. Establ. **39**: 1–103.
GOLDTHWAIT, R. P. & MATSCH, C. L. (eds.) (1988): Genetic Classification of Glacigenic Deposits. 294 S., Balkema, Rotterdam.
GRAFF, L. DE & SEIJMONSBERGEN, H. (1993): Die eiszeitliche Prozessabfolge und Aspekte der jungquartären Talbildung und Hangentwicklung im Walgau (Exk. D.). – Jber. Mitt. oberrhein. geol. Ver., N. F. **75**: 99–125, Stuttgart.
GRAUL, H. (1949): Zur Gliederung des Altdiluviums zwischen Werthach-Lech und Flossach-Mindel. – Ber. Naturforsch. Gesell. Augsburg **2**: 3–31.
– (1952): Zur Gliederung der mittelpleistozänen Ablagerungen in Oberschwaben. – Eiszeitalter u. Gegenwart **2**: 133–140, Öhringen.
– (1953): Über die quartären Geröllfazien im deutschen Alpenvorlande. – Geol. Bav. **19**: 266–280; München.
– (1962): Eine Revision der pleistozänen Stratigraphie des schwäbischen Alpenvorlandes. – Peterm. geogr. Mitt. **1962** (4): 253–271, Gotha (Mit einem bodenkundl. Beitrag von K. BRUNNACKER).
– (1968): Beiträge zu den Exkursionen anläßlich der DEUQUA-Tagung August 1968 in Biberach an der Riß. – Heidelberger Geogr. Arb. **20**: 1–124, Heidelberg.
– (1979): Ein altes glazialmorphologisches Längsprofil vom unteren württembergischen Rothtal. – Slg. quartärmorphol. Studien II: 164–178, Heidelberg.
GRIMM, W.-D. (1965): Schwermineralgesellschaften in Sandschüttungen, erläutert am Beispiel der süddeutschen Molasse. – Bayer. Akad. Wiss., Math.-Nat. Kl. Abh. N. F. **21**: 1–135, München.
GRIPP, K. (1927): Beiträge zur Geologie von Spitzbergen. – Abh. Naturwiss. Ver. Hamburg, **21**.

- (1929): Glaziologische und geologische Ergebnisse der Hamburgischen Spitzbergen - Expedition 1927. - Abh. Naturwiss. Ver. Hamburg **22**: 146-249.
- (1978): Die Entstehung von Geröll-Oosern (Esker). - Eiszeitalter u. Gegenwart **28**: 92-108, Öhringen.
GROMOLL, L. (1990): Quarzkornoberflächenuntersuchungen an Sedimenten der südwestlichen Ostsee. - Z. geol. Wiss. **18**: 615-635, Berlin.
GROOTES, P. M. (1977): Radiocarbon Time Scale for the early past of the Last Glacial in North-West Europe. - Quatern. Glaciations North. Hemisphere, Rep. **4**: 37-46, Prague.
- (1978): Carbon - 14 Time Scale Extended: Comparison of Chronologies. - Science **200**: 11-15.
GROSS, G., KERSCHER, H. & PATZELT, G. (1976): Methodische Untersuchungen über die Schneegrenze in alpinen Gletschergebieten. - Z. Gletscherkde. u. Glazialgeol. **12**: 223-251, Innsbruck.
GRUBE, F., CHRISTENSEN, S., VOLLMERT, T., with contrib. by DUPHORN, K., KLOSTERMANN, J. & MENKE, B. (1986): Glaciations in North West Germany. - Quatern. Galciation in the Northern Hemisphere. Rep. intern. Geol. Corr. Progr. Projct. 24, Pergamon Press, Frankfurt - New York.
GRÜGER, E. (1979a): Spätriß, Riß/Würm und Frühwürm am Samerberg in Oberbayern. - Geol. Bavarica **80**: 5-64, München.
- (1979b): Die Seeablagerungen vom Samerberg/Obb. und ihre Stellung im Jungpleistozän. - Eiszeitalter u. Gegenwart **29**: 23-34, Hannover.
- (1983): Untersuchungen zur Gliederung und Vegetationsgeschichte des Mittelpleistozäns am Samerberg in Oberbayern. - Geol. Bavarica **84**: 21-40, München.
- & SCHREINER, A. (1993): Riß/Würm- und würmzeitliche Ablagerungen im Wurzacher Becken (Rheingletschergebiet). - N. Jb. Geol. Paläont., Abh., **189**: 81-117, Stuttgart.
GRÜN, R., BRUNNACKER, K. & HENNIG, G.J. (1982): $^{230}Th/^{234}U$-Daten mittel- und jungpleistozäner Travertine im Raum Stuttgart. - Jber. Mitt. oberrhein. geol. Ver. N. F. **64**: 201-211, Stuttgart.
GUENTHER, E. (1961): Sedimentpetrographische Untersuchungen von Lössen. - Fundamenta, Reihe B **1**: 1-91, Köln - Graz.
GUENTHER, E. & TIDELSKI, F. (1964): Fauna und Flora im Pleistozänprofil von Murg bei Säckingen und ihre Aussagen zur Altersdatierung. - Eiszeitalter u. Gegenwart **15**: 164-180, Öhringen.
HAAG, T. (1979): Durch oberflächeneinflüsse bedingte Entstehung eines „fossilen Bodens" im östlichen Rheingletschergebiet. - Jber. Mitt. oberrhein. geol. Ver. N. F. **61**: 297-304, Stuttgart.
- (1982): Das Mindelglazial des nördlichen Rheingletschergebietes zwischen Riß und Iller. - Jber. Mitt. oberrhein. geol. Ver. N. F. **64**: 225-266, Stuttgart.
- (1992): Erläuterungen Blatt 7825 Schwendi. - Geol. Karte 1 : 25000 Bad.-Württ., 79 S.; Stuttgart.
HABBE, K. A. (1986): Bemerkungen zum Altpleistozän des Illergletscher-Gebietes. - Eiszeitalter u. Gegenwart **36**: 121-134, Hannover.
- (1988): Zur Genese der Drumlins im süddeutschen Alpenvorland - Bildungsräume, Bildungszeit und Bildungsbedingungen. - Z. Geomorph. Suppl. - Bd. **70**: 33-50, Berlin.
- (1989): Die pleistozänen Vergletscherungen des süddeutschen Alpenvorlandes. - Mitt. Geomorph. Gesell. München **74**: 27-51, mit Ke.
HABBE, K. A. & RÖGNER, K. (1989): The pleistocene Iller Glaciers and their outwash fields. - Catena Suppl. **15**: 311-328, Cremlingen.
HAEBERLI, W. & PENZ, U. (1985): An attempt to reconstruct glaciological and climatological

characteristics of 18 ka BP ice Age Glaciers in and around the Swiss Alps. – Z. Gletscherkde. u. Glazialgeol. **21**: 351–361, Innsbruck.

HÄDRICH, F. (1975): Zur Methode der Lößdifferenzierung aufgrund des Karbonatgehaltes. – Eiszeitalter u. Gegenwart **26**: 95–117, Öhringen.

HALLIK, R. (1960): Die Vegetationsentwicklung der Holsteinwarmzeit in Norddeutschland und die Altersstellung der Kieselgur-Lager der südlichen Lüneburger Heide. – Z. dt. geol. Gesell. 33112 (2): 326–333, Hannover.

HANSEN, S. (1970): Exkursion B, Dänemark. – Deutsche Quartärvereinigung. Tagung Kiel 1970, Exkurs.-Führer.

HANTKE, R. (1965): Zur Chronologie der praewürmzeitlichen Vergletscherungen in der Nordschweiz. – Eclogae geol. Helv. 3358 (2), Basel.

HANTKE, R., PFANNENSTIEL, M. & RAHM, G. (1976): Zur Vergletscherung der westlichen Schwäbischen Alb. – Ber. naturf. Gesell. Freiburg i. Br. **66**: 13–27.

HANTKE, R. u. Mitarbeiter (1967): Geologische Karte des Kantons Zürich und seiner Nachbargebiete, in 2 Bl. 1:50000. – Lehmann, Zürich.

– (1978–1983): Eiszeitalter, die jüngere Erdgeschichte der Schweiz und seiner Nachbargebiete. – Bd. 1–3, 1901 S., Ott, Thun.

HARRISON, P. W. (1957): A clay till fabric: its character and origin. – J. Geol. **65**: 275–308.

HARTSHORN, J. H. (1958): Flowtill in southeastern Massachussetts. – Bull. geol. soc. am. **69**: 477–482.

HEIZMANN, W. (1987): Erläuterungen zu Blatt 7822 Riedlingen. – Geologische Kt. 1:25000 Baden-Württemberg. 149 S. (mit geol. Kt.) Stuttgart

HENNIG, E. (1948): Diluviale Ammertal-Füllungen in Tübingen. – N. Jb. Mineral. etc. Mh. 1945–1948, Abt. B: 175–180, Stuttgart.

HENNIG, A. J., GRÜN, R., BRUNNACKER, K. & PECSI, M. (1983): $^{230}Th/^{234}U$ sowie ESR-Altersbestimmungen einiger Travertine in Ungarn. – Eiszeitalter u. Gegenwart **33**: 9–19, Hannover.

HEUBERGER, H. (1968): Die Alpengletscher im Spät- und Postglazial. – Eiszeitalter u. Gegenwart **19**: 270–276, Öhringen.

HINZE, C., JERZ, H., MENKE, B. & STAUDE, H. (1989): Geogenetische Definitionen quartärer Lockergesteine für geologische Karten 1:25000. – Geol. Jb. **A 112**: 1–243; Hannover.

HJULSTRÖM, F. (1935): Studies on the morphological activity of rivers. – Bull. geol. Inst. Upsala **25**: 221–257.

HOFMANN, F. (1977): Neue Befunde zum Ablauf der pleistozänen Landschafts- und Flußgeschichte im Gebiet Schaffhausen – Klettgau – Rafzerfeld. – Eclogae geol. Helv. 3370: 105–126, Basel.

HOLDSWORTH, G. & BULL, C. (1970): The flow of cold ice. Investigations on Meserve glacier, Antarctica. – In: GOW, A. I. et al. (eds.): Internat. Symp. Antarctic Glaciological Exploration (ISAGE). – Int. Ass. scient. Hydrol. Pub. **86**: 204–216.

HOLMES, C. D. (1941): Till fabric. – Bull. geol. Soc. Am. **52**: 1299–1354, Washington.

HOLTEDAHL, H. (1967): Notes of the formation of fjords and fjordvalleys. – Geogr. Ann. **49 A**, 188–203.

HOLZHAUSER, H. (1982): Neuzeitliche Gletscherschwankungen. – Geogr. Helv. **1982** (2): 115–126.

HOMILIUS, J. (1973): Geoelektrische Widerstandsmessungen im Gebiet der glazialen Aachrinne bei Singen. – Geol. Jb. **E 1**: 109–120, Hannover. Mit Beiträgen von DEPPERMANN, K., FLATHE, H., MEISER, P. & SCHREINER, A.

IMBRIE, J. (1985): A theoretical framework for the Pleistocene ice ages. – J. geol. Soc. London **42**: 417–432, Oxford.

IMBRIE, J., HAYS, J. D., MARINSON, D. G., MC INRIE, A., MIX, A. C., MORELEY, J. J., DISIAS, N. G., PRELL, W. L. & SHACKELTON, N. J. (1984): The orbital theory of the Pleistocene climate: support from a revised, chronology of the marine ^{18}O-record. – In: BERGER, A. L. et al. (eds.): MILANKOVITCH and climate, Part. I. – 296–305, Reidel, Dordrecht.

JERZ, H. (1983): Die Bohrung Samerberg 2 östlich Nußdorf am Inn. – Geol. Bavarica **84**: 5–16, München.

JERZ, H., BADER, K. & PRÖBSTL, M. (1979): Zum Interglazialvorkommen von Samerberg bei Nußdorf am Inn. – Geol. Bavarica **80**: 65–71, München.

JONG, M. G. G. DE (1983): Quaternary deposits and landforms of western Allgäu (Germany). – Diss. **36**, 186 pp., Univ. Amsterdam.

– & RAPPOL, M. (1983): Ice marginal debris-flow deposits in western Allgäu, southern Germany. – Boreas **12**: 57–70, Oslo.

JUNG, W., BEUG, H. J. & DEHM, R. (1972): Das Riß/Würm-Interglazial von Zeifen, Landkreis Laufen a. d. Salzach. – Bayer. Akad. Wiss., Math. naturk. Kl. Abh. N. F. **151**: 131 S., München.

KAHLKE, H. D. (1981): Das Eiszeitalter. – 192 S., Urania, Leipzig.

KAISER, K. H. (1960): Klimazeugen des periglazialen Dauerfrostbodens in Mittel- und Westeuropa. – Eiszeitalter u. Gegenwart **11**: 121–141, Öhringen.

– (1967): Das Klima Europas im quartären Eiszeitalter. – Fundamenta F (RUST-Festschrift): 1–27, Köln – Graz.

KEILHACK, K. (1920): Das Rätsel der Lößbildung. – Z. d. G. G. **72b**: 146–167.

KELLER, O. (1988): der stadiale Eisrandkomplex Weissbad, ein spätwürmzeitlicher Leithorizont im randalpinen Rheingletschergebiet. – Z. Geomorph. N. F. **70**: 13–32, Berlin – Stuttgart.

– (1980): Die letzte Vorlandvereisung in der Nordschweiz und im Bodenseeraum (Stadialer Komplex Würm-Stein am Rhein). – Eclogae geol. Helv. **73** (3): 823–838.

KELLER, O. & KRAYSS, E. (1987): Die hochwürmzeitlichen Rückzugsphasen des Rheinlandvorgletschers und der erste alpine Eisrandkomplex im Spätglazial. – Eclogae geol. Helv. **1987** (2): 169–178.

KERNEY, M. P., CAMERON, R. A. D. & JUNGBLUTH, J. H. (1983): Die Landschnecken Nord- und Mitteleuropas. – 348 S., Parey, Hamburg.

KLAUS, W. (1983): Der pollenanalytische Nachweis einer geschlossenen Serie würmzeitlicher Klimaschwankungen über dem R/W-Interglazial vom Mondsee. – Führer Exk. Subkomm. Europ. Quartärstratigr. (SEQS): 157–170, Bayer. Geol. L.-Amt, München.

KLEBELSBERG, R. (1948): Handbuch der Gletscherkunde und Glazialgeologie. – 2 Bd., 1–1028, Springer, Wien.

KNUDSEN, K. L. (1988): Marine Interglacial Deposits in the Cuxhaven Area, NW-Germany: A Comparison of Holsteinian, Eemian and Holocene Foraminiferal Faunas. – Eiszeitalter u. Gegenwart **38**: 69–77, Hannover.

KOCI, A., SCHIRMER, W. & BRUNNACKER, K. (1973): Paläomagnetische Daten aus dem mittleren Pleistozän des Rhein-Main-Raumes. – N. Jb. Geol. Paläont., **1973**: 545–554, Stuttgart.

KOENIGSWALD, W. V. (1983): Die Säugetierfauna des süddeutschen Pleistozäns. – In: MÜLLER-BECK, H. (Hrsg.): Urgeschichte in Baden-Württemberg. 167–216, Theiss, Stuttgart.

– (1988): Paläoklimatische Aussage letztinterglazialer Säugetiere aus der nördlichen Oberrheinebene. – Paläoklimaforsch. **4**: 205–314, Fischer, Stuttgart–New York.

KÖRNER, H. J. (1983): Zum Verhalten der Gletscher im würmeiszeitlichen Eisstromnetz auf der Ostalpen-Nordseite. – Geologica Bavarica, **84**: 185–205, München.

KOHL, H. (1968): Beiträge zum Aufbau der Donautalsohle bei Linz. – Naturkdl. Jb. Stadt Linz 1968: 7–60, Linz.

KRESSER, K.-D., MATTERSTEIG, H., HÖNEMANN, G. & KUHNE, G. (1987): Möglichkeiten der geophysikalischen Bohrlochmessung zur Erkundung von Lagerungsstörungen im Lokkergesteinsbereich. – Geophys. u. Geol. Geophys. Veröff. KMU Leipzig **III**: 197–225, Berlin.

KRINSLEY, D. H. & DOORNKAMP, J. C. (1973): Atlas of quartz sand surface textures. – 91 S., Univ. press Cambridge.

KRUMBEIN, W. C. (1939): Prefered orientation of pebbles in sedimentary deposits. – J. Geol. 3347: 673–706, Chicago.

– (1941): Measurements and geological significance of shape and roundness of sedimentary particles. – J. Sed. Petrol. **11**: 64–72, Tulsa.

KRUTZSCH, W. (1988): Kritische Bemerkungen zur Palynologie und zur klimastratigraphischen Gliederung des Pleistozäns bis tieferen Altpleistozäns in Süd-, Südwest-, Nordwest- und pro parte Mitteleuropa sowie der Plio/Pleistozängrenze in diesem Gebiet. – Quartärpaläontologie **7**: 7–51, Berlin.

KUKLA, G. J. (1975): Loess Stratigraphy of Central Europe. – In: BUTZER & ISAAK: After the Australopithecines. 99–188, Mouton, The Hague – Paris.

KUKLA, G. J. & KOCI, A. (1972): End of the Last Interglacial in the Loess Record. – Quaternary Res. **2**: 374–383, New York – London.

KUPSCH, F. & WILLIBALD, D. (1982) unter Mitarbeit von KÄSS, W., STRAYLE, G., WERNER, J. HAUPT, B. & RITTER, R.: Erolzheimer Feld (Illertal). – Hydrogeologische Karte Bad.-Württ., Geol. L.-Amt u. L.-Anst. f. Umweltschutz, Freiburg – Karlsruhe.

LACHENBRUCH, A. H. (1962): Mechanics of thermal contraction cracks and ice wedge polygons in permafrost. – Geol. Soc. Amer., Spec. Pap. **70**: 69 S., New York.

– (1966): Contraction theory of ice wedge polygons: A qualitative discussion. – In: Permafrost internat. Conf. (Lafayette 1963). – Proc. Nat. Acad. Sci., Nat. Res. Counc. Publ. **1287**: 63–71, Washington.

LANG, G. (1963): Chronologische Probleme der späteiszeitlichen Vegetationsentwicklung in Süddeutschland und im französischen Zentralmassiv. – Mus. nat. d'histoire naturelle **5**: 129–142, Paris.

LEMCKE, K. (1988): Das bayerische Alpenvorland vor der Eiszeit. – Erdgeschichte Bau, Bodenschätze. – 175 S., Schweizerbart., Stuttgart.

LIEDTKE, H. (1975): Die nordeuropäischen Vereisungen in Mitteleuropa. Erläuterungen zu einer farbigen Übersichtskarte 1:1 000 000. – Forsch. dt. Länderkde. **204**: 1–159, Bonn-Bad Godesberg.

LINDQUIST, G. (1949): The orientation of the block material in certain species of flow earth. – Geogr. Annal. **31**: 335–347, Stockholm.

LÖSCHER, M. (1976): Die praewürmzeitlichen Schotterablagerungen in der nördlichen Iller-Lech-Platte. – Heidelberger geogr. Arb. **45**: 157 S., Heidelberg.

– (1981): Die stratigraphische Gliederung des Jungpleistozäns im Neckarschwemmfächer bei Heidelberg. – Aufschluß **32**: 191–199, Heidelberg.

– (1988): Stratigraphische Interpretation der jungpleistozänen Sedimente in der Oberrheinebene zwischen Bruchsal und Worms. – Paläoklimaforsch. 4: 79–104, Stuttgart–New York.

LÖSCHER, M. & HAAG, T. (1989): Alter der Dünen im nördlichen Oberrheingraben bei Heidelberg und zur Genese ihrer Parabraunerden. – Eiszeitalter u. Gegenwart **39**: 98–108, Stuttgart.

LONA, F. & BERTOLDI, R. (1973): La storia des Plio-Pleistocene italiano in alcune sequenze vegetationale lacustri e marine. – Atte Accad. Naz. Lincei 1972, Ser. VIII, Roma II (1973) Sez. **III**(1): 45 S.

LOZEK, V. (1964): Quartärmollusken in der Tschechoslowakei. – Rozpravy Ustredniho ustravu geologickeho **31**, 376 S., Praha.
- (1965): Das Problem der Lößbildung und der Lößmollusken. – Eiszeitalter u. Gegenwart **16**: 61–75, Öhringen.
- (1969a): Über die malakozoologische Charakteristik der pleistozänen Warmzeiten mit besonderer Berücksichtigung des letzten Interglazials. – Ber. dt. Ges. geol. wiss., A Geol. Paläont. **14**: 439–469, Berlin.
- (1969b): Paläontologische Charakteristik der Löss-Serien. In: DEMEK, I. & KUKLA, J. (Hrsg.): Periglazialzone, Löss und Paläolithikum der Tschechoslowakei. 43–59, Czechoslov. Acad. Sciences, Brno.

LÜTTIG, A. G. (1955): Die Ostracoden des Interglazials von Elze. – Paläont. Z. **29**: 146–169, Stuttgart.
- (1958): Eiszeit – Stadium – Phase – Staffel – eine nomenklatorische Betrachtung. – Geol. Jb. **76**: 235–260, Hannover.
- (1988): Gehen wir auf eine neue Eiszeit zu? – Eiszeitalter u. Gegenwart **38**: 6–16, Hannover.

MADER, M. (1963): Schichtenfolge und Geschehensablauf im Bereich des Schussenlobus des pleistozänen Rheinvorlandgletschers. – Diss., 148 S., Tübingen.

MAGNUSSON, N. H., GRANLUND, E. & LUNDQUIST, G. (1949): Sveriges Geologi. – 424 S., Stockholm.

MANKINEN, E. A. & DALRYMPLE, G. B. (1979): Revised Geomagnetic Polarity Time Scale for the Interval 0–5 m.a.B.P. – J. geophys. Res. **84**: 615–626.

MARGOLIS, S. V. & KENNET, J. P. (1971): Cenozoic palaeoglacial history of Antarctica recorded in subantarctic deep sea cores. – Am. J. Sci. **271**: 1–36, New Haven.

MARSAL, D. (1950): Über Windtransport in Wüstengebieten. Theoretische und experimentelle Untersuchungen. – N. Jb. Geol. Paläont., Mh. **1950**: 295–307, Stuttgart.

MAUS, H. J. & STAHR, K. (1977): Auftreten und Verbreitung von Lößlehmbeimengungen in periglazialen Schuttdecken des Schwarzwaldwestabfalls. – Catena **3**: 369–386, Gießen.

MENKE, B. & TYNNI, R. (1984): Das Eem-Interglazial und das Weichselfrühglazial von Rederstall/Dithmarschen und ihre Bedeutung für die mitteleuropäische Jungpleistozän-Gliederung. – Geol. Jb. **A 76**: 3–120, Hannover.

MERKT, J. & STREIF, H. J. (1970): Stechrohr-Bohrgeräte für limnische und marine Lockersedimente. – Geol. Jb. **88**: 137–148, Hannover.

MERKT, J. & MÜLLER, H. (1978): Paläolimnologie des Schleinsees. – In: SCHREINER, A. (1978): Erläuterungen zu Bl. 8323 Tettnang. – Geol. Kt. 1:25000 Bad.-Württ., 29–31, Stuttgart.

MEYER, H.-H. & KOTTMEIER, C. (1989): Die atmosphärische Zirkulation in Europa im Hochglazial der Weichsel-Eiszeit – abgeleitet von Paläowind-Indikatoren und Modellsimulationen. – Eiszeitalter u. Gegenwart **39**: 10–18, Stuttgart.

MEYER, K. J. (1974): Pollenanalytische Untersuchungen und Jahresschichtenzählungen an der holstein-zeitlichen Kieselgur von Hetendorf. – Geol. Jb. **A 21**: 87–105, Hannover.

MOOK, W. G. (1970): Stable Carbon and Oxygene Isotopes of Natural Waters in the Netherlands. – Isotope Hydrology 1970: 163–190, AEW Wien.

MORGAN, A. V. & MORGAN, A. (1981): Palaeoentomological methods of reconstructing palaeoclimate with reference to interglacial and interstadial insect faunas of southern Ontario. – In: MAHANEY, W. C. (ED.): QUATERNARY PALAEOCLIMATE. 173–192, NORWICH.

MÜLLER, G. (1964): Methoden der Sedimentuntersuchung. – 303 S., Schweizerbart. Stuttgart.

MÜLLER, G., SCHREINER, A. & STAESCHE, W. (1967): Kurzprofile der wissenschaftlichen Bohrungen „Bodensee DFG 1 u. 2". – Naturwiss. **54**: 87–88, Berlin – Heidelberg.

MÜLLER, H. (1965): Eine pollenanalytische Neubearbeitung des Interglazialprofils von Bilshausen (Unter-Eichsfeld). – Geol. Jb. **83**: 327–352, Hannover.
- (1974a): Pollenanalytische Untersuchungen und Jahresschichtenzählungen an der holstein-zeitlichen Kieselgur von Munster-Breloh. – Geol. Jb. **A 21**: 107–140, Hannover.
- (1974b): Pollenanalytische Untersuchungen und Jahresschichtenzählungen an der eem-zeitlichen Kieselgur von Bispingen/Luhe. – Geol. Jb. **A 21**: 149–169, Hannover.

MÜLLER-BECK, H. (1967): Der Ort des *Homo heidelbergensis* in der Hominiden-Stratigraphie. – Fundamenta F, Reihe B, **2**: 313–320, Köln – Graz.
- (Hrsg.) (1983): Vorgeschichte in Baden-Württemberg. – 545 S., Theiss, Stuttgart.

MÜNZING, K. (1968): Molluskenfaunen aus altpleistozänen Neckarablagerungen. – Jh. geol. L.-Amt Bad.-Württ. **10**: 105–119, Freiburg i. Br.
- (1969): Quartäre Molluskenfaunen aus dem Kaiserstuhl. – Jh. geol. L.-Amt Bad.-Württ. **11**: 87–115, Freiburg i. Br.
- (1970): Mollusken aus dem interglazialen Quellkalk von Hausen i. T. (Landkreis Stockach). – Mitt. bad. Landesver. Naturkde. u. Naturschutz N. F. **10**: 271–272, Freiburg i. Br.
- (1973): Beiträge zur quartären Molluskenfauna Baden-Württembergs. – Jh. geol. L.-Amt Bad.-Württ. **15**: 161–185, Freiburg i. Br.
- (1974): Mollusken aus dem älteren Pleistozän Schwabens. – Jh. geol. L.-Amt Bad.-Württ. **16**: 61–87, Freiburg i. Br.
- (1986): Pleistozäne Molluskenfauna aus Oberschwaben. – Jh. geol. L.-Amt Bad.-Württ. **28**: 173–180, Freiburg i. Br.
- (1987): Zum Quartär des Talzuges Spaichingen – Tuttlingen (westliche Schwäbische Alb). – Jh. geol. L.-Amt Bad.-Württ. **29**: 65–90, Freiburg i. Br.

MÜNZING, K. & AKTAS, A. (1987): Weitere Funde molluskenführender Mergellagen im Unteren Deckschotter von Bayerisch-Schwaben. – Jber. u. Mitt. oberrhein. geol. Ver. N. F. **69**: 181–193, Stuttgart.

NORDSIEK, H. (1990): Revision der Gattung *Clausilia* DRAPARNAUD, besonders der Arten in SW-Europa. (Das *Clausilia rugosa*-Problem): – Arch. Moll. **119** (1988), (4/6): 133–179, Frankfurt.

NYE, J. F. (1952): The Mechanics of Glacier Flow. – J. Glac. **2**: 82–83, Cambridge.
- (1965): The frequency respons of glaciers. – J. Glac. **5**. 567–587, Cambridge.

OECHSLE, A. (1955): Morphometrische Untersuchungen an eiszeitlichen Schotterterrassen Oberschwabens. – Mitt. Arb. geol. Mineral. Inst. T. H. Stuttgart, N. F. **4**: 1–48, Stuttgart.

OESCHGER, H. (1987): Die Ursachen der Eiszeiten und die Möglichkeit der Klimabeeinflussung durch den Menschen. – Mitt. naturf. Gesell. Luzern **29**: 51–76, Luzern.

OHMERT, W. (1979): Die Ostracoden der Kernbohrung Eurach 1 (Riß-Eem). – Geol. Bav. **80**: 127–158, München.

PARRIAUX, A. (1979): Penecontemporaneaus deformation structures in a Pleistocene periglacial delta of western Swiss Plateau. – Moraines and Warves. INQUA-Symposium Zürich: 421–432, Balkema, Rotterdam.

PATERSON, W. S. B. (1969): The physics of glaciers. – 250 S., Pergamon, Oxford.

PATZELT, G. & BORTENSCHLAGER, S. (1976): Zur Chronologie des Spät- und Postglazials im Ötztal und Inntal (Ostalpen, Tirol). – In: FRENZEL 1978, 185–197.

PAUL, W. (1965): Zur Frage der Rißvereisung der Ost- und Südostabdachung des Schwarzwaldes. – Jh. geol. Landesamt Bad.-Württ., **7**: 423–440; Freiburg i. Br.

PENCK, A. (1882): Die Vergletscherung der deutschen Alpen. – 483 S., Leipzig.
- (1896): Die Glazialbildungen um Schaffhausen und ihre Beziehungen zu den paläolithischen Stationen des Schweizerbildes und von Thayngen. – N. Denkschr. allg. schweizer. Gesell. Naturwiss. **35**: 156–179, Zürich.

– (1899): Thalgeschichte der oberen Donau. – Ver. Gesch. Bodensee **28**.
– (1939): Klettgauer Pforte und Bodensee. – Ver. Gesch. Bodensee, 19 S., Überlingen a. B.
PENCK, A. & BRÜCKNER, E. (1909): Die Alpen im Eiszeitalter. – 3 Bde., 1199 S., Tauchnitz, Leipzig.
PESCHKE, P. (1978): Pollenanalytische Untersuchungen an Schieferkohlen aus dem Gebiet um Penzberg und Murnau/Oberbayern. – In: FRENZEL 1978a: 140–154.
– (1983): Herrnhausen. – Führer Exk. Subkomm. Europ. Quartärstratigr.: 27–30, Bayer. geol. L.-Amt, München.
PFANNENSTIEL, M. (1958): Die Vergletscherung des südlichen Schwarzwaldes während der Rißeiszeit. – Ber. naturf. Gesell. Freiburg i. Br. **48**: 231–271.
PFANNENSTIEL, M. & RAHM, G. (1963): Die Vergletscherung des Wutachtales während der Rißeiszeit. – Ber. naturf. Gesell. Freiburg i. B. **53**: 5–61, Freiburg i. Br.
PIFFL, L. (1976): Tullner Feld. – In: FINK et al. 1976: 94–98.
POSER, H. (1948): Äolische Ablagerungen und Klima des Spätglazials in Mittel- und Westeuropa. – Die Naturwissenschaften **35**: 269–276 u. 307–312.
RAPPOL, M. (1983): Glacigenic properties of till, studies in glacial sedimentology from the Allgäu Alps and the Netherlands. – Diss., 225 S., Amsterdam.
REICHELT, G. (1955): Untersuchungen zur Deutung von Schuttmassen des Südschwarzwaldes durch Schotteranalysen. – Beitr. naturkundl. Forsch. Südwestdeutschland **24**: 32–42.
– (1961): Über Schotterformen und Rundungsanalysen als Feldmethode. – Peterm. geogr. Mitt. **1961**: 15–24, Gotha.
REIFF, W. (1965): Das Alter der Sauerwasserkalke von Stuttgart – Münster – Bad Cannstatt – Untertürkheim. – Jber. Mitt. oberrhein. geol. Ver. n. N. F. **47**: 111–134, Stuttgart.
REINECK, H.-E. & SINGH, J. B. (1973): Depositional Sedimentary Environments. – 439 S., Springer, Berlin.
RICHMOND, G. M. & FULLERTON, D. S. (1986): Quaternary Glaciations in the United States of America. – Quatern. Glaciations Northern Hemisph. **5**; Quatern. Science Rev. 3–22, Pergamon Press, Frankfurt – New York.
RICHTER, K. (1932): Die Bewegungsrichtung des Inlandeises, rekonstruiert aus den Kritzern und Längsachsen der Geschiebe. – Geschiebeforsch. **8**: 62–66.
– (1933): Gefüge und Zusammensetzung des norddeutschen Jungmoränengebiets. – Abh. geol. paläont. Inst. Greifswald **6**: 1–63.
– (1936): Gefügestudien im Engebrae, Fondalsbrae und ihren Vorlandsedimenten. – Z. Gletscherkde. **24**: 22–30, Innsbruck.
RÖGNER, K. (1979): Die glaziale und fluvioglaziale Dynamik im östlichen Lechgletscher-Vorland. – Heidelberger geogr. Arb. **49**: 67–138.
– (1980): Die pleistozänen Schotter und Moränen zwischen oberem Mindel- und Wertachtal (Bayerisch Schwaben). – Eiszeitalter u. Gegenwart **30**: 125–144, Hannover.
RÖGNER, K., LÖSCHER, M. & ZÖLLER, L. (1988): Stratigraphie, Paläogeographie und erste Thermolumineszenzdatierungen in der westlichen Iller-Lech-Platte (Nördliches Alpenvorland, Deutschland). – Z. Geomorph. N. F. Suppl.-Bd. **70**: 51–73, Stuttgart – Berlin.
ROHDE, P. (1989): Elf pleistozäne Sand-Kies-Terrassen der Weser: Erläuterungen eines Gliederungsschemas für das obere Weser-Tal. – Eiszeitalter u. Gegenwart **39**: 42–56; Stuttgart.
ROHDENBURG, H. (1971): Einführung in die klimagenetische Geomorphologie. – 350 S., Lenz, Gießen.
– (1979): Eiskeilhorizonte in südniedersächsischen und nordhessischen Lößprofilen. – Landschaftsgenese u. Landschaftsökol. **3**: 91–114.
ROPPELT, T. (1988): Die Geologie der Umgebung von Obergünzburg im Allgäu mit

sedimentpetrographischen Untersuchungen der glazialen Ablagerungen. – Diss., 109 S., München.
SARNTHEIM, M., STREMME, H. E. & MANGINI, A. (1986): The Holstein interglaciation, and Correlation to Stable Isotope Stratigraphy of Deep-Sea-Sediments. – Quatern. Res. **26**: 283–298.
SAVAGE, J. C. & PATERSON, W. S. B. (1963): Borehole measurements in the Athabaska glacier. – J. geophys. Res. **68**: 4521–4536.
SCHÄDEL, K. (1952): Die Stratigraphie des Altdiluviums im Rheingletschergebiet. – Mitt. oberrh. geol. Ver. N. F. **34**: 1–20; Stuttgart.
– (1955): Der vorrißzeitliche Donaulauf durchs Vilsinger Tal oberhalb Sigmaringen. – Jh. Ver. vaterl. Naturkde. Württ. **110**: 125–135; Stuttgart.
SCHÄDEL, K. & WERNER, J. (1963): Neue Gesichtspunkte zur Stratigraphie des mittleren und älteren Pleistozäns im Rheingletschergebiet. – Eiszeitalter u. Gegenwart **4**: 5–26, Öhringen.
– (1965): Untersuchungen zur Aufdeckung glazial verfüllter Täler im Donaugebiet von Sigmaringen–Riedlingen. – Jh. geol. L.-Amt Bad.-Württ. **7**: 387–422, Freiburg i. Br.
SCHAEFER, I. (1950): Die diluviale Erosion und Akkumulation. Untersuchungen über die Talbildung im Alpenvorland. – Forsch. dt. Landeskde. **49**: 154 S.
– (1953): Sur la division du Quaternaire dans l'avant-pays des Alpes en Allemagne. – Actes IV congrès internat. Quatern. 1953, Rom – Pise.
– (1957): Erläuterungen zur Geologischen Karte von Augsburg und Umgebung. 1:50000. – Bayer. geol. L.-Amt, München.
– (1973): Das Grönenbacher Feld. – Eiszeitalter u. Gegenwart **23/24**: 168–200, Öhringen.
– (1975): Die Altmoränen des diluvialen Isar-Loisachgletschers. – Mitt. geograph. Gesell. München **60**: 115–153.
– (1979a): Das Warmisrieder Feld. Ein Beispiel für den Fortschritt der Eiszeitforschung durch Barthel Eberl – Quartär **29/30**, Erlangen.
– (1979b): Das Eisenburger Schotterfeld. Ein weiteres Beispiel für die geomorphologisch-stratigraphische Analyse des Altdiluviums der Iller-Lechplatte. – Mitt. geogr. Gesell. München **64**, München.
– (1981): Die Glaziale Serie – Gedanken zum Kernstück der alpinen Eiszeitforschung. – Z. Geomorph. N. F. **25**: 271–289, Berlin.
– (1986): Die „Haslacheiszeit" – eine kritische Stellungnahme. – Mitt. geogr. Gesell. München **71**: 41–46.
SCHEDLER, J. (1981): Vegetationsgeschichtliche Untersuchungen an altpleistozänen Ablagerungen in Südwestdeutschland. – Dissertationes Botanicae **58**: 157 S., Cramer, Vaduz.
SCHEFFER, F. & SCHACHTSCHABEL, P. (1989): Lehrbuch der Bodenkunde. – 12. Aufl., 491 S., Enke, Stuttgart.
SCHENK, E. (1955): Die Mechanik der periglazialen Strukturböden. – Abh. hess. L.-Amt Bodenforsch. **13**: 1–92, Wiesbaden.
SCHEUENPFLUG, L. (1971): Ein altzeitlicher Donaulauf in der Zusamplatte. – Ber. naturf. Gesell. Augsburg **27**: 3–10.
– (1974): Zur Stratigraphie altpleistozäner Schotter südwestlich bis nordwestlich Augsburg (östliche Iller-Lech-Platte). – Heidelberger geogr. Arb. **40**: 87–94.
– (1986): Die altpleistozäne Hauptabflußrichtung der Gewässer in der Iller-Lech-Platte (Bayerisch Schwaben). – Jber. Mitt. oberrhein. geol. Ver. N. F. **68**: 189–195, Stuttgart.
SCHINDLER, C. (1985): Geologisch-technische Verhältnisse in Schaffhausen und Umgebung. – Beitr. z. Geol. Schweiz, kleinere Mitt. **74**: 119 S., Bern. Mit Baugrundkarte Schaffhausen, Bl. 1 u. 2.

SCHIRMER, W. (1983): Die Talentwicklung an Main und Regnitz seit dem Hochwürm. – Geol. Jb. A 71: 11–43, Hannover.
– (1990): Der känozoische Werdegang des Exkursionsgebietes. – In: SCHIRMER, W.: Rheingeschichte zwischen Mosel und Maas. – Deuqua-Führer 1: 9–93, Hannover.
SCHLÜCHTER, C. (1988): The deglaciation of the Swiss-Alps: a palaeoclimatic event with chronological problems. – Bull. Assoc. française étude Quaternaire 1988 2/3: 141–145.
SCHLÜCHTER, C. & KNECHT, U. (1979): Interstratal contortion in a glacio-lacustrine sediment sequence in the eastern Swiss Plain. – Moraines and Warves. INQUA Symposium Zürich 331978: 433–441, Balkema, Rotterdam.
SCHOBER, T. (1989): Erläuterungen zur geologischen Karte der Blätter 8316 Klettgau und 8416 Hohentengen, Teil 2. – Diss., 166 S., Stuttgart.
SCHÖNHALS, E., ROHDENBURG, H. & SEMMEL, A. (1964): Ergebnisse neuerer Untersuchungen zur Würmlöß-Gliederung in Hessen. – Eiszeitalter u. Gegenwart 15: 199–206, Öhringen.
SCHOLZ, G. (1969): Die Schlufflehme der mittleren Schwäbischen Alb. – Arb. geol. paläont. Inst. Univ. Stuttgart N. F. 60: 202 S., Stuttgart.
SCHOOP, R. W. & WEGENER, H. (1984): Einige Ergebnisse der seismischen Untersuchungen auf dem Bodensee. – Bull. Ver. schweiz. Petroleum-Geol. u. Ing. 50: 41–47.
SCHREINER, A. (1958): Niederterrasse, Flugsand und Löß am Kaiserstuhl (Südbaden). – Mitt. bad. Landesver. Naturkde. u. Naturschutz N. F. 7: 113–125, Freiburg i. Br.
– (1964): Eine glaziale Schubscholle aus Meeresmolasse bei Pfullendorf. – Die Natur 72: 22–25, Stuttgart.
– (1968): Eiszeitliche Rinnen und Becken und deren Füllung im Hegau und westlichen Bodenseegebiet. – Jh. geol. L.-Amt Bad.-Württem. 10: 79–104, Freiburg i. Br.
– (1970): Erläuterungen zur geologischen Karte 1:50 000 Landkreis Konstanz mit Umgebung. – 286 S., Geol. L.-Amt Bad.-Württ., Stuttgart.
– (1973): Erläuterungen zu Blatt Singen (8219). – Geol. Kt. 1:25 000 Bad.-Württ., 130 S., Stuttgart.
– (1979a): Zur Entstehung des Bodenseebeckens. – Eiszeitalter u. Gegenwart 20: 71–76, Hannover.
– (1979b): Erläuterungen zu Blatt 8019 Neuhausen ob Eck. – Geol. Kt. 1: 25 000 Bad.-Württ., 86 S., Stuttgart.
– (1980): Quartär. – In: GROSCHOPF & SCHREINER: Erläuterungen zu Blatt 7913 Freiburg NO. – Geol. Kt. 1:25 000 Bad.-Württ.: 66–74, Stuttgart.
– (1981): Quartär. – In: GROSCHOPF et al.: Erläuterungen zur geol. Karte Freiburg u. Umgebung 1:50 000. – 2. Auflage: 174–199, Stuttgart.
– (1982): Sedimente aus vier Eiszeiten in der Altmoräne des Rheinvorlandgletschers in der Forschungsbohrung Seibranz 1981 (Baden-Württemberg). – Jh. geol. L.-Amt Bad.-Württ. 24: 121–130, Freiburg i. Br.
– (1983): Erläuterungen zu Blatt 8218 Gottmadingen. – Geol. Kt. Bad.-Württ. 1:25 000, 124 S., Stuttgart.
– (1985): Erläuterungen zu Blatt Biberach Nord (7824). – Geol. Kt. 1:25 000 Bad.-Württ., 76 S., Stuttgart.
– (1986): Neuere Untersuchungen zur Rißeiszeit im Wutachgebiet (Südostschwarzwald). – Jh. geol. L.-Amt Bad.-Württ. 28: 221–224, Freiburg i. Br.
– (1988): Geschiebeeinregelung in Moränen, Schottern und Fließerden in Baden-Württemberg. – Jh. geol. 30: 457–478, Freiburg i. Br.
– (1989): Zur Stratigraphie der Rißeiszeit im östlichen Rheingletschergebiet (Baden-Württemberg). – Jh. geol. L.-Amt Bad.-Württ. 31: 183:196, Freiburg i. Br.

- (1992): Einführung in die Quartärgeologie. – XII, 258 S.; Schweizerbart, Stuttgart.
SCHREINER, A. & EBEL, R. (1981): Quartärgeologische Untersuchungen in der Umgebung von Interglazialvorkommen im östlichen Rheingletschergebiet (Baden-Württemberg). – Geol. Jb. A **59**: 3–64, Hannover.
SCHREINER, A. & HAAG, T. (1982): Zur Gliederung der Rißeiszeit im östlichen Rheingletschergebiet (Baden-Württemberg). – Eiszeitalter u. Gegenwart **32**: 137–161, Hannover.
SCHREINER & MÜNZING, K. (1979): Zur rißeiszeitlichen Vergletscherung des Südostschwarzwaldes und der westlichen Schwäbischen Alb (Baden-Württemberg). – Jh. geol. L.-Amt Bad. Württ. **21**: 137–159, Freiburg i. Br.
SCHWARZBACH, M. (1974): Das Klima der Vorzeit. – 3. Aufl., 380 S., Enke, Stuttgart.
- (1978): Glazigene Sichelmarken als Klimazeugen. – Eiszeitalter u. Gegenwart **28**: 109–118, Öhringen.
SCHWARZENHÖLZER, W. (1950): Der Bänderton von Vogt. – Diss., 77 S., Tübingen.
SEMMEL, A. (1967): Neue Fundstellen von vulkanischem Material in hessischen Lössen. – Notizbl. hess. L.-Amt f. Bodenforsch. **95**: 104–108, Wiesbaden.
- (1985): Perglazialmorphologie. – Erträge d. Forschung, **231**: 116 S.
- & FROMM, K. (1976): Ergebnisse paläomagnetischer Untersuchungen an quartären Sedimenten des Rhein-Main-Gebietes. – Eiszeitalter u. Gegenwart **27**: 18–25, Öhringen.
SHACKELTON, N. J. & OPDYKE, N. D. (1973): Oxygen isotope and palaeomagnetic stratigraphy of equatorial Pacific core V 28–238: oxygene isotope temperatures and ice volumes on a 10^5 year and 10^6 year scale. – Quat. Res. **3**: 39–55.
- (1976): Oxygen Isotope and Palaeomagnetic Stratigraphy of Pacific Core V 28–239, Late Pliocene to Late Pleistocene. – Geol. soc. America, Memoir **145**: 449–464, Boulder Color.
SHACKELTON, N. J., IMBRIE, J. & HALL, M. A. (1983): Oxygen and carbon isotope record of East Pacific core V 19–30: implications for the formation of deep water in the North Atlantic. – Earth Planet. Sci. Lett. **65**: 233–244.
SHARPE, D. R. (1978): The stratified nature of drumlins from Victoria Island and Southern Ontario, Canada. – Drumlin Symposium: 185–214, Balkema, Rotterdam.
SINN, P. (1972): Zur Stratigraphie und Paläogeographie des Präwürm im mittleren und nördlichen Iller-Gletscher-Vorland. – Heidelberger geogr. Arb. **37**: 1–153, Heidelberg.
SITLER, R. F. & CHAPMAN, C. A. (1955): Microfabrics of till from Ohio and Pennsylvania. – J. Sedim. Petrol. **25**: 262–269.
SOFFEL, H. (1985): Paläomagnetismus. – In: BENDER, F.: Angewandte Geowissenschaften II: 142–153, Enke, Stuttgart.
SONNE, V. & STÖHR, W. (1959): Bimsvorkommen zwischen Mainz und Ingelheim. – Jber. Mitt. oberrhein. geol. Ver. N. F. **41**: 103–116, Stuttgart.
STÄSCHE, W. (1974): Mineralogisch-sedimentpetrographische und isotopen-geochemische Untersuchungen an den Kernproben der wissenschaftlichen Bohrungen, DFG 1 und 2 im Verlandungsgebiet des Untersees/Bodensee. – Diss., 72 S., Heidelberg.
STAHR, K. (1979): Bedeutung periglazialer Deckschichten für Bodenbildung und Standorteigenschaften im Südschwarzwald. – Freiburger bodenkundl. Abh. **9**: 1–273, Freiburg i. Br.
STEEGER, A. (1944): Diluviale Bodenfrosterscheinungen am Niederrhein. – Geol. Rdsch. **34**: 520–538, Stuttgart.
TABER, S. (1943): Perennially frozen ground in Alaska, its origin and history. – Bull. geol. Soc. Amer. **54**: 1433–1548, Baltimore.
TARR, R. S. (1909): Some phenomena of glacier margins in the Yakutat Bay regions, Alaska. – Z. Gletscherkde. **3**: 81.
TILLMANNS, W. (1984): Die Flußgeschichte der oberen Donau. – Jh. geol. L.-Amt Bad.-Württ. **26**: 99–202, Freiburg i. Br.

TILLMANNS, W., BRUNNACKER, K. & LÖSCHER, M. (1986): Erläuterungen zur geologischen Übersichtskarte der Aindlinger Terrassentreppe zwischen Lech und Donau, 1:50000. – Geol. Bavarica **85**: 31 S., München.
TILLMANNS, W., MÜNZING, K., BRUNNACKER, K. & LÖSCHER, M. (1982): Die Rainer Hochterrasse zwischen Lech und Donau. – Jber. Mitt. oberrhein. geol. Ver. N.F. **64**: 79–99, Stuttgart.
TODTMANN, E. M. (1932): Endmoränenbildungen in Spitzbergen und ihre Bedeutung für die Formen der diluvialen Endmoränen. – Jber. Mltt. oberrhein. geol. Ver. N.F. **21**: 1–11, Stuttgart.
– (1936): Einige Ergebnisse von glaziologischen Untersuchungen am Südrand des Vatna Yökull auf Island (1931 u. 1934). – Z.d.G.G. **88**: 77–87, Berlin.
TOEPFER, V. (1963): Tierwelt des Eiszeitalters. – 198 S., Leipzig.
TROLL, K. (1924): Der diluviale Inn-Chiemseegletscher. – Forsch. dt. Landes- u. Völkerkde. **23**: 1–121; München.
– (1925): Die Rückzugsstadien der Würmeiszeit im nördlichen Vorland der Alpen. – Mitt. geogr. Gesell. München **18**: 281–282.
– (1926): Die jungglazialen Schotterfluren im Umkreis der deutschen Alpen. – Forsch. dt. Landes- u. Völkerkde. **24**: 157–256, München.
– (1944): Strukturböden, Solifluktion und Frostklimate der Erde. – Geol. Rdsch. **34**: 545–694, Stuttgart.
TURNER, C. (1996): A brief survey of the early Middle Pleistocene in Europe. – In: TURNER, C. (ed.): The early Middle Pleistocene in Europe. – 329 S., Rotterdam.
TURON, J.-L. (1984): Direct land/sea correlation in the last interglacial complex. – Nature **30**: 673–676.
TWENHOFEL, W.H. (1961): Treatise on sedimentation. – 2. Aufl., 926 S., Dover publ., New York.
URBAN, B. (1978): Pollenanalytische Untersuchungen am Interglazial von Seibranz-Fischweiher bei Bad Wurzbach (Schwäbisches Alpenvorland). – In: FRENZEL 1978a: 94–102.
– (1984): Palynology of Central European Loess-Soil Sequences. – Geogr. Res. Inst. Hung. Acad. Sc. i. Budapest.
VENZO, S. (1952): Geomorphologische Aufnahme des Pleistozäns (Villafranchian-Würm) im Bergamasker Gebiet und in der östlichen Brianza: Stratigraphie, Paläontologie und Klima. – Geol. Rdsch. **40**: 109–125.
VERDERBER, R. (im Druck): Quartärgeologie des Hochrheintales und angrenzender Gebiete.
VILLINGER, E. (1986): Untersuchungen zur Flußgeschichte von Aare-Donau/Alpenrhein und zur Entwicklung des Malm-Karsts in Südwestdeutschland. – Jh. geol. L.-Amt Bad.-Württ. **28**: 295–362, Freiburg i. Br.
– (1989): Zur Fluß- und Landschaftsgeschichte im Gebiet von Aare-Donau und Alpenrhein. – Jh. Gesell. Naturkde. Württ. **144**: 5–27, Stuttgart.
VIVIAN, R. (1970): Hydrogéologie et érosion sous-glaciaires. – Rev. géogr. alp., **58**: 241–264.
WAGNER, G. (1960): Einführung in die Erd- und Landschaftsgeschichte. – 3. Aufl., 694 S., Rau, Öhringen.
WASHBURN, A. L. (1979): Geocryologie. – 406 S.; Arnold, London.
WEIDENBACH, F. (1936): Blatt 8024 Waldsee 1:25000. – Erl. geol. Spezialkt. Württ. 1–130, Stuttgart.
– (1937a): Bildungsweise und Stratigraphie der diluvialen Ablagerungen Oberschwabens. – N. Jb. Min. etc., Beil. Bd. **78**: 66–108, Stuttgart.
– (1937b): Blatt 7924 Biberach 1:25000. – Erl. geol. Spezialkt. Württ. Stuttgart.
– (1940): Blatt Ochsenhausen 1:25000. – Erl. geol. Spezialkt. Württ., Stuttgart.

WEINHOLD, H. (1973): Beiträge zur Kenntnis des Quartärs im Württembergischen Allgäu zwischen östlichem Bodensee und Altdorfer Wald. – Diss., 149 S., Tübingen.
WEINSZIER, R. (1984): Hydrogeologische und quartärgeologische Untersuchungen im Raum Bad Waldsee – Wolfegg – Bad Wurzach (Lkr. Ravensburg, Oberschwaben). – Diss., 130 S., Freiburg.
WEIPPERT, D. (1959): Der Kalksteinschutt am Trauf der westlichen Schwäbischen Alb. – Diss., 85 S., Tübingen.
– (1961): In: EINSELE, G. & SEIBOLD, E. (1961): Über periglaziale Fließerden und Kryoturbationen in Württemberg. – Jh. geol. L.-Amt Bad.-Württ. **4**: 210–221, Freiburg i. Br.
WEISE, O. R. (1983): Das Periglazial. – 199 S., Borntraeger, Berlin – Stuttgart.
WELTEN, M. (1981): Verdrängung und Vernichtung der anspruchsvollen Gehölze am Beginn der letzten Eiszeit und die Korrelation der Frühwürm-Interstadiale in Mittel- und Nordeuropa. – Eiszeitalter u. Gegenwart **31**: 187–202, Hannover.
– (1988): Neue pollenanalytische Ergebnisse über das jüngere Quartär des nördlichen Alpenvorlandes der Schweiz (Mittel- und Jungpleistozän). – Beitr. geol. Kt. Schweiz **162**: 40 S., Bern.
WENDEBOURG, J. & RAMSHORN, CH. (1987): Der Verzahnungsbereich alpiner mit südostschwarzwälder Rißvereisung (Baden-Württemberg). – Jh. geol. L.-Amt Bad.-Württ. **29**: 255–268, Freiburg i. Br.
WERNER, J. (1975): Erläuterungen zu Blatt 8020 Meßkirch. – Geol. Kt. 1.25000 Bad.-Württ., 209 S., Stuttgart.
WIEGAND, G. (1965): Fossile Pingos in Mitteleuropa. – Würzburger geogr. Arb. **16**: 152 S., Würzburg.
WILDI, W. (1984): Isohypsenkarte der quartären Felstäler der Nord- und Ostschweiz. – Eclogae geol. Helv. **77** (3): 541–551, Basel.
WILSON, W. (1969): Les relations entre les processus géomorphologiques et le climat moderne comme méthode de palaeoclimatologie. – Rev. geogr. phys. Geol. dyn. **11**: 303–314.
WINTGES, T. (1984): Untersuchungen an gletschergeformten Felsflächen. – Salzburger geogr. Arb. **11**: 209, Salzburg.
WOILLARD, G. (1975): Recherches palynologiques sur le Pleistocene dans l'est de la Belgique et dans les Vosges Lorraines. – Acta Geogr. Lovaniensia **14**: 1–115, Louvain.
WOILLARD, G. & MOOK, W. G. (1982): Carbon-14 Dates at Grand Pile: Correlation of Land and Sea Chronologie. – Science **215**: 159–161.
WOLDSTEDT, P. (1939): Vergleichende Untersuchungen an isländischen Gletschern. – Jb. preuss. geol. L.-Amt.
– (1964): Das Eiszeitalter. – 374 S., Enke, Stuttgart.
– (1969): Quartär. – Handb. stratigr. Geol. II., 263 S., Enke, Stuttgart.
ZAGWIJN, W. A. (1961): Vegetation, climate and radiocarbon datings in the Late Pleistocene of the Netherlands, Part I: Eemian and early Weichselian. – Medelingen Geol. Stichting N. S. **14**: 15–455, Maastricht.
– (1985): An outline of the Quaternary stratigraphy of the Netherlands. – Geol. en Miynbouw **64**: 17–24, Dordrecht.
– (1989): The Netherlands during the Tertiary and the Quaternary. – Geol. en Miynbouw **68**: 107–120, Dordrecht.
ZAGWIJN, W. A. & JONG, J. D. DE (1984): Die Interglaziale von Bavel und Leerdam und ihre stratigraphische Stellung im niederländischen Früh-Pleistozän.-Medel. Rijks Geol. Dienst **33** (3): 155–169.
ZÖLLER, L., STREMME, H. & WAGNER, G. A. (1988): Thermolumineszenz-Datierungen in Löß-Paläoboden-Sequenzen von Nieder-, Mittel- und Oberrhein. – Chem. Geol. (Isotope Geosc. Sect.) **73**: 39–62, Amsterdam.

Orts- und Sachregister

Aare 206, 222
Aaregranit 141
Abkühlungsfläche 73, 87
Ablagerung, äolische 93–103
–, glaziale 23–69
–, glazifluviale 41–60
–, glazigene 23–41
–, glazilakustrine 39, 61–69
–, periglaziale 82–106
–, warmzeitliche 108–114
Ablation 13–17
Ablationsmoräne 27–29
Abrasion 13–17
Abrieb 52
Abrutschen (Abrutschung) 94, 129
Absenkung, tektonische 42, 47, 51, 108, 110, 131
–, Seespiegel 62
Abspülung (Abschwemmung) 86–f., 104
Abtragung 13, 18, 97
accretion till 27
Adelegg 110, 217
Älteres Riß 199, 204f.
Ältestpleistozän 158, 223
äolisch 91–103
Aerosol 92
Aindlinger Terrassentreppe 214f., 219
Aitrachrinne, Tiefe- 48
Akkumulation, Schnee 3–7
–, Schotter 41–59, 104–106
Alas 75
Alaska 7, 18, 73, 76, 81
Aletschgletscher 10
Algenmudde 113
Alleröd 101, 186f., 191, 195f.
allo-till 39
Alpen 4–7, 10–13, 20, 24, 27
Alpenrhein 20, 43, 62
Alpenvorland, nördliches 2, 41, 47, 71, 109, 185–222

Altersbestimmungen, physikalisch-chemische- 169–184
Altmammut 156, 158
Altmoränengebiet 84
Altpleistozän 158, 218, 223
Altriß 120, 200
Aminosäuren-Racemierungs-Methode 175, 176
Ammersee 21
Ammersfort 195
Amphibolit 53, 105, 140f.
Andalusit 145f.
Anlagerungsgrundmoräne 27
Antarktis 6–10, 17, 27, 39, 73, 149
Aosta-Talgletscher 36
Apatit 145f.
Aräometer 143
Archidiskodon meridionalis 156
Argentinien 94
Arnach/Bad Wurzach 22, 85
Athabaska Gletscher 9, 10f.
Atlantikum 111, 165, 187f.
Auelehm, -mergel 105, 217
Aufkalkung, sekundäre 98
Aufpressung, diapirartig 58
Aufschlußbeschreibung 131
Aufschotterung, (Aufschüttung) 43f., 53, 104
Aufschüttungsmoräne 33, 67
Auftauboden 75, 79, 87
Auftauen 75
Auftautiefe 75, 91
Auftauzone 87, 90
Auskolkung 129
Auslaßgletscher 6–10
Ausspülung 54

Bänderton 65–67
Bakhynay/Sibirien 76
banatica-Fauna 96

basales Gleiten von Gletschereis 8–10
basales Gletschereis 6, 13, 25, 27, 29, 37
Basalmoräne (basal till) 29
basal melt-out till 28 f.
basale Innenmoräne 28 f.
Basalt 176
Basel 49, 52
Basisfazies (-schotter) 53, 105
Baumkirchen/Innsbruck 190
Baumstämme 110, 169
Bavel 177, 217 f.
B/C-Grenze 117
Beckenablagerung(-sediment) 23, 61, 65 f.
Belastung 26, 36, 58, 61
Berlin 101
B-Horizont 115 f.
Bewegungsbeträge (Fließerde) 88
Biber (-glazial,-Kaltzeit) 178, 214–221, 223
Biberach 172, 189–203
Bibertal/Hegau 22
Biharium 158
Bioturbation 96
Bison 157
Blake event 177 f.
Blöcke 44, 52, 54, 82, 105
Blocklage 54
Blockpackung 28
Blockschollenbewegung 9–11
Boden 73, 115
Bodenbildung 81, 100–102, 115–121
Bodendurchgriffe 120–121
Bodeneis 45, 73, 75, 78, 87, 90, 104
Bodenerosion 93
Bodenfließen 82, 98, 117
Bodenfrost 32, 70, 73
Bodenkomplex 99
Bodensee, -becken 22, 37 f., 62, 64
Bodensummation 118
Bölling 165 f., 186 f., 191, 195 f.
Bohrlochmessung, geophysikalische- 151 f.
Bohrungen 127, 138 f., 149–154
Boreal 165 f., 187
Bos 157
braided river 52
Brandenburg 191
Breidamerkurjökull 17, 19
Brekzien 23
Brodelböden 88, 90 f.
Brörup 112, 168, 194 f.

Bruchstücke von Geröllen 105, 138–139
Brünn 78, 99, 101, 179
Brunhes Epoche 101, 176–179
Brunhes/Matuyama-Grenze,-Umkehr 101, 176–180, 183, 220, 223
Bubalus 157
Buch (Warmzeit) 218
Bühl-Stand 186 f., 190
Buggingen/Baden Württemberg 98, 179
Buntsandstein 73, 75, 82, 86, 105

Californien 92
Calzit 65, 93, 147
Cannstatt 111, 173
Cc-Horizont 98, 118
^{14}C-Datierung, -Alter 11, 104, 110, 169–171
China 94–95
C-Horizont 116
Chronologie 208
Churchill/Kanada 76
Coelodonta antiquitatis 157
Colorado 74
continous permafrost 76 f.
convolute bedding 36, 61
Columella-Fauna 96, 161
Cromer, -komplex 107 f., 158, 168, 177, 184
Cv-Horizont 116 f.
Cytheropthren testudo 224

Dachsbauten 131
Dachziegelschichtung, -lagerung 25, 84, 133 f.
Dauerfrostboden 70 f., 76 f., 100, 104
Daun 187, 191
debris flow deposit 30
Deckfazies 53, 105
Decklehm 98, 118
Deckschicht 88
Deckschotter 214
Deckenschotter 212
–, ältere 213
Deflation 92–93
Deformation 19, 31 f., 75, 86, 90
Deklination 178
Delta 18, 47, 56, 61–65
Deltasande 39
Deltasedimente 23, 61–65
Dendrochronologie 110, 169–170

Orts- und Sachregister

Denekamp 194–195
Detersion 13
Detraktion 13
Detritus 113 f.
dewatering structure 63
diamicton 23
Diapirismus 36, 58
Diatomeen 113
Dicerorhinus 157
Dichte, Eis 3, 9
–, Wasser 44, 72
discontinous permafrost 77
Disthen 93, 145 f.
Doline 124
Dolomit 54, 65, 93, 140 f., 147
Dolomitschotter 216
Donau (Fluß) 44, 216
–, (Eiszeit, Kaltzeit) 42, 110, 177 f., 213–218
Donautal 42, 53, 202, 204
Doppelwall-Endmoräne 201–203
Doppelwall-Riß 201–203
Dornbirn 20
Dorset (Glazial) 177
Driftblöcke 54, 105, 220
dropstones 37
Druckschmelzen 10, 14, 27
Druckschmelzpunkt 7 f., 10
Drumlin 16, 18 f., 26, 122, 198
Dryas octopetala 162
Dryas, Ältere-, Jüngere- 111, 186 f.
Dünen 104
Durchspülung 90 f.
Dürnachtal Baden Württemberg 51, 205

Eberhardzell/Biberach 200
Eburon 177
Eem (Warmzeit, Interglazial) 97, 107, 109, 112, 114, 166 f., 177, 195–199
Ehringsdorf/Thüringen 111
Eintiefungsbetrag 43
Eisberg 7, 38, 39
Eisbergmoräne 38 f.
Eisdriftgeschiebe(-blöcke) 37, 39
Eisenzeit 111
Eisfelder 7
Eiskeile 72, 78–80, 100
Eiskeilfüllung 79, 81, 221
Eiskeilnetz 78
Eiskeilpseudomorphosen 79

Eiskontaktbildungen 31
Eiskristalle 3, 73, 87
Eislinsen 73, 81, 87, 90
Eisrand 46, 56
Eisrandschotter 30
Eisrinde 75, 90, 104
Eisschild 6–8, 11, 18, 65, 182
Eisschollen 25
Eiszeit(-alter) 2, 70, 101, 107
Eiszerfall 5, 11, 28, 186, 194
Eiszerfallslandschaft 123
Elektronen-Spin-Resonanz (ESR) 174
Elephas antiquus 156
Ellesmere Insel 78
Elmshorn 222
Elster-Eiszeit 16, 107, 116, 177, 221
Eltviller Tuff 100, 102
Endmoräne 4–6, 23, 28, 32–36, 41, 49, 67–69, 85, 123
Endmoränengabelung 123
Engen/Hyau 22, 36, 57, 62, 172
England 79
Entkalkung 98, 121
Entkalkungstiefe 117, 150
Entlastung 61
Epidot 145 f.
Entwaldung 108
Erdbahnelemente 183
Erdbeschleunigung 9, 44
Erdrutsch 25, 41, 88
Erdwärme 7, 27
Eriesee 39
Erolzheimer Feld (Würm) 48
Erolzheimer Feld (Donau) 124, 214
Erosion (Gletscher) 12–22
Erosion (Wasser) 15–17, 26, 41–45, 49, 104–106
Erosionsbasis 45, 47, 49
Erosionsdiskordanz,-hiatus 62, 64, 119, 142, 209
Erosionsleistung 17 f.
Erosionsrinne 46
Erosionsterrasse 48
Ertingen/Riedlingen 12, 139, 143
Eurach/Bayern 161, 196
Event 177–180

Fallrichtung, Fallwinkel
Falten, Faltung 15, 31, 34, 63, 86, 204

Faltenachse 33, 35
Federseebecken 22, 35
Feinerdekern 90
Feinkorn 92, 95
Feinsand 65, 66
Feinschichtung 65f.
Feinsedimente 61, 65
Feldspat 93
Fellnashorn 96, 157f.
Felsbrechen 15
Felsdrumlin 16f.
Felsschwelle 20f.
Fiederklüfte 32
Fieschergletscher 188
Filejel/Norwegen 18
Finnland 66
Firn, Firneis 3, 84
Fjord 15, 20, 21
Flachmoortorf 114
Fließerde 39, 82–88, 134, 138, 139, 149
Fließgeschwindigkeit, Gletscher 9
–, Wasser 43, 44, 52, 61
Fließlöß 94f., 97f.
Fließmoräne 30–33, 41, 56, 133, 204
Fließrichtung, Gletscher 14, 15, 132
–, Fließmoräne, Fließerde 30f.
flowtill 30f., 41
Flugsand 73, 87f., 91, 102–104
Flußablagerung 108
Flußeis 54, 105
Flußpferd 157
Flutings 19
fluvial, fluviatil 2, 54, 103, 148
Flyggberg 20
Foraminiferen 161, 183
foreset beds 56, 62f.
fosile Böden 119
Fracht 17f.
Frankreich 94
Frechen 146, 221
Frost 72
Frostboden 73, 92
Frostbodenstruktur 40, 73, 107
Frostgefährlichkeit 73, 75
Frosthebung, Frosthub 73f., 87, 90
Frostkontraktion 78
Frostkriechen 87, 91
Frostschutt, -zone 73, 91f., 95, 136
Frostspalte 78f.

Frostsprengung 12, 15, 72, 104
Frostverwitterung 72f., 73, 95
Frostwechsel 72, 87
Frühglazial 42, 105, 105
Ft. Yukon 76
Fuchsbauten 131
Füramoos/Baden-Württemberg 85, 196, 197, 212

Gasometrie 148
Gauß 177f., 221
Gefälle 9, 30, 44, 47f., 56, 86f.
Gefällslinie, -kurve 42, 44, 45, 125, 129
Gefrieren 72f., 75
Gehrenberg/Bodensee 19
Gelifluktion, Gelisolifluktion 74, 82–89, 104
Geocryologie 70
Geoelektrik 127
Geomorphologie 122
Geröllanalyse 139–142
Gerölle 16f.
Geröllgröße 52
Geröllform 40, 84
Geröllstreu 40
Geröllzusammensetzung 53, 110, 121, 139–142
Geschiebe 13f., 23, 24, 27
–, gekritzte 13, 17, 25, 29, 37, 39, 46
Geschiebeeinregelung 25–31, 39, 133, 134
Geschiebeform 24f.
Geschiebelängsachse 133f.
Geschiebemergel 24
Geschiebestreu 30, 40
Geschwindigkeit, Gletscher 9–11, 27
–, Wasser 43f., 52, 61
Gestein 53, 72
Gesteine, kieselige 140f.
Gesteinsarten 53, 136, 139–141
Gesteinszersetzung 73
Girlandenböden 73, 86
Glättung 25, 27
Glasasche 101
Glaukophan 93
Glazial, glazial 3–69, 107
glaziale Serie 67–69
glazifluvial, glazifluviatil 41–60
glazigen 23, 148

Orts- und Sachregister

glazilakustrin 39, 61–69
Glaziologie 3–22
Gleichgewichtslinie 3, 4, 11
Glen'sches Fließgesetz 9
Gletscher 3–22, 34, 46
–, alpine 3, 28, 187–189
–, Bilanz 5, 11
Gletscherablagerung 23–41
Gletscherbewegung 8–11, 14
Gletschereis 3, 7, 10, 27, 56
–, stagnierendes 27 f., 58
Gletschererosion 12–22
Gletscherkunde 3–22
Gletschermühle 16
Gletscherschliff 12 f.
Gletscherschrammen 13 f., 18, 134
Gletscherschutt 6, 12, 17, 28, 32, 36, 39
Gletscherstauchung 36
Gletscherstausee 61
Gletscherströmung 19, 31, 85, 133, 135
Gletschertor 45, 58–60
Gletschervorstoß 11, 33
Gletscherwogen 11
Gletscherzunge 22, 33, 36, 188
Glinde 195
Globigerinoides rubra 183
Gneis 84, 140 f.
Go-Horizont 120, 177
„Göttweiger Verlehmungszone" 101
Granat 145 f.
Grande Pile/Südvogesen 194 f.
Granit 5, 84, 140 f.
Grindelwaldgletscher 188
Grönenbacher Feld 209
Grönland 6, 8–10, 27, 39, 72, 81, 180, 182
Grönlandtyp (Pingo) 81
Große Eiszeit der Schweiz 55
Großgliederung (Pleistozän) 222 f.
Großreste, pflanzliche 162
Großsäugetiere 155–158
Großtissen/Saulgau 201
Grundgebirge 84, 86
Grundmoräne 6, 19, 23–41, 56, 60, 67 f., 73 f., 85, 122, 133, 144
Grundmoränenlandschaft 33
Günz (Fluß) 44, 177, 214
Günz, Günzeiszeit 42, 43, 48, 117, 119, 198, 212–215

Hakenschlagen 84
Handbohrung 131, 149
Hangmoor 114
Hangschutt 24, 82–84
Harnisch 25
Haslach, -eiszeit 42, 43, 48, 117, 130, 177, 198, 210–212
Haslachmoräne 119, 212
Hauerz/Biberach 22, 141
Hauptabfluß 47
Hauptfeld 49
Hauptterrassen 220, 221
Hausen/Donau 111
Hebung, tektonische 43, 47, 104, 105
Hebungsgebiet 51
Hegau 24, 212
Heggbach/Biberach 213
Heidelberg 104
Heiligenberger Schotter 213
Helvetischer Gletscher 207 f.
Hengelo 195
Herrnhausen/Bayern 196
Hessen 100 f.
Hiatus 142 f.
Himalaya 10
Hiddengletscher 18
Hippopotamus 157
Hirsche 157
Histogramm 135, 143
Hitzenhofer Feld 48
Hochglazial 42, 44, 105, 108, 190–194
Hochmoortorf 114
Hochrhein, -tal 43, 55, 138, 205 f., 212
Hochsander 56
Hochterrasse 42, 109, 198
Hochwasser, Hochflut 43, 104
Höchsten 213
Höhenbestimmung 127, 129
Höhenfestpunkte 127, 129
Höwenegg 25
Holozän 1, 42, 82, 101, 107, 110 f., 165, 166, 177, 186–188
Holstein (Interglazial) 107–109, 112–114, 158, 161, 166, 167, 177, 183, 184, 208
Holzstöcke (Schotter) 124
Holzreste 110, 162
Hominiden 158
Homo 108, 109
Hornblende 145 f.

Hornstein 53, 104f., 140f.
Humus-anreicherung, -zone 97, 100, 102, 115
Hydration 72

Iller (Fluß) 44, 110
Illergletscher, -gebiet 19, 22, 147, 212
Iller-Lech-Gebiet 129, 185, 213–219
imbricating 25, 84, 133–135
Inklination 98, 177, 180
Inlandeis 11, 37
Inn-Chiemseegletscher 58
Inngletscher 11, 190, 191
Innenmoräne 4, 28f., 41
Insekten 162
Interglazial 42, 107
Interstadial 2, 96, 107, 168, 191
involutions 88
Iowa/USA 101
Isar-Loisach-Gebiet 29
Island 13, 17, 19, 27, 33, 36, 82
Italien 222
Ivrea/Italien 36

Jahresendmoräne 59f., 65
Jahresisotherme 76
Jahresmitteltemperatur 70f., 78, 107f.
Jahresschichten 59, 66, 107
Jahrring-Chronologie 66, 169, 170
Jaramillo 177, 180, 217, 221
Jostedalbreen 7
Juliergranit 140, 205
Jungendmoräne 50, 67f., 190
Jüngere Deckenschotter 209
Jüngere Tundrenzeit 91, 103
Jüngeres Riß 200f.
Jura 83
Juranagelfluh 24f.

Kärlich, Kärlicher Tuff 100, 102, 220
Kaiserstuhl 94, 97, 102, 110
Kalium/Argon-Altersbestimmung 176
Kalkausfällung 97f., 119
Kalkgehalt 113, 116
Kalkkonkretionen 93f., 118
Kalkmudde 112f.
Kalkstein 13, 53, 105, 140f.
Kalktuff 111
Kaltzeit 1, 2, 70f., 101, 104, 107

Kames 30, 56–59
Kamesdelta 56, 64
Kamesschotter 30
Kamesterrasse 56
Kammeis 87
Kanada 19, 37, 39, 73, 76, 78, 81
Karbonat, -gehalt 24, 93, 115, 118, 147, 171
Kehlgeschiebe 24
Kernbohrung 152f.
Kernverlust 152f.
Keuper 82f., 86f.
Kies 43f., 62, 75
Kieselgur 113, 167
Kieselskelett 53, 105, 115
Kiesverwitterungslehm 86, 89
Kleinsäuger 96, 101, 159
Klettgau 206f., 210
Klima 42, 44, 70–72, 79, 95, 104, 107
Klimaschwankung 1, 167
Klinopyroxen 145
Klüfte, Klüftung 15, 17, 20, 26
Köln 105
Körnungslinie 143f.
Kohäsion 43, 93
Konsistenz 26
Konstanz/Bodensee 172
Konstanzer Stand, -Stadium 11, 185, 192, 198
Kontraktionstheorie 85
Korngrößen, -zusammensetzung, -verteilung 24, 29, 44, 52, 73, 75, 95, 143, 144
Korrasion 92f.
Krems/Österreich 101
„Kremser Verlehmungszone" 98
Kriechen, Eis 8f., 25
Kristallingehalt 139–142
Kristallinschotter 216f.
Kritzer, Kritzung 13f., 18, 25
Krumbach/Saulgau 139, 196
Kryoturbation 87–91, 98
Kulturschutt 40

Laacher Bimstuff 101
Lagerung, Grundmoräne 26
–, Löß 95
Lamprophyr 84
Längsachse (Geröll, Geschiebe) 24f., 30, 84, 133

Orts- und Sachregister

Längsachseneinregelung 30f., 84, 88, 133–135
Längsprofil 47
Längsschnitt, Schotter 47f., 126f.
Landshut-Neuöttinger Hoch 109
Laubwald 107
Laufenburg/Rhein 55
Lebermudde 113
Leffe/Italien 222
Lehm 73
Lehmmauer 27
Leipzig 36
Leitgeschiebe 139
Lesesteine 40
Letzte Kaltzeit 70f., 82, 107, 190
Leutkirch/Baden-Württemberg 22, 34, 123
Lias 82
Linge/Norddeutschland 177
Linz/Österreich 110, 179
Livingston-Stechbohrgerät 154
Lockergestein 73f., 92
Lockersediment 75, 81, 93
lodgement till 23, 41
Löffingen/Baden-Württemberg 172
Löß 73, 81f., 86, 88, 91–102, 144
Lößlandschaften 98
Lößgliederung 100
Lößgürtel 94, 102
Lößkindel 94, 97f.
Lößlehm 81, 87, 89, 97–102
Lößstratigraphie 79, 97–102
Lohner Boden 100, 102
Loisachgletscher 142, 147
Lokalgestein 53
long axis orientation 132
Luftbild 73, 122f.
Luzern/Schweiz 16

Mächtigkeit, Bodeneis 73
–, Eis 8, 11, 47
–, Fließerde 84
–, Moräne 26, 36
–, Permafrost 76
Mähren 94, 96, 179
Mahlsteine 16
Mahlprozess 27
Main, -tal 110f., 118
Mainz 103
Makenzietyp (Pingo) 81

Malaspinagletscher 7
Mannheim 52
Markha/Sibirien 76
Matuyama Epoche 101, 177–180
Mauer/Heidelberg 108
Meeressedimente 39
Meerwasserstandard (SMOW) 181
Megaloceras 157
Meikirch 167, 196, 208
Meißelbohrung, -spülbohrung 151f.
melt-out till 28f., 41
Melvilleinsel 76
Menap 177
Mer de Glace 5, 188
Meserve 10
Mikrofauna 161
Mindel (Fluß) 110
Mindeleiszeit 42, 48, 117, 124, 177, 198, 209–211
Mindelmoräne, Mindelendmoräne 22, 119, 209
Mindel/Riß-Interglazial 108f.
Mittelalter 111
Mitteleuropa 70–73, 76, 79, 104, 107, 219
Mittelgebirge 82, 94, 104
Mittelmoräne 4–6
Mittelrhein 139, 179f.
Mittelterrasse 89, 105, 220–222
Mittleres Riß 199–204
Mittleres Würm 193–195
Moershoofd 195
Mollusken, -fauna 95f., 114, 158–161
Mondsee/Österreich 196
Mongolei 71, 108
Moorbildungen 114
Moosbacher Humuszone 102
Moränen 6, 23–69, 84
Morphostratigraphie 42, 125
Morteratschgletscher 188
Moschusochse 96, 157
Mudde 113
München, -er Ebene 43, 49f., 109
Mud flow 82
Mure 40, 88
Murg/Hochrhein 96
Muskowitgneis 140, 216

Nachfall 151
Nährgebiet 3f.

Nagelfluh 12, 53
Nagoldtal 75
Nashörner 157
Naßböden 98, 100, 102
Neckartal 104
Neufra (Riedlingen) 119, 120, 208
Neuseeland 101
Neustadt (Schwarzwald) 56, 63
Neuzeit 111, 188
Niederlande 102, 184, 194, 223
Niedermoortorf 114
Niederrhein, -gebiet 51, 89, 104, 105, 139, 145, 146, 220, 221
Niedersachsen 100, 194
Niederterrasse 42, 47, 50, 84, 102, 111, 190, 198, 220 f.
Nigardsbreen/Norwegen 18
Niveau 47, 124
Nome/Alaska 76
Nordamerika 11, 19, 36, 70, 101
Norddeutschland 15, 16, 46, 93, 102, 103, 107, 113, 195, 199
Nordhalbkugel 77
Norilsk/Sibirien 76
Nordsee 95
Norwegen 18, 21, 82
Nunatal 7

Oberboden 115
Obere Hochterrasse 42, 199 f.
Oberes Würm 189, 191, 195
Oberfläche, Gletscher 9, 11
Oberflächengefälle, Schotter 47
Oberflächengeschwindigkeit, Gletscher 10 f.
Oberlauf 44 f.
Obermoräne 4–6, 28 f., 32, 36, 41, 56, 204
Obere Meeresmolasse (OMM) 16
Obere Süßwassermolasse (OSM) 85
Oberrheinebene 42, 49, 52, 94, 104, 108, 110, 155 f.
Oberrheingraben 51, 98, 178
Ochsenhausen (Biberach) 103
Odderade/Schleswig-Holstein 91, 112, 168, 194, 195
Österreich 94, 96, 178
offshore permafrost 77
Olduvai 101, 177, 183
Ontariosee 39
Ooser 56, 58, 60

Ophiolit 140 f.
Orel/Niedersachsen 194 f.
ortho-till 39
OSM-Konglomerat 110, 142
Ostracoden 161
Ostrhein 171
Ovibus 157
Oxidation 115

Paar-Eiszeit 208
Paläoboden 33, 96, 97–102
Paläoglazialkurve 181
Paläomagnetik 98, 153, 176–179
Paläontologie 154–168
Palsen 81
Palynologie 153
Parabelriße 14
Parabraunerde 97, 115
„Paudorfer Verlehmungszone" 101
Paulter Schwankung 204
PDB-Standard 183
Periglazial 70–106
Periglazialschotter 46, 53, 103–106, 215
Permafrost 19, 70, 75–77, 81
Pfefferbichl (Bayern) 167, 196 f.
Pflanzliche Reste 162
Pfullendorf/Baden-Württemberg 15
Phi-Grad 143–145
Picotit 93
Pingo 81
Pipettverfahren 143
Pleistozän 1, 177, 222 f.
Pleniglazial 195
Pliozän 145, 177, 218, 222–224
Polarität, magnetische 177–179
Polen 94, 103
Pollen 65, 163
Pollenanalyse 96, 163–168
Pollendiagramm 163–168
Pollenspektrum 164
Pommern 191
Porenwasser 63
Porphyr 141
Praeboreal 165 f., 187, 191
Praegünz 213, 218
Prärie/USA 94
Praetegelen 177, 218, 221, 224
Projektionslinie 127 f.
Prudhoe Bay/Alaska 76

Orts- und Sachregister 253

Pseudomoräne 39f.
Pseudo-Paläoböden 120
Pterocarya 167f., 212

Quartär 1
Quartärstratigraphie 42, 120, 184
Quarz 53, 104, 140, 141
Quarzgerölle 139f.
Quarzit 15, 53, 104f., 140f.
Quarzkörner 39, 102, 148f.
Quarzkornoberflächen 148
Quelle 111
Quellkalk 105, 111, 171
Querschnitt 48, 126, 130

Radiokohlenstoff-Methode 169–171
Radolfzell/Bodensee 20, 21, 37, 53, 172
Rainer Hochterrasse 109
Rammbohrverfahren 154
Randen 22
Randstrom 46
Rangifer 157
Rasenhügel 82
Raumgewicht 94
Regulation 10, 15, 17
Regnitz 111
Reibungswärme 7, 27
Ren, Rentier 96, 157
Reuver 177, 220f., 223
Reversion 176–179
Rhätsandstein 83
Rhein, -tal 44, 129
Rheindelta (Bodensee) 62f.
Rheingletscher 11, 22, 24, 29, 69
Rheingletschergebiet 34f., 57, 85, 130, 139–141, 184
Rheingletschervorland 33, 42, 48, 117, 172, 190f., 198
Rheinisches Schiefergebirge 51
Rhein-Main-Gebiet 98, 102, 179
Rheinvorlandgletscher 34, 43, 46f., 67, 190
Rhonegletscher 188f.
Rhume 107
Riedlingen/Donau 202
Riegel/Kaiserstuhl 94, 97f., 174
Riesenhirsch 157
Rinder 157
Rinne 16, 47
Rinnenschotter 55, 191

Rinnentiefstes 47, 49, 125–127
Riß, Rißeiszeit 22, 42, 47f., 51, 55, 89, 109, 117, 152, 177, 199–209
Riß-Doppelwall 33
Rißgrundmoräne 85
Rißmoräne, Riß-Endmoräne 22, 119
Rißtal 42, 202
roches moutonnées 18
Römerzeit 111
Rohrsee/Bad.-Württb. 57, 59
Ross-Eisschelf 10
Rot (Fluß) 44
Rottum/Biberach 120
Rückschmelzstadium 48f.
Rumänien 94
Rundhöcker 15f., 18, 20
Rundung, Rundungsgrad 24, 40, 53, 136–138
Rutil 146
Rutschmasse, Rutschung 23, 75

Saale-Eiszeit 35, 107, 114, 208
Sackung 33, 55
Säckingen (Rhein) 207
Säugetiere 82, 96, 108
Salpausselkä 165, 186f.
Saltation 92, 103
Samerberg/Bayern 112, 167, 196, 208
Sand 43, 61–66, 92
Sandlöß 103
Sander 30, 45, 50, 56, 67, 95
Sandstein, kalkig 140f.
Sandstrahlgebläse 93
Sauerstoffisotope 176–185
Sauerwasserkalk 111
Saulgau/Baden-Württemberg 192
Schaffhausen/Schweiz 43, 47, 142, 190, 191, 202
Scherfläche 6, 26, 28
Schichtenfolge 51
Schichtstörungen 32, 36, 40, 56
Schichtung 25, 30, 33, 37, 52, 86, 94
Schichtenverzeichnis 153
Schichtstufen 82, 104
Schiefe 145
Schlämmanaylse 143
Schlagnarben 104
Schlammstrom 88
Schleswig-Holstein 91, 103, 222

Schlifffläche 24
Schliffgrenze 20
Schloß Zeil/Baden-Württemberg 204, 212f.
Schluff 2
Schmelzwasser 8, 31, 37, 41, 45, 56, 67, 95
Schmelzwassererosion 15–17, 41, 45
Schmelzwasserhochflut 52, 59
Schnecken,- fauna 95f., 109f.
Schnee 3–5, 45, 104
Schneegrenze 3–5, 37, 186, 196
Schollen (Gesteins-) 15–17, 35f., 55
Schotter 18, 24, 30–32, 37, 51, 53, 104
Schotterfeld 45, 46, 50, 67–69, 102
Schotterkörper 47, 49, 51–55, 126
Schottermoräne 37
Schotteroberfläche 124, 126, 128f.
Schottersohle 45, 47, 49, 129
Schotterstratigraphie 79
Schotteruntergrenze 125–128
Schrägschichtung 32, 52, 62–65, 135
Schrammen 13f., 18
Schubspannung, Eis 8f.
–, Wasser 43
Schüttungskörper 62
Schüttungszyklen 52
Schuppen 35f.
Schussenbecken 21
Schutt 6, 27, 36, 44f., 56, 73, 82, 84, 90, 104
Schuttanfall 44, 104
Schuttdecke 12, 84, 94
Schuttmassen 82, 86f.
Schutttransport 17, 104
Schwäbische Alb 95, 111, 204
Schwarzwald 7, 39, 47, 63f., 82f., 94, 206–208
Schweden 13, 20, 65f.
Schwemmkegel 49, 58f., 94, 110
Schwemmlöß 94
Schwerkraft 30, 73, 84, 86f.
Schwerminerale 93, 145–147
Schwimmrasen 115
Seeboden 61, 65
Sedentate 114
Sedimentation 44, 143
Seekreide 113
Seesediment 37–39, 66, 73, 75, 111, 144
Seewadel 57
segregated ice 73
Seibranz/Leutkirch 119, 196, 212

Seismik 127
Seitenerosion 45, 55
Seitenmoräne 4–6, 36, 56, 123
Senkung, isostatische 61
–, tektonische 43, 51, 109
Setzung 26
Sibirien 70, 72f., 75f., 78f., 81
Sichelbrüche 14
Siebung 143
Sigmaringen/Baden-Württemberg 202
Sillimanit 145f.
Silt 2, 43–66, 92, 93, 95
Singener Kiesfeld 30f.
Singener Stadium 11
Situmetrie 132
Skandinavien 6, 19, 37, 196
slumping 63
Söll 57
Sognefjord 21
Solifluktion 82–88
Sonnenenergie 183
Sortierung 24, 30, 46, 52, 75, 144f.
Spätglazial 42, 103, 105, 111, 185–187, 191, 195
Spaltenfüllung 60
Spaltspuren-Methode (SSTR) 101, 175
Spitzbergen 27, 33, 72, 91, 104
Spülbohrung 127
Stadial, Stadium 2, 108
Stammbecken 21, 22
Standfestigkeit 94
Staub, -wolke 92
Stauchendmoräne 33, 36, 204
Stauchmoräne 28
Staudenplatte 214–219
Staufenbergserie 218f.
Staufenbergschotter 218f.
Staurolith 93, 145f.
Stausee 67–69
Steinheim/Murr 108f., 158
Steinringe 86, 90f.
Steinsohle 92
Steppe 96
Steppenelefant 108f., 155
Stillfried/Österreich 96, 100
Störungen, tektonische 131
Stoßrichtung 33
Stranzendorf (Wien) 101, 179
Stratigraphie 119

Streifenboden 86
Stromlinie, Eis 4–7, 28
Struktur, Grundmoräne 25
–, Fließerde 86
Stufenböden 86
Stuttgart 111, 173, 208
Subäquatic flow till 39
Subatlantikum 111, 165f., 166, 187
Subboreal 110f., 165f., 187
subglazial 25, 32, 39, 58, 60
Südelefant 156, 158
Summenlinie 143f.
Sundgauschotter 219
Supermaximalstand 192
supraglazial 60
supraglacial till 28f., 41
surges 11
Suspension 30, 143
synsedimentäre Faltung, -Störung 30, 40, 61, 88

Taber-Eis 73
Tagesschichten 66
Taimyr-Polygon 78
Tal, autochthon 53
–, allochthon 53
Talaue 42
Talbildung 20, 104
Talgletscher 3–7, 9, 36, 123, 189
Talik 76, 81
Talwechsel 47f.
Tannheimer Schotter 48, 130, 209
Tannheim-Laupheimer Schotter 209–211
Taschenböden 88–90
Tauseen 75
Taynksu/UdSSR 10
Tegelen 158, 177, 218–221, 224
Teilfeld 49
Temperatur, Gletscher 7–9
Temperatursturz 78
Tephrochronologie 101
Terrassenbildung 41, 49
Terrassenkreuzung 47, 49, 51
Terrassentreppe 41–43, 51, 104
Thayngen/Schweiz 22, 134, 172
Thermal 68f., 107, 168
thermal contraction 78
Thermokarst 75
Thermolumineszenz (TL) 173f.

Thorium/Uran-Altersbestimmung 171–173
Thufur 82
Tiefenerosion 45, 104
Tiefenverwitterung 117
Tieffrostschwund 78
Tiefseekerne 180–183
Tiefseesedimente 180–183
till 17, 19, 23
Titanit 145f.
Titisee/Schwarzwald 63
Titration, komplexometrische 147
TL-Alter, -Methode 97, 173f.
Ton 43f., 62, 66, 93
Tonanreicherung 97f.
Tonminerale 72, 147
Tonmudde 112
topset beds 56, 62f.
Torf 68, 75f., 105, 114
Torfmudde 115
Toteis 33, 55, 76, 105, 114
Toteisrelief 123
Transport 43f., 53
Transportkraft 43–45
Travertin 111, 171, 173, 208
Trogtäler 20
Trompetentälchen 49, 69
Tropfenböden 88
Tsuga 168, 212
Tübingen 82f.
Tuff 101
Tullner Feld 110
Tundra 194f.
Tundrapolygon 78
Tundrenzeit 165f., 186f.
Turmalin 145f.
Tuttlingen (Donau) 204

Überfahrung 42, 46, 51, 119, 124
Übergangskegel 45, 47
Übergangszeit 42, 107, 194f.
Übergußschichten 63
Überlagerung 42, 125
Überschiebung 86
Übertiefung 15, 20
Uhlenberg (Augsburg) 168, 179, 217f.
Ukraine 94
Umkehr, Umkehrung (magnet.) 98, 176
Ungarn 94, 96, 173, 175
Ungleichförmigkeit 75

Unterboden 115
Untere Deckschotter 110
Untere Hochterrasse 200, 202
Untere Süßwassermolasse (USM) 118, 152
Unteres Würm 193, 195
Untergrenze, Schotter 125 f.
Unterlauf 44
Untermoräne 4–6
Unterpfauzenwald/Biberach 168, 210, 211 f.
Unterwassermoräne 37–39, 41
Unterwasserfließmoräne 38 f.
Urfedersee 146, 161
Urstromtäler 46, 103

Vegetation 71, 96, 107, 165, 186
Vegetationsdecke 42, 73, 75
Vereisung 21, 79
Verfestigung 53, 92, 94 f.
Vergleyung 116
Verschwemmung 94
Versturz 56
Verwitterung 12, 14, 28, 72 f., 102, 115
Verwitterungslehm 32, 85, 98, 115, 118
Verwitterungsschlotten 116, 118 f.
Verwitterungstiefe 117 f., 205
Verzahnung, Schotter/Moräne 124
Villatranchium 158, 223
Villanium 96, 158, 221
Vogt (Ravensburg) 67
Volumenzunahme 72 f.
Volumenverringerung 91
Vorflut 49
Vorlandgletscher 7, 21, 45 f., 107
Vorschüttsedimente 34
Vorstoßgeschwindigkeit 11
Vorstoßschotter 45, 67–69, 189, 191, 202
Vrica/Italien 224
vulkanische Schlote 25

Waal 177, 218, 221
Waalrücken 16
Wald 108, 195
Waldelefant 108, 156, 158
Waldgrenze 70–72, 186 f.
Waldkirch/Schwarzwald 94
Waldnashorn 157 f.
Waldshut (Rhein) 205, 206
Wallertheimer Tuff 102
warmer Gletscher 8 f., 15–17, 27

Warmzeit 2, 69, 97, 107 f., 111, 116, 167, 168
Warve 60, 66 f.
Wasserführung 44
Wassermenge 44, 104
waterlain till 37 f., 41
Weichsel-Eiszeit, -Kaltzeit 70 f., 76, 91, 104, 106, 191, 195, 221
Weißbad/Schweiz 186, 191
Weißjura-Hangschutt 83 f.
Weißjuraschotter 216
Wehra, -tal 128
Wesertal 104
Wickelböden 91
Wind 91
Windgeschwindigkeit 92, 95
Windkanter 93
Windtransport 95, 148
Wolgagebiet 94
Wollnashorn 96
Wright-Gletscher 17
Würgeböden 88–90
Würm, Eiszeit 42, 48, 67–69, 177, 185–195
–, Kaltzeit 76, 79, 84 f., 109
Würm-Hochglazial 190–193
Würm-Löß 102
Würm-Moräne, -Endmoräne 11, 19, 22, 49, 57, 67–69, 190–193, 198
Wurzach, Bad 22, 65
Wurzacher Becken 21 f., 62, 64 f., 119, 167 f., 196
Wurzacher Ried 35, 65, 114
Wurzelkegel 50
Wurzelröhrchen 94
Wutachtal 138 f.

Yama (Sibirien) 79
Yellow Knife/Kanada 76
Yellowstone Park 101

Zehrgebiet 3 f.
Zeifen/Bayern 162, 167, 196 f.
Zeiler Schotter 48, 212 f.
Zementation 26
Zentralalpen 53
zentripetal 22
Zertalung 124
Ziegelberg 22, 213
Zillertal 13
Zirkon 145 f.

Zugfestigkeit 72
Zungenbecken 16, 21, 34, 61, 67, 85
Zungenriß (= Älteres Riß) 199, 204
Zurückschmelzen 11, 47, 49, 65, 105

Zusamplatte/Bayern 214–218
Zweigbecken 22
Zwischenterrassen, -Schotter 215